21 世纪全国高职高专土建系列工学结合型规划教材

房屋建筑构造

主 编 李元玲　简亚敏　陈夫清

副主编 徐　珍　葛文生　安丽洁

参 编 李红英　张艳梅　潘福刚

　　　　 朱永杰　戴淑娟

U0231920

北京大学出版社

PEKING UNIVERSITY PRESS

内 容 简 介

本书共分 9 章，以现行的国家标准为基础，结合大量工程实例，系统地介绍了民用建筑与工业建筑各组成部分的构造原理和构造方法。主要内容包括民用建筑概述、基础与地下室、墙体、楼板层与地坪层、楼梯与电梯、屋顶、门与窗、变形缝、工业建筑等。

本书采用全新体例编写，每章均设有教学目标、教学要求、章节导读、引例、小结和思考题等内容，方便广大读者抓住重点，区分难点，有针对性地学习。本书中还附有大量工程案例，并设置了知识链接、特别提示等模块，方便学生学习。

本书可作为高职高专院校建筑工程技术、工程造价等专业的教材，也可供建筑施工企业技术和管理人员及相关职业学校和专业的师生阅读和参考，还可为备考从业和执业资格考试人员提供参考，具有较强的实用性。

图书在版编目(CIP)数据

房屋建筑构造/李元玲，简亚敏，陈夫清主编 . —北京：北京大学出版社，2014.1
（21 世纪全国高职高专土建系列工学结合型规划教材）
ISBN 978-7-301-23588-1

Ⅰ.①房… Ⅱ.①李…②简…③陈… Ⅲ.①建筑构造—高等职业教育—教材 Ⅳ.①TU22

中国版本图书馆 CIP 数据核字(2013)第 299793 号

书　　　　名：	房屋建筑构造
著作责任者：	李元玲　简亚敏　陈夫清　主编
策　划　编　辑：	赖　青　杨星璐
责　任　编　辑：	刘健军
标　准　书　号：	ISBN 978-7-301-23588-1/TU・0377
出　版　发　行：	北京大学出版社
地　　　　址：	北京市海淀区成府路 205 号　100871
网　　　　址：	http://www.pup.cn　新浪官方微博:@北京大学出版社
电　子　信　箱：	pup_6@163.com
电　　　　话：	邮购部 62752015　发行部 62750672　编辑部 62750667　出版部 62754962
印　　刷　　者：	北京富生印刷厂
经　　销　　者：	新华书店
	787 毫米×1092 毫米　16 开本　22.25 印张　521 千字
	2014 年 1 月第 1 版　2020 年 8 月第 4 次印刷
定　　　　价：	45.00 元

前　言

　　本书是根据高职高专院校建筑类专业房屋建筑构造课程教学的基本要求和人才培养目标，总结编者多年的教学经验，并结合高职高专教学改革的实践，为适应 21 世纪高职高专教育需要而编写的。本书在内容安排和编写风格上着力突出了以下特点：

　　(1) 本书全部采用最新颁布的《房屋建筑制图统一标准》《建筑制图标准》《建筑结构制图标准》等国家标准，与新技术、新规范同步。

　　(2) 本书内容的取舍以应用为目的，以"必需、够用"为原则，结合专业需要，把培养学生的专业能力和岗位能力作为重心，优化教材结构，突出其综合性、应用性和技能型的特色。

　　(3) 本书打破了传统的编写模式，采用了以任务为导向的编写方式，渗透了项目法教学的内涵，以引例设置案例，提出任务，阐述知识点，引导学生学习。

　　(4) 本书在内容阐述上力求深入浅出，层次分明，图文并茂，注重重点，分散难点，使整个教材内容简单易学。编者在编写本书的过程中设置了特别提示、知识链接、实例分析等模块，使教学更贴近工程应用和生产实际，增加了本书的生动性和可读性。

　　(5) 本书注重理论联系实际。书中专业图例全部来源于工程实际，便于学生理论联系实际，提高学生识读建筑施工图的能力。

　　本书内容推荐按 56 学时安排，推荐学时分配：绪论 2 学时，第 1 章 6 学时，第 2 章 4 学时，第 3 章 8 学时，第 4 章 8 学时，第 5 章 8 学时，第 6 章 8 学时，第 7 章 4 学时，第 8 章 2 学时，第 9 章 6 学时。学时安排仅供参考。

　　本书由武汉城市职业学院李元玲、简亚敏、陈夫清担任主编，李元玲完成了本书的统稿、修改和定稿工作。参加编写的还有武汉科技大学城市学院徐珍，青岛黄海学院安丽洁、李红英，武昌理工学院葛文生，武汉城市职业学院张艳梅、潘福刚、戴淑娟，天津城市建设管理职业技术学院朱永杰。本书具体编写分工为：戴淑娟与李元玲共同编写了绪论，陈夫清、潘福刚与李元玲共同编写了第 1 章，徐珍编写了第 2 章和第 3 章，李元玲编写了第 4 章和第 6 章，安丽洁编写了第 5 章，李红英编写了第 7 章，朱永杰、葛文生与李元玲共同编写了第 8 章，张艳梅与简亚敏共同编写了第 9 章。

　　编者在编写本书的过程中，参考了有关书籍、标准、图片及其他文献资料，在此谨向相关作者表示衷心感谢。由于编者水平有限，加上时间仓促，本书难免存在不足之处，敬请各位读者批评指正。

编　者

2013 年 8 月

CONTENTS

目录

房屋建筑构造

绪　　论

⊗ 教学目标

通过本章的学习，让学生了解建筑构造的含义，了解本课程的研究对象，熟悉本课程的性质和作用，熟练掌握本课程的学习内容和学习任务，掌握建筑构成的基本要素，了解建筑设计的内容、依据和程序。

⊗ 教学要求

能力目标	知识要点	权重
了解本课程的研究对象	本课程的主要内容，学生需培养的能力	10%
熟悉本课程的性质和作用	课程的性质，课程的作用	20%
熟练掌握本课程的学习内容和学习任务	本课程的内容，本课程的任务	30%
掌握建筑构成的基本要素	建筑功能，建筑技术和建筑形象的概念	20%
了解建筑设计的内容、依据和程序	建筑设计的基本内容，建筑设计的依据和程序	20%

1. 建筑和建筑构造的含义

建筑，从广义上讲，既表示建筑工程的建造过程，又表示这种活动的成果——建筑物。建筑也是一个统称，既包括建筑物也包括构筑物。凡供人们在其内部进行生产、生活或其他活动的房屋或场所叫作建筑物，如学校、医院、办公楼、住宅、厂房等；而人们不能直接在其内部进行生产、生活的工程设施叫作构筑物，如桥梁、烟筒、水塔、水坝等。

房屋建筑构造，是研究房屋建筑的构造原理和构造方法的学科，主要任务是根据建筑物的使用功能、建筑技术和建筑形象的要求，提供结构合理、技术先进的构造方案。

2. 建筑构造课程的性质、内容和任务

建筑构造课程是建筑类相关专业学生必修的实践性很强的一门专业基础课，包括民用建筑构造与工业建筑构造两部分，主要介绍了民用建筑各组成部分（基础、墙或柱、楼地层、楼梯、屋顶和门窗）的构造原理和构造方法，以及各组成部分的构造形式、材料应用、连接做法及建筑装修的常见构造做法。

通过本课程的学习，应掌握建筑构造的一般知识，了解建筑各组成部分的构造原理和构造方法，并能根据房屋的功能、自然环境因素、建筑材料及施工技术的实际情况，选择合理的构造方案。

本课程与"建筑材料""建筑施工""建筑工程计量与计价"等课程关系密切，是学习后续课程的基础，也是学生参加工作后岗位能力和专业技能考核的专业组成部分，是建筑工程施工、预算、管理、监理人员所必须具备的基本知识和基本技能，也是学好后续专业课所必须掌握的基础知识。

3. 建筑构成的基本要素

"适用、安全、经济、美观"是我国的建筑方针，这就构成建筑的三大基本要素——建筑功能、建筑技术和建筑形象。

1）建筑功能

建筑功能就是建造房屋的目的，是建筑物在生产和生活中的具体使用要求。

建筑功能随着社会的发展而发展，从古时简单低矮的巢居到现在鳞次栉比的高层建筑，从落后的手工作坊到先进的自动化的工厂，建筑功能越来越复杂多样，人类对建筑功能的要求也日益提高。

不同的功能要求需要不同的建筑类型，如生产性建筑、居住建筑、公共建筑等。

2）建筑技术

建筑技术是建造房屋的手段，包括建筑结构、建筑材料、建筑设备、建筑施工等内容。建筑结构和建筑材料构成建筑的骨架。建筑设备是建造房屋的技术条件。建筑施工使建造房屋的目的得以按时实现。随着科学技术的发展，各种新材料、新技术、新设备和新工艺的出现，新的建筑形式不断涌现，更加满足了人们对各种不同建筑功能的要求。

3）建筑形象

建筑形象的塑造既要遵循美观的原则，还要根据建筑的使用功能和性质，综合考虑建筑所在的自然条件、地域文化、经济发展和建筑技术手段。影响建筑形象的因素包括建筑体量、组合形式、立面构图、细部处理、建筑装饰材料的色彩和质感、光影效果等。不同的处理手法，可给人不同的视觉效果，或庄重宏伟，或简洁明快，或轻快活泼，如人民大会堂、南京中山陵、"鸟巢"、国家大剧院等。完美的建筑形象甚至是国家象征或历史片段的反映，如埃及金字塔、中世纪的哥特式教堂、中国北京故宫建筑群、印度泰姬·玛哈尔陵等。

　　建筑功能、建筑技术、建筑形象这三个建筑的基本构成要素中，建筑功能处于主导地位，建筑技术是实现建筑目的的必要手段，建筑形象则是建筑功能、建筑技术的外在表现，常常具有主观性。因此，同样的设计要求、相同的建筑材料和结构体系，也可创造完全不同的建筑形象，产生不同的美学效果，而优秀的建筑作品是三者的辩证统一。

　　4. 建筑设计的内容、依据和程序

　　1）建筑设计的基本内容

　　（1）建筑设计：主要包括方案设计和施工图设计两个方面。方案设计包括总平面设计、平面设计、立面设计、剖面设计；施工图设计包括建筑平面图、立面图、剖面图，以及墙身、楼梯、屋顶、门窗、阳台等构件及其细部的构造设计。

　　（2）结构设计：主要是根据建筑设计选择切实可行的结构方案，进行结构计算及梁、板、柱等结构构件设计，进行结构布置及结构构造设计等。

　　（3）设备设计：主要包括给水排水、电气照明、通信、采暖、空调通风、动力等方面的设计。

　　2）建筑设计的依据

　　（1）使用功能。

　　① 人体尺度和人体活动所需的空间尺度是房间平面和空间设计的依据。走廊的宽度，门洞的大小，栏杆、窗台的高度及家具设备的大小等都是由人体尺度和人体活动所需的空间尺度所确定的，如图 0.1 所示。

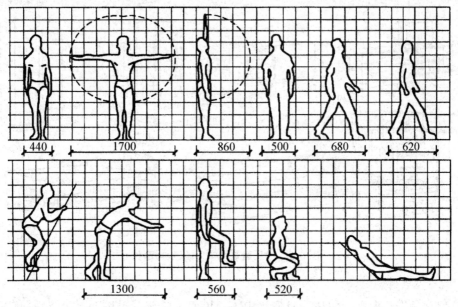

图 0.1　人体尺度和人体活动所需的空间尺度

② 家具、设备的尺寸和使用它们的必要空间是建筑设计必须考虑的因素，既要考虑家具、设备的尺寸，还要考虑人们在使用家具、设备时，在它们周围必要的活动空间。图0.2所示的是常用家具与设备尺寸。

图0.2　民用建筑中常用的家具尺寸

（2）自然条件。

①气候条件：温度、湿度、日照、雨雪、风向、风速等。例如，炎热地区的建筑物

应考虑隔热、通风，建筑形式开敞空透；寒冷地区应保暖防寒，建筑形式比较封闭。日照间距是建筑物间距的主要因素。降雨量的大小决定屋面形式和构造设计，风向是城市规划和总平面图设计的重要依据。图 0.3 是我国部分城市的风向频率玫瑰图，简称风玫瑰图，是根据某一地区多年平均统计的各个方向吹风次数的百分数值，并按一定比例绘制，一般用十六个罗盘方位表示。玫瑰图上所表示风的吹向，是指从外面吹向地区中心。

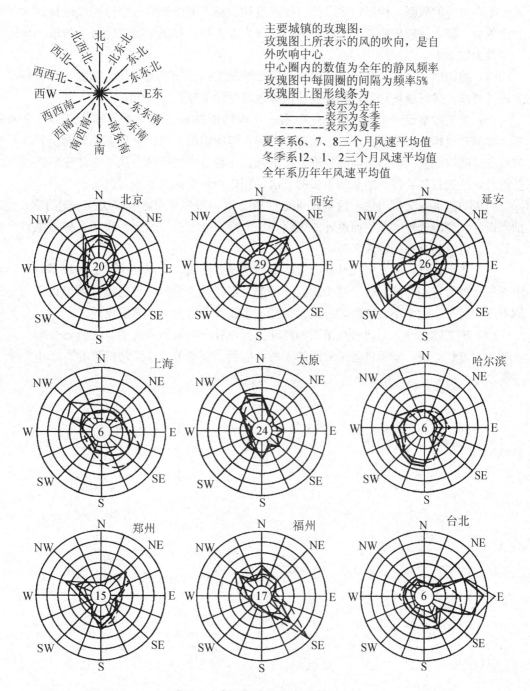

主要城镇的玫瑰图：
玫瑰图上所表示的风的吹向，是自外吹响中心
中心圈内的数值为全年的静风频率
玫瑰图中每圆圈的间隔为频率5%
玫瑰图上图形线条为
——— 表示为全年
－－－ 表示为冬季
------ 表示为夏季
夏季系6、7、8三个月风速平均值
冬季系12、1、2三个月风速平均值
全年系历年年风速平均值

图 0.3　我国部分城市的风玫瑰图

② 地形、地质和地震烈度：如地形的变化影响建筑物的体型，地质条件决定了基础的类型，地震烈度决定了建筑物是否需要抗震设计。

③ 水文条件：水文条件决定了基础的埋置深度及基础的防潮和防水构造措施。

3）建筑设计程序

建筑的复杂性决定了建筑设计的复杂性。为保证设计方案的合理性，必须遵循逐步深入、循序渐进的原则，按照初步设计、技术设计、施工图设计的程序分阶段进行。对于相对简单的工程，一般把前两个阶段合并，即分为方案设计和施工图设计两个阶段。具体工作步骤大致如下。

（1）前期准备工作：开始设计前，必须做好相关的设计准备工作。熟悉设计文件、相关设计规范，进行现场踏勘，熟悉建筑基地现状建设情况。

（2）建筑方案设计：首先熟悉任务书，在现场踏勘的基础上对拟建建筑进行全面分析，根据建筑性质和功能要求，形成初步设想，即所谓的立意；根据立意勾勒出基本平面布局和立面构图意向，即所谓的构思。接下来，一般会用图解的方法对拟建建筑进行功能分析，它是进行建筑设计的非常重要的方法，用以指导平面关系布置。

完成功能关系分析以后，就可以草拟建筑方案，按照总平面初步方案—建筑平、立、剖面设计，简单透视—总平面设计的思路开展方案设计工作。这个阶段应多做方案，进行比较，确定最为合理的建筑方案。

（3）技术设计：在方案设计基础上，根据建筑、结构、设备各个专业的技术要求，对方案设计进行进一步的修改。这个阶段须提交全部建筑、结构、设备设计图及说明书、计算书等。对于一般中小型建筑，方案设计和技术设计合并为一个阶段设计。

（4）施工图设计：对建筑方案图的尺寸做标注并进行调整和完善，进行各个部分及细部的构造设计，进一步解决各工种间的矛盾，编制出完整的、能满足施工的图纸和文件。

第1章

民用建筑概述

章节导读

民用建筑通常是基础、墙体(或柱)、楼板层(或楼地层)、楼梯、门窗、屋顶等六个主要部分组成的,每一部分都承担相应的功能。民用建筑按使用功能、高度或层数、规模和数量、主要承重结构的材料等内容的不同可分为多种类别,按耐久年限和耐火等级不同分别分为四类和四级。建筑的目的是创造一种人为的环境,提供人们从事各种活动的场所。综合分析影响建筑构造的因素,才能制定技术上可行、经济上合理的构造设计方案。为提高建筑功能,改善居住环境,应采取合理的建筑保温、防热和节能措施。为实现建筑工业化,保证建筑质量,提高施工效率,应正确理解建筑模数的概念并合理应用,同时应当合理选择定位轴线。

我们今天学习的房屋建筑构造的基本知识,就是为了解形形色色的建筑形式,以及各种形式之下房屋的具体构造。房屋构造是进行建筑设计、施工等的基础,其重要性毋庸置疑。

引例

让我们来看看以下5个图形(引例图1-1～引例图1-5),每个图形都是一栋独立的建筑物。虽然每栋建筑物所用的材料不同,立体外形不同,结构形式不同,但它们都为人们的生产、生活提供了功能空间。针对这5个图形,我们来思考以下问题:

(1) 从构造组成上分析,这五栋建筑物由哪几部分组成的?

(2) 按建筑物的使用功能、所用材料和结构形式分,这五栋建筑物分别属于哪一类?

(3) 引例图1-1和引例图1-2所示的两栋建筑物所用材料是否相同?立面外形是否相同?

引例图1-1

引例图1-2

（4）这五栋建筑物的层高、门窗的宽高等尺寸之间是否有联系？这些尺寸的设计是否有规律？

引例图 1－3

引例图 1－4

引例图 1－5

1.1 民用建筑构造的组成和分类

建筑是指建筑物和构筑物的总称，是人们为了满足生产、生活和进行各项社会活动的需要，利用所掌握的物质技术条件，运用一定的科学规律和美学法则创造的人工环境。建筑总是以一定的空间形式而存在。

民用建筑是供人们居住、生活和从事各类社会活动的建筑。

1.1.1 民用建筑的构造组成及其作用

民用建筑通常的组成如图 1.1 所示。房屋的各组成部分在不同的部位发挥着不同的作用，因而其设计要求也各不相同。

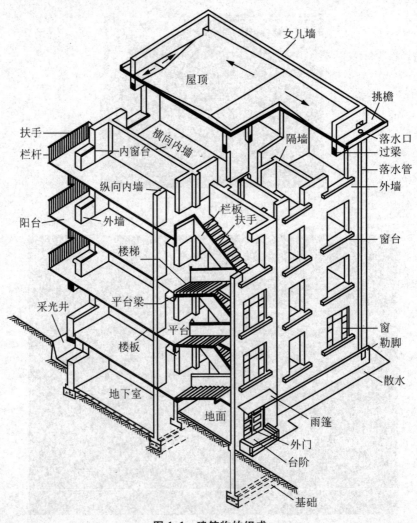

图 1.1 建筑物的组成

房屋除了几个主要组成部分之外，对不同使用功能的建筑，还有一些附属的构件和配件，如阳台、雨篷、台阶、散水、勒脚、通风道等。这些构配件也可以称为建筑的次要组成部分。

1. 基础

基础是建筑物向地基传递荷载的下部结构，必须具有足够的强度、刚度和耐久性，同时要求基础能抵御地下各种不良因素的侵蚀。

基础的作用：承受建筑物的全部荷载，并将这些荷载传给地基。

2. 墙体（或柱）

墙体（或柱）是建筑物的竖向承重和围护构件，应具有足够的强度、稳定性、保温、隔热、隔声、防水、防火等能力，并具有一定的耐久性和经济性。

墙体的作用：

（1）承重。承受建筑物由屋顶或楼板层等水平构件传来的荷载，并将这些荷载传给基础。

（2）围护。外墙起着抵御自然界各种因素对室内的侵袭的作用。

（3）分隔。内墙起着分隔房间、创造室内舒适环境的作用。

3. 楼板层

楼板层和地坪是楼房建筑中水平方向的承重构件和分隔构件，应具有足够的强度、刚度和隔声能力，同时应具有防潮、防水、防火能力。

楼板层的作用：

（1）承重。承受楼板层本身自重及外加荷载（家具、设备、人体的荷载），并将这些荷载传给墙（或柱）。

（2）分隔楼层。按房间层高将整栋建筑物沿水平方向分为若干层。

（3）对墙身起着水平支撑的作用。

地坪是建筑底层房间与下部土层相接触的部分，它承担着底层房间的地面荷载。由于地坪下面往往是夯实的土壤，所以强度要求比楼板低。不同地坪，要求具有耐磨、防潮、防水和保温等不同的性能。

4. 楼梯

楼梯是楼房建筑的垂直交通设施，应具有足够的通行能力和足够的强度，同时应具有防火、防水和防滑的能力。

楼梯的作用：

（1）供人们上下楼层的垂直交通联系和紧急疏散。

（2）起着重要的装饰作用。

5. 门窗

门和窗均属非承重的围护构件。对于某些有特殊要求的房间，则要求门窗分别具有保温、隔热、隔声、防火、防盗的能力。

门的作用：

（1）交通。供人们内外联系交通联系用。

（2）隔离房间。

（3）兼有通风采光的作用。

窗的作用：

（1）通风和采光。

（2）分隔和围护。

6. 屋顶

屋顶是建筑物顶部的外围护和承重构件，应具有足够的强度和刚度，同时应具有良好的排水、防水、保温、隔热的能力。

屋顶的作用：

（1）围护。抵御自然界不利因素的侵袭，如风、雨、雪、太阳热辐射等对顶层房间的影响。

（2）承重。承受建筑物顶部荷载，并将这些荷载传给垂直方向的墙（或柱）等承重构件。

特 别 提 示

引例（1）的解答：引例中的五个图形，引例图1-5属于工业建筑，详细介绍见第九章，其余四个图形都属于民用建筑，虽然它们的材料和结构形式不同，但主要组成部分相同，都是由基础、墙体（或柱）、楼地层、楼梯、门窗、屋顶等六部分组成的。

1.1.2 建筑的分类与分级

1. 民用建筑的分类

建筑物按照使用性质的不同，通常可以分为生产性建筑和非生产性建筑。生产性建筑是指工业建筑和农业建筑，非生产性建筑即指民用建筑。民用建筑的分类方法有多种。

1）按建筑的使用功能不同划分

（1）居住建筑：如住宅、宿舍、公寓等。

（2）公共建筑：

① 生活服务性建筑，如食堂、菜场、浴室、服务站等。

② 文教建筑，如教学楼、图书馆、文化宫等。

③ 托幼建筑，如幼儿园、托儿所等。

④ 科研建筑，如科研所、科学实验楼等。

⑤ 医疗福利建筑，如医院、疗养院、养老院等。

⑥ 商业建筑，如商店、商场、餐馆、食品店等。

⑦ 行政办公建筑，如各类办公楼、写字楼等。

⑧ 交通建筑，如车站、航空港、水上客运站、地铁站等。

⑨ 通信建筑，如电台、电视台、电信中心等。

⑩ 体育建筑，如体育馆、体育场、训练馆、游泳馆、网球场、高尔夫球场等。

⑪ 观演建筑，如电影院、剧院、音乐厅、杂技厅等。

⑫ 展览建筑，如展览馆、博物馆、文化馆等。

⑬ 旅馆建筑，如宾馆、旅馆、招待所等。

⑭ 园林建筑，如公园、动物园、植物园等。

⑮ 纪念性建筑，如纪念碑、纪念堂、纪念馆、纪念塔等。

有些大型公共建筑内部功能比较复杂，可能同时具备上述两个以上的功能，一般称这类建筑为综合性建筑。

知 识 链 接

随着建筑技术、建筑材料和结构理论的进步，体育馆、影剧院、展览馆等大型公共建筑采用了各种新型的空间结构，如网架、悬索、薄壳、折板等结构形式，它们采用各种空间构架或体系作为支撑建筑物的骨架，多用于大跨度的公共建筑。图1.2所示建筑物都是空间结构。

(a) "鸟巢"　　　　　　　　　　(b) 上海世博会中国国家馆

(c) 悉尼歌剧院　　　　　　　　(d) 天津体育馆

(e) 北京体育馆　　　　　　　　(f) 广州体育馆

图1.2　空间结构的建筑物

2) 按地上层数或高度划分

民用建筑按地上数或高度划分应符合《民用建筑设计通则》（GB 50352—2005）的规定。

（1）住宅建筑按层数分类：1~3 层为低层住宅，4~6 层为多层住宅，7~9 层为中高层住宅，10 层以上为高层住宅.

（2）除住宅建筑之外的民用建筑高度不大于 24m 者为单层和多层建筑，大于 24m 者为高层建筑(不包括建筑高度大于 24m 的单层公共建筑)。

（3）建筑高度大于 100m 的民用建筑为超高层建筑。

建筑高度是指建筑物自室外设计地面至建筑主体檐口或屋面面层的垂直高度。屋顶上的水箱间、电梯机房排烟机房和楼梯出口小间等不计入建筑高度。

世界上对高层建筑的划分界限，各国规定都不一致。我国现行的《高层民用建筑设计防火规范(2005 版)》（GB 50045—1995)中规定，10 层和 10 层以上的居住建筑(包括首层设置商业服务网点的住宅)，以及建筑总高度超过 24m 的公共建筑及综合性建筑为高层建筑。高层建筑按使用性质、火灾危险性、疏散和扑救难度又可以分为一类高层建筑和二类高层建筑(表 1-1)。

表 1-1　高层建筑分类

名称	一类	二类
居住建筑	19 层及 19 层以上的住宅	10~18 层的住宅
公共建筑	① 医院 ② 高级旅馆 ③ 建筑高度超过 50m 或 24m 以上部分的任一楼层的建筑面积超过 1000m² 的商业楼、展览馆、综合楼、电信楼、财贸金融楼 ④ 建筑高度超过 50m 或 24m 以上部分的任一楼层的建筑面积超过 1500m² 的商住楼 ⑤ 中央级和省级(含计划单列市)广播电视楼 ⑥ 网局级和省级(含计划单列市)电力调度楼 ⑦ 省级(含计划单列市)邮政楼、防灾指挥调度楼 ⑧ 藏书超过 100 万册的图书馆、书库 ⑨ 重要的办公楼、科研楼、档案楼 ⑩ 建筑高度超过 50m 的教学楼和普通的旅馆、办公楼、科研楼、档案楼等	① 除一类建筑以外的商业楼、展览楼、综合楼、电信楼、财贸金融楼、商住楼、图书馆、书库 ② 省级以下的邮政楼、防灾指挥调度楼、广播电视楼、电力调度楼 ③ 建筑高度不超过 50m 的教学楼和普通的旅馆、办公楼、科研楼、档案楼等

1972 年国际高层建筑会议将高层建筑分为四类。

（1）低高层建筑：为 9~16 层，最高 50m。

（2）中高层建筑：为 17~25 层，最高 75m。

（3）高高层建筑：为 26~40 层，最高 100m。

（4）超高层建筑：为40层以上，高度大于100m。

3）按规模和数量不同划分

（1）大量性建筑，指建造数量较多，建筑规模不大，与人们生活密切相关的分布面广的民用建筑，如住宅、中小学教学楼、医院、中小型影剧院、中小型工厂等，广泛分布在大中小城市及村镇。

（2）大型性建筑，指建筑单体规模大、耗资多的公共建筑，如大型体育馆、大型剧院、火车站、航空港等。与大量性建筑相比，其修建数量是很有限的，这类建筑在一个国家或一个地区具有代表性，对城市面貌的影响也较大。

4）按主要承重结构的材料划分

（1）木结构，是指以木材作为房屋承重骨架的建筑。我国古代建筑大多采用木结构。木结构具有自重轻、构造简单、施工方便等优点，但木材易腐、易燃，又因我国森林资源匮乏，现已较少采用。

（2）土木结构，是以生土墙和木屋架作为建筑物的主要承重结构，这类建筑通常可就地取材，造价低，适用于村镇建筑。

（3）砖木结构，是以砖墙或砖柱、木屋架作为建筑物的主要承重结构，这类建筑称砖木结构建筑。

（4）砖混结构，是以砖墙或砖柱、钢筋混凝土楼板及屋面板作为主要承重构件的建筑。这类建筑在大量性民用建筑中应用最广泛。

（5）钢筋混凝土结构，指建筑物的主要承重构件全部采用钢筋混凝土制作。这类建筑具有坚固耐久、防火和可塑性强等优点，主要用于大型公共建筑和高层建筑。

（6）钢结构，指建筑物的主要承重构件全部采用钢材来制作。这类建筑与钢筋混凝土结构建筑比较，具有力学性能好、便于制作和安装、工期短、自重轻等优点，主要适用于高层和大跨度建筑。随着我国高层、大跨度建筑的发展，采用钢结构的趋势正在增长。

特别提示

引例（2）的解答：按建筑物的使用功能、所用材料和结构形式等内容分类，引例图1-5属于钢结构的工业建筑，其余四个都属于民用建筑，其中引例图1-1和引例图1-2属于钢筋混凝土结构，引例图1-3属于砖混结构，引例图1-4属于木结构。

2. 民用建筑的等级划分

由于建筑的功能和社会生活中的地位和差异较大，为了使建筑充分发挥投资效益，避免造成浪费，适应社会经济发展的需要，我国对各类不同建筑的级别进行了明确的划分。民用建筑的等级是根据建筑物的使用年限、防火性能、规模大小和重要性来划分等级的。

1）按耐久年限分

民用建筑的耐久等级主要是根据建筑物的重要性和规模大小划分的，作为基建投资和建筑设计的重要依据。《民用建筑设计通则》中相关规定见表1-2。

表1-2　设计使用年限分类

类别	设计使用年限/年	示例
1	5	临时性建筑
2	25	易于替换结构构件的建筑
3	50	普通建筑和构筑物
4	100	纪念性建筑和特别重要的建筑

2）按耐火等级分

在建筑构造设计中，应该对建筑的防火与安全给予足够的重视，特别是在选择结构材料和构造做法上，应按其性质分别对待。

所谓建筑的耐火等级，是衡量建筑物耐火程度的标准，它是由组成建筑物的构件的燃烧性能和耐火极限的最低值所决定的。划分建筑物耐火等级的目的在于根据建筑物的用途不同提出不同的耐火等级要求，做到既有利于安全，又有利于节约基本建设投资。火灾实例说明，耐火等级高的建筑，火灾时烧坏倒塌的很少，而耐火等级低的建筑，火灾时不耐火，烧坏快，损失也大。

现行《建筑设计防火规范》（GB 50016—2006）将建筑物的耐火等级划分为四级（表1-3）。

表1-3　建筑建筑构件的燃烧性能和耐火极限

单位：h

构件名称		耐火等级			
		一级	二级	三级	四级
墙	防火墙	不燃烧体 3.00	不燃烧体 3.00	不燃烧体 3.00	不燃烧体 3.00
	承重墙	不燃烧体 3.00	不燃烧体 2.50	不燃烧体 2.00	难燃烧体 0.50
	非承重外墙	不燃烧体 1.00	不燃烧体 1.00	不燃烧体 0.50	燃烧体
	楼梯间的墙 电梯井的墙 住宅单元之间的墙 住宅分户墙	不燃烧体 2.00	不燃烧体 2.00	不燃烧体 1.50	难燃烧体 0.50
	疏散走道两侧的隔墙	不燃烧体 1.00	不燃烧体 1.00	不燃烧体 0.50	难燃烧体 0.25
	房间隔墙	不燃烧体 0.75	不燃烧体 0.50	难燃烧体 0.50	难燃烧体 0.25

构件名称	耐火等级			
	一级	二级	三级	四级
柱	不燃烧体 3.00	不燃烧体 2.50	不燃烧体 2.00	难燃烧体 0.50
梁	不燃烧体 2.00	不燃烧体 1.50	不燃烧体 1.00	难燃烧体 0.50
楼板	不燃烧体 1.50	不燃烧体 1.00	不燃烧体 0.50	燃烧体
屋顶承重构件	不燃烧体 1.50	不燃烧体 1.00	燃烧体	燃烧体
疏散楼梯	不燃烧体 1.50	不燃烧体 1.00	不燃烧体 0.50	燃烧体
吊顶(包括吊顶搁栅)	不燃烧体 0.25	难燃烧体 0.25	难燃烧体 0.15	燃烧体

注：① 除本规范另有规定者外，以木柱承重且以不燃烧材料作为墙体的建筑物，其耐火等级应按四级确定。

② 二级耐火等级建筑的吊顶采用不燃烧体时，其耐火极限不限。

③ 在二级耐火等级的建筑中，面积不超过100m² 的房间隔墙，如执行本表的规定确有困难时，可采用耐火极限不低于0.30h的不燃烧体。

④ 一、二级耐火等级建筑疏散走道两侧的隔墙，按本表规定执行确有困难时，可采用耐火极限不低于0.75h的不燃烧体。

⑤ 住宅建筑构件的耐火极限和燃烧性能可按现行国家标准《住宅建筑规范》（GB 50368—2005）的规定执行。

⑥ 此表适用于民用建筑，厂房和库房略有差别。

所谓燃烧性能，是指建筑构件在明火或高温作用下是否燃烧，以及燃烧的难易程度。建筑构件按燃烧性能分为不燃烧体、难燃烧体和燃烧体。

不燃烧体，指用不燃烧材料做成的建筑构件，如天然石材、人工石材、砖、钢筋混凝土、金属材料等。

难燃烧体，指用难燃材料做成的构件，或者用燃烧材料做成，但用不燃烧材料做保护层的建筑构件，如沥青混凝土构件、木板条抹灰、水泥刨花板、经防火处理的木材等。这类材料在空气中受到火烧或高温作用时难燃烧、难碳化。

燃烧体，指用可燃材料做成的建筑构件，如木材、胶合板、纸板等。这类材料在空气中受到火烧或高温作用时，立即起火燃烧，且离开火源后仍继续燃烧或微燃。

所谓耐火极限，是指对任一建筑构件、配件或结构在标准耐火试验条件下，从受到火的作用时起，到构件失去稳定性或完整性被破坏或失去隔火作用止的这段时间，用小时表示。只要以下三个条件中任一个条件出现，就可以确定是否达到其耐火极限。

（1）失去稳定性，指构件在受到火焰或高温作用下，由于构件材质性能的变化，使承载能力和刚度降低，承受不了原设计的荷载而破坏。例如，受火作用后的钢筋混凝土梁失去稳定性；钢柱失稳破坏；非承重构件自身解体或垮塌等，均属失去稳定性。

（2）完整性被破坏，指薄壁分隔构件在火中高温作用下，发生爆裂或局部塌落，形成穿透裂缝或孔洞，火焰穿过构件，使其背面可燃物燃烧起火。例如，受火作用后的木板条抹灰墙内部可燃木板条先行自燃，一定时间后，背火面的抹灰层龟裂脱落，引起燃烧起火；预应力钢筋混凝土楼板使钢筋失去预应力，发生炸裂，出现孔洞，使火苗窜到上层房间。在实际中这类火灾相当多。

（3）失去隔火作用，指具有分隔作用的构件，背火面任一点的温度达到220℃时，构件失去隔火作用。例如，一些燃点较低的可燃物(纤维系列的棉花、纸张、化纤品等)烤焦以致起火。

1.2　建筑构造的影响因素和建筑构造的基本要求

由于建筑是建造在自然环境当中的，因此，建筑的使用质量和使用寿命就要经受自然界各种因素的考验，同时还要充分考虑人为因素对建筑的影响。为了确保建筑能够充分地发挥其使用价值，延长建筑的使用年限，在进行建筑的构造设计时，必须对影响建筑构造的因素进行综合分析，制定技术上可行、经济上合理的构造设计方案。

1.2.1　建筑构造的影响因素

1. 外力作用的影响

作用在建筑物上的各种外力统称为荷载。荷载可分为恒荷载（如建筑物的结构自重）和活荷载（如人群、家具、设备、风雪及地震荷载等）两种。荷载的大小是建筑设计的主要依据，也是结构选型的重要基础，它决定着构件的尺度和用料。而构件的选材、尺寸、形状等又与构造密切相关。所以在确定建筑构造方案时，必须考虑外力的影响。

在外荷载中，风力的影响不可忽视，风力往往是高层建筑水平荷载的主要因素。风力随着地面高度的不同而变化。特别是在沿海、沿江地区，风力影响更大，设计时必须遵照有关设计规范执行。此外，地震力是目前自然界中对建筑物影响最大的一种因素。我国是地震多发国家，地震分布也相当广泛，因此必须引起高度重视。在进行建筑物抗震设计时，应以各地区所定抗震设防烈度为依据予以设防。地震烈度是指在地震过程中，地表及建筑物受到影响和破坏的程度。

2. 人为因素的影响

人们在从事生产、生活的活动过程中，往往会造成对建筑物的影响。例如，火灾、战争、爆炸、机械振动、化学腐蚀、噪声等，都属于人为因素的影响。所以，在进行建筑构造设计时，必须针对各种可能的因素，采取相应的防火、防爆、防振、防腐蚀、隔声等构造措施，以防止建筑物遭受不应有的损失。

3. 自然气候条件的影响

我国地域辽阔，各地区之间的地理环境不同，大自然的条件也有差异。由于南北纬度相差较大，从炎热的南方到寒冷的北方，气候条件差别也较大。气温的变化，太阳的热辐射，自然界的风、霜、雨、雪、地下水等，都会构成影响建筑物使用功能和建筑构配件使用质量的重要因素。有的会因材料的热胀冷缩而开裂，严重的甚至会遭受破坏；有的会出现渗漏水现象；有的会因室内温度过热或过冷而妨碍工作，等等。总之影响到建筑物的正常使用。故在建筑构造设计时，应针对建筑物所受影响的性质与程度，对各有关构配件及相关部位采取必要的防范措施，如设置防潮层、防水层、保温层、隔热层、隔蒸气层、变形缝等，以保证建筑物的正常使用。

4. 建筑技术条件的影响

随着社会的进步，社会劳动生产力水平的不断提高，建筑材料、建筑结构、建筑设备、建筑施工技术等也在发生着翻天覆地的变化。因此，民用建筑的构造设计也随之变得更加丰富多彩。例如，新型材料在建筑工程中的应用，有效地解决了建筑结构的大跨度问题，新的装饰装修及采光通风构造不断涌现。所以，建筑构造也并非沿袭一成不变的固定模式。在建筑构造设计中要正确解决好采光、通风、保温、隔热、洁净、防潮、防水、防振、防噪声等问题，应以构造原理为基础，在利用原有的、标准的、典型的建筑构造的同时，不断发展和创造新的构造方案。

5. 经济条件的影响

随着建筑技术的不断发展和人们生活水平的不断提高，各类新型的节能材料、防火材料、防水材料、配套家具设备、家用电器等大量中、高档产品相继涌现，人们对建筑的使用要求也越来越高。建筑标准的变化，必然带来建筑质量标准、建筑造价的较大变化，所以，对建筑构造的要求也必将随着经济条件的改变而发生着较大的变化。

1.2.2　建筑构造的基本要求

1. 必须满足建筑使用功能要求

建筑物应给人们创造出，舒适的使用环境。由于建筑物所处的条件、环境的不同，对建筑构造有不同的要求。例如，影剧院和音乐厅要求具有良好的音响效果；展览馆则要求具有良好的光线效果；北方寒冷地区要求建筑在冬季具有良好的保温效果；南方炎热地区则要求建筑能通风、隔热。总之，为了满足建筑使用功能需要，在确定构造方案时，必须综合考虑各方面因素，以确定最经济合理的构造方案。

2. 确保结构安全的要求

建筑物除应根据荷载大小、结构的要求确定构件的必须尺度外，对于一些零部件的设计，如阳台、楼梯的栏杆；顶棚、墙面、地面的装修；门、窗与墙体的结合及抗振加固等，都必须在构造上采取必要的措施，以确保建筑物在使用时的安全。

3. 必须适应建筑工业化的要求

为提高建设速度，改善劳动条件，保证施工质量，在选择构造做法时，应大力推广先进的新技术，选用各种新型建筑材料，采用标准化设计和定型构件，为构配件的生产工厂化及现场施工机械化创造有利条件，以适用建筑工业化的需要。

4. 必须注重建筑经济的综合效益

房屋的建造需要消耗大量的材料，在选择建筑构造方案时，应充分考虑建筑的综合经济效益。既要注意降低建筑造价、减少材料的能源消耗，又要有利于降低经济运行、维修和管理的费用，考虑其综合经济效益。另外，在提倡节约、降低造价的同时，还必须保证工程质量，绝不可为了追求经济效益而以牺牲工程质量为代价，偷工减料，粗制滥造。

5. 满足美观要求

建筑的美观主要是通过对其内部空间和外部造型的艺术处理来体现的。构造方案的处理需要考虑其造型、尺度、质感、色彩等艺术和美观问题，如有不当往往会影响建筑物的整体设计的效果。因此对建筑物进行构造设计时，应充分运用构图原理和美学法则，创造出具有较高品位的建筑。

总之，在构造设计中，全面考虑坚固适用、技术先进、经济合理、美观大方是建筑构造设计最基本的原则。

● 特 别 提 示 ....

引例(3)的解答：引例图1-1和引例图1-2所示的两栋建筑物所用材料相同，都是钢筋混凝土结构的，但两者使用功能不同，引例图1-1是单体别墅类建筑，引例图1-2是多层住宅建筑，因此两者立面外形设计不相同，这正是建筑构造设计基本原则的体现，即满足建筑使用功能要求，满足建筑物美观要求。

1.3 建筑保温、防热和节能

1.3.1 建筑保温

保温是建筑设计十分重要的内容之一，寒冷地区的各类建筑和非寒冷地区有空调要求的建筑，如宾馆、实验室、医疗用房等都要考虑采取保温措施。

建筑构造是保证建筑物保温质量和合理使用投资的重要环节。合理的设计不仅能保证建筑的使用质量和耐久性，而且能节约能源、降低采暖、空调设备的投资和使用时的维持费用。

在寒冷季节里，热量通过建筑物外围护构件——屋顶、墙、门窗等由室内高温一侧向室外低温一侧传递，使热量损失，室内变冷。热量在传递过程中将遇到阻力，这种阻力称为热阻，其单位是 $m^2 \cdot K/W$［米²·开（尔文）/瓦（特）］。热阻越大，通过围护构件传出的热量越少，说明围护构件的保温性能越好；反之，热阻越小，保温性能就越差，热量损失就越多，如图 1.3 所示。因此，对有保温要求的围护构件须提高其热阻。在工程实践中，通常采取以下措施提高热阻。

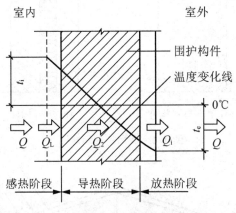

图 1.3　围护构件传热的物理过程

1. 增加厚度

单一材料围护构件热阻与其厚度成正比，增加厚度可提高热阻，即提高抵抗热流通过的能力。例如，双面抹灰 240mm 厚砖墙的传热阻大约为 $0.55m^2 \cdot K/W$，而 490mm 厚双面抹灰砖墙的传热阻约为 $0.91m^2 \cdot K/W$。但是，增加厚度势必增加围护构件的自重，材料的消耗也相应增多，且减小了建筑有效面积。

2. 合理选材

在建筑工程中，一般将导热系数小于 $0.3W/(m \cdot K)$［瓦/（米·开）］的材料称为保温材料。导热系数的大小说明材料传递热量的能力。选择容重轻、导热系数小的材料，如加气混凝土、浮石混凝土、膨胀陶粒、膨胀珍珠岩、膨胀蛭石等为骨料的轻混凝土及岩棉、玻璃棉和泡沫塑料等可以提高围护构件的热阻。其中轻混凝土具有一定的强度，可以做成单一材料保温构件。这种构件构造简单、施工方便。也可采用组合保温构件提高热阻，它是将不同性能的材料加以组合而成的，各层材料发挥各自不同的功能。通常用岩棉、玻璃棉、膨胀珍珠岩、泡沫塑料等容重轻、导热系数小的材料起保温作用，而用强度高、耐久性好的材料如砖、混凝土等做承重和围护面层，如图 1.4 所示。

3. 防潮防水

冬季由于外围护构件两侧存在温差，室内高温一侧水蒸气分压力高，水蒸气就向室外低温一侧渗透，遇冷达到露点温度时就会凝结成水，构件受潮。雨水、使用水、土壤潮气和地下水也会侵入构件，使构件受潮受水。表面受潮受水会使室内装修变质损坏，严重时会发生霉变，影响人体健康。构件内部受潮受水会使多孔的保温材料充满水分，导热系数提高，降低围护构件的保温效果。在低温下，水分形成冰点冰晶，进一步降低保温能力，并因冻融交替而造成冻害，严重影响建筑物的安全性和耐久性，如图1.5所示。

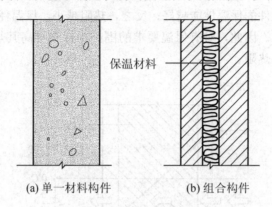

(a) 单一材料构件　　　　(b) 组合构件

图1.4　保温构件示意图

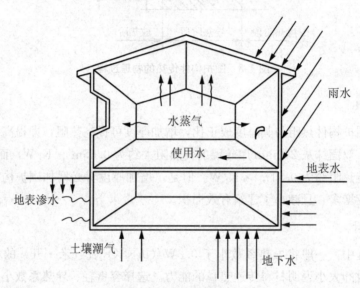

图1.5　建筑受水受潮

为防止构件受潮受水，除应采取排水措施以外，在靠近水、水蒸气和潮气一侧设置防水层、隔气层和防潮层。组合构件一般在受潮一侧布置密实材料层。

4. 避免热桥

在外围护构件中，经常设有导热系数较大的嵌入构件，如外墙中的钢筋混凝土梁和柱、过梁、圈梁、阳台板、挑檐板等。这些部位的保温性能都比主体部分差，热量容易从这些部位传递出去，散热量大，其内表面温度也就较低，容易出现凝结水。这些部位通常叫做围护构件的"热桥"，如图1.6(a)所示。为了避免和减轻热桥的影响，首先应避免嵌入构件内外贯通，其次应对这些部位采取局部保温措施，如增设保温材料等，以切断热桥，如图1.6(b)所示。

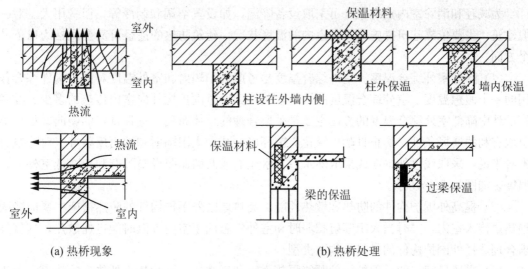

(a) 热桥现象   (b) 热桥处理

图 1.6 热桥现象与处理

5. 防止冷风渗透

当围护构件两侧空气存在压力差时，空气从高压一侧通过围护构件流向低压一侧，这种现象称为空气渗透。空气渗透可由室内外温度差(热压)引起，也可由风压引起。由热压引起的渗透，热空气由室内流向室外，室内热量损失；风压则使冷空气向室内渗透，使室内变冷。为避免冷空气渗入和热空气散失，应尽量减少围护构件的缝隙，如墙体砌筑砂浆饱满、改进门窗加工和构造、提高安装质量、缝隙采取适当的构造措施等。

1.3.2 建筑防热

我国南方地区，夏季气候炎热，高温持续时间长，太阳辐射强度大，相对湿度高。建筑物在强烈的太阳辐射和高温、高湿气候的共同作用下，通过围护构件将大量的热传入室内。室内生活和生产也产生大量的余热。这些从室外传入和室内自生的热量，使室内气候条件变化，引起过热，影响生活和生产，如图 1.7 所示。

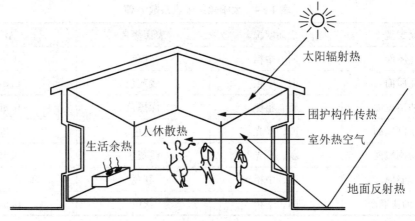

图 1.7 室内热过程

为减轻和消除室内热现象，可采取设备降温，如设置空调和制冷等，但费用大。对一般建筑，主要依靠建筑措施来改善室内的温度状况。建筑防热的途径可简要概括为以下几个方面。

(1) 降低室外综合温度。室外综合温度是考虑太阳辐射和室外温度对围护构件综合作用的一个假想温度。室外综合温度的大小，关系到通过围护构件向室内传热的多少。在建筑设计中降低室外综合温度的方法主要是采取合理的总体布局、选择良好的朝向、尽可能争取有利的通风条件、防止日晒、绿化周围环境、减少太阳辐射和地面反射等。对建筑物本身来说，采取浅色外饰面或采取淋水、蓄水屋面或西墙遮阳设施等有利于降低室外综合温度，如图 1.8(a)所示。

(2) 提高外围护构件的防热和散热性能。炎热地区外围护构件的防热措施主要应能隔绝热量传入室内，同时当太阳辐射减弱时和室外气温低于室内气温时能迅速散热，这就要求合理选择外围护构件的材料和构造类型。

(3) 带通风间层的外围护构件既能隔热也有利于散热。因为从室外传入的热量，由于通风，使传入室内的热量减少；当室外温度下降时，从室内传出的热量又可通过通风间层带走[图 1.8(b)]。在围护构件中增设导热系数小的材料也有利于隔热[图 1.8(c)]。利用表层材料的颜色和光滑度能对太阳辐射起反射作用，对放热、降温有一定的效果(表 1-4)。另外，利用水的蒸发，吸收大量汽化热，可大大减少通过屋顶传入的热量。

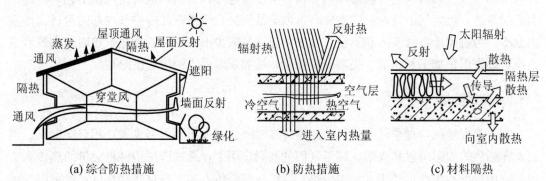

(a) 综合防热措施　　　　　(b) 防热措施　　　　　(c) 材料隔热

图 1.8　防热措施

表 1-4　太阳辐射吸收系数 ρ 值

表面类型	表面状况	表面颜色	ρ
红瓦屋面	旧、中粗	红色	0.56
灰瓦屋面	旧、中粗	浅灰色	0.52
深色油毡屋面	新、粗糙	深黑色	0.86
石膏粉刷屋面	旧、平光	白色	0.26
水泥粉刷屋面	新、平光	浅灰色	0.56
红砖墙面	旧、中粗	红色	0.72~0.78
混凝土砌块墙面	旧、中粗	灰色	0.65

1.3.3　建筑节能

1. 建筑节能的意义和节能政策

能源是社会发展的重用物质基础，是实现现代化和提高人民生活的先决条件。国民经济发展快慢，在很大程度上取决于能源问题解决得如何。所谓能源问题，就是指能源开发和利用之间的平衡，即能源的生产和消耗之间的关系。我国能源供求平衡一直是紧张的，能源缺口很大，是急需解决的突出问题。解决能源问题的根本途径是开源节流，即增加能源和节约能源并重，而在相当长一段时间内节约能源是首要任务，是我国一项基本国策。在我国制定的能源建设总方针中就明确规定："能源的开发和节约并重，近期要把节能放在优先地位，大力开展以节能为中心的技术改造和结构改革。"据统计预测，到目前为止，我国国民经济所需能源有一半要靠节约来取得。事实上，世界各国已经把节能提高到是煤、石油、天然气、核能之后的第五种能源资源。

建筑能耗大，占全国能源消耗量的 1/4 以上，它的总能耗大于任何一个部门的能耗量，而且随着生活水平的提高，它的能耗比例将有增无减。因此，建筑节能是整体节能的重点。

2. 建筑节能的含义及建筑能耗的构成

建筑节能是指在建筑材料生产、房屋建筑施工及使用过程中，合理地使用、有效地利用能源，以便在满足同等需要或达到相同目的的条件下，尽可能降低能耗，以达到提高建筑舒适性和节约能源的目标。目前我国通称的建筑节能，应是指在建筑中合理地使用和有效地利用能源，不断提高能源利用率。

建筑能耗包括建筑物在建造过程中的能耗和在使用过程中的能耗两部分，建造过程中的能耗是指建筑材料、建筑构配件、建筑设备的生产、运输、建筑施工和安装中的能耗；使用过程的能耗是指建筑在采暖、通风、空调、照明、家用电器和热水供应中的能耗。一般情况下，日常使用能耗与建筑能耗之比，约为 8:2～9:1。可见，使用过程的能耗，特别是采暖和空调能耗为主，故应将采暖和降温能耗作为建筑节能的重点。

3. 我国建筑节能的基本目标

在建设部的规划中，要求新建采暖居住建筑 1996 年以前在 1980—1981 年当地通用设计能耗水平基础上普遍降低 30%，为第一阶段；1996 年起在达到第一阶段要求的基础上节能 50%，为第二阶段；2005 年起在达到第二阶段要求的基础上再节能 30%，为第三阶段。

对采暖区热环境差或能耗大的既有建筑的节能改造工作，2000 年起在重点城市成片开始，2005 年起各城市普遍开始，2010 年重点城市普遍推行。

对集中供暖的民用建筑安设热表及有关调节设备并按表计量收费的工作，1998 年通过试点取得成效，并开始推广，2000 年在重点城市成片推行，2010 年基本完成。

新建采暖公共建筑 2000 年前做到节能 50%，为第一阶段，2010 年在第一阶段基础上再节能 30%，为第二阶段。

夏热冬冷区民用建筑 2000 年开始执行建筑热环境及节能标准，2005 年重点城镇开始成片进行建筑热环境及节能改造，2010 年起各城镇开始成片进行建筑热环境及节能改造。

在城镇中推广太阳能建筑，到 2000 年累计建成 1000 万平方米，至 2010 年累计建成 5000 万平方米。村镇建筑通过示范倡导，力争达到或接近所在地区城镇的节能标准。

为实现上述目标，工作步骤采取由易到难，从点到面，稳步前进的做法。总体安排是首先从抓居住建筑开始，其次抓公共建筑（从空调旅游宾馆开始），然后是工业建筑；从新建建筑开始，其次是近期必须改造的热环境很差的结露建筑和危旧建筑，然后是其他保温隔热条件不良的建筑。围护结构节能与供暖（或降温）系统节能同步进行。

从地域上，由北方采暖区开始，然后发展到中部夏热冬冷区，并扩展到南方炎热区；从工作基础较好的几个城市开始，再发展到一般城市和城镇，然后逐步扩展到广大农村。

4. 建筑设计中采取节能的主要措施

建筑设计在建筑节能中起着重要作用，合理的设计会带来很好的节能效益。在建筑设计中采取的措施通常有以下几个方面。

（1）选择有利于节能的建筑朝向，充分利用太阳能。南北朝向建筑比东西朝向建筑耗能少，在建筑面积相同的情况下，主朝向面积越大，这种情况也就越明显。

（2）设计有利于节能的建筑平面体型。在建筑体积相同的情况下，建筑物的外表面积越大，采暖制冷的负荷也就越大，因此，建筑设计应尽可能取最小的外表面积。

（3）改善围护构件的保温性能。这是建筑设计中的一项主要节能措施，节能效果明显。

（4）改进门窗设计。在满足通风、采光的条件下，尽可能将窗面积控制在合理范围内，改进窗玻璃，防止门窗缝隙的能量损失等。

（5）重视日照调节与自然通风。理想的日照调节是在满足建筑采光和通风的条件下，做到夏季尽量防止太阳热进入室内，冬季尽量使太阳热进入室内。

 **特 别 提 示**

屋面采用浅色防水涂料，墙体采用空心砖和空心砌块都是建筑防热节能的有效措施。

1.4 建筑工业化和建筑模数协调

1.4.1 建筑工业化的意义和内容

建筑业是我国国民经济的支柱产业之一，被称为国民经济的先行。而长期以来，建筑业分散的手工业生产方式与大规模的经济建设很不适应，必须改变目前这种落后的状况，尽快实现建筑工业化。发展建筑工业化的意义在于能够加快建设速度，降低劳动强度，减少人工消耗，提高施工质量和劳动生产率。

建筑工业化是指用现代工业的生产方式来建造房屋，它的内容包括四个方面，即建筑设计标准化、构配件生产工厂化、施工机械化和管理科学化。

设计标准化：就是从统一设计构配件入手，尽量减少它们的类型，进而形成单元或整个房屋的标准设计。

构配件生产工厂化：就是构配件生产集中在工厂进行，逐步做到商品化。

施工机械化：就是用机械取代繁重的体力劳动，用机械在施工现场安装构件与配件。

管理科学化：就是用科学的方法来进行工程项目管理，避免主观臆断或凭经验管理。

其中，设计标准化是实现建筑工业化目标的前提，构配件生产工厂化是建筑工业化的手段，施工机械化是建筑工业化的核心，管理科学化是建筑工业化的保证。

为保证建筑设计标准化和构配件生产工厂，建筑物及其各组成部分的尺寸必须统一协调，为此，我国制定了《建筑模数协调统一标准》（GBJ 2—1986）作为建筑设计的依据。

1.4.2　建筑标准化

建筑标准化主要包括两个方面的内容：一个是建筑设计的标准方面，包括制定各种法规、规范、标准、定额与指标；另一个是建筑的标准设计方面，即根据上述设计标准，设计通用的构件、配件、单元和房屋。

标准化设计可以借助国家或地区通用的标准构配件图集来实现，设计者根据工程的具体情况选择标准的构配件，避免重复劳动。构配件生产厂家和施工单位也可以针对标准构配件的应用情况组织生产和施工，形成规模效益。

标准化设计的形式主要有三种。

1. 标准构配件设计

由国家或地区编制一般建筑常用的构件和配件图，供设计人员选用，以减少不必要的重复劳动。

2. 整个房屋或单元的标准设计

由国家或地方编制整个房屋或单元的设计图。供建筑单位选用。整个房屋的设计图，经地基验算后即可据以建造房屋。单元标准设计，则需经设计单位用若干单元拼成一个符合要求的组合体，成为一栋房屋的设计图。

新中国成立以来，我国曾编制过一些专用性和通用性车间的定型设计、中小型公共建设的定型设计，都取得了很好的效果。特别是在住宅设计方面，各地区采用定型单元的组合住宅，对减少重复设计劳动、缩短设计周期、推动住宅建设方面起到了很大的作用。

3. 工业化建筑体系

为了适应建筑工业化的要求，不仅使房屋的构配件和水、暖、电等设备标准化，还相应对它们的用料、生产、运输、安装乃至组织管理等问题进行通盘设计，做出统一的规定，称为工业化建筑体系。

1.4.3 建筑模数协调

1. 建筑模数与模数数列

1) 建筑模数

建筑模数是选定的尺寸单位，作为建筑构配件、建筑制品及有关设备尺寸间互相协调中的增值单位，包括基本模数和导出模数。

（1）基本模数：是模数协调中选定的基本尺寸单位，数值为100mm，其符号为M，即：1M＝100mm。整个建筑或建筑物的一部分或建筑组合件的模数化尺寸均应是基本模数的倍数。

（2）导出模数：由于建筑中需要用模数协调的各部位尺度相差较大，仅仅靠基本模数不能满足尺度的协调要求，因此在基本模数的基础上又发展了相互之间存在内在联系的导出模数。导出模数分为扩大模数和分模数。

① 扩大模数：是基本模数的整数倍。扩大模数的基数应符合下列规定。

水平扩大模数的基数为3M、6M、12M、15M、30M、60M，相应的尺寸分别是300mm、600mm、1200mm、1500mm、3000mm、6000mm。

竖向扩大模数的基数为3M、6M，相应的尺寸分别是300mm、600mm。

② 分模数：是基本模数的分数值，分模数的基数是1/10M、1/5M、1/2M，相应的尺寸分别是10mm、20mm、50mm。

2) 模数数列

模数数列是以选定的模数基数为基础而展开的数值系统。它可以确保不同类型的建筑物及其各自组成部分间的尺寸统一与协调，减少建筑的尺寸范围(种类)。并确保尺寸具有合理的灵活性。模数数列根据建筑空间的具体情况拥有各自的适应范围。建筑物的所有尺寸除特殊情况外，均应满足模数数列的要求。表1-5为我国现行的模数数列。

表1-5 模数数列

单位：mm

基本模数	扩大模数						分模数		
1M	3M	6M	12M	15M	30M	60M	1/10M	1/5M	1/2M
100	300	600	1200	1500	3000	6000	10	20	50
100	300						10		
200	600	600					20	20	
300	900						30		
400	1200	1200	1200				40	40	
500	1500			1500			50		50
600	1800	1800					60	60	

续表

基本模数	扩大模数						分模数		
1M	3M	6M	12M	15M	30M	60M	1/10M	1/5M	1/2M
700	2100						70		
800	2400	2400	2400				80	80	
900	2700						90		
1000	3000	3000		3000	3000		100	100	100
1100	3300						110		
1200	3600	3600	3600				120	120	
1300	3900						130		
1400	4200	4200					140	140	
1500	4500			4500			150		150
1600	4800	4800	4800				160	160	
1700	5100						170		
1800	5400	5400					180	180	
1900	5700						190		
2000	6000	6000	6000	6000	6000	6000	200	200	200
2100	6300							220	
2200	6600	6600						240	
2300	6900								250
2400	7200	7200	7200					260	
2500	7500			7500				280	
2600		7800						300	300
2700		8400	8400					320	
2800		9000		9000	9000			340	
2900		9600	9600						350
3000				10500				360	
3100			10800					380	
3200			12000	12000	12000	12000		400	400
3300					15000				450
3400					18000	18000			500
3500					21000				550
3600					24000	24000			600

基本模数	扩大模数						分模数		
1M	3M	6M	12M	15M	30M	60M	1/10M	1/5M	1/2M
					27000				650
					30000	30000			700
					33000				750
					36000	36000			800
									850
									900
									950
									1000

3）模数数列的适用范围

（1）水平基本模数 1～20M 的数列，主要用于门窗洞口和构配件截面等处。

（2）竖向基本模数 1～36M 的数列，主要用于建筑物的层高、门窗洞口和构配件截面等处。

（3）水平扩大模数：3M、6M、12M、15M、30M、60M 的数列，主要用于建筑物的开间或柱距、进深或跨度、构配件尺寸和门窗洞口等处。

（4）竖向扩大模数：3M、6M 的数列，主要用于建筑物的高度、层高和门窗洞口等处。

（5）分模数：1/10M、1/5M、1/2M 的数列，主要用于缝隙、构造节点、构配件截面等处。

特 别 提 示

引例(4)的解答：建筑模数与模数数列约束和协调着建筑的尺度关系，建筑制品、构配件有着互通性，这五栋建筑物虽然材料、功能、结构不一样，但它们的层高、门窗的宽高等尺寸都是基本模数的倍数，这些尺寸的设计都符合模数数列的规定。

2. 几种尺寸及其关系

为了保证建筑制品、构配件等有关尺寸的统一与协调，《建筑模数协调统一标准》规定了标志尺寸、构造尺寸、实际尺寸及其相互关系，如图 1.9 所示。

（1）标志尺寸：应符合模数数列的规定，用以标注建筑物定位轴面、定位面或定位轴线、定位线之间的垂直距离（如开间或柱距、进深或跨度、层高等），及建筑构配件、建筑组合件、建筑制品以及有关设备界限之间的尺寸。

（2）构造尺寸：建筑构配件、建筑组合件、建筑制品等的设计尺寸。一般情况下，标志尺寸减去缝隙尺寸即为构造尺寸。缝隙尺寸的大小，应符合模数数列的规定。

（3）实际尺寸：建筑构配件、建筑组合件、建筑制品等生产制作后的实有尺寸。实际尺寸与构造尺寸之间的差值应符合建筑公差的规定。

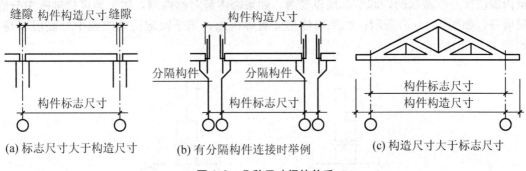

(a) 标志尺寸大于构造尺寸　(b) 有分隔构件连接时举例　(c) 构造尺寸大于标志尺寸

图 1.9　几种尺寸间的关系

1.4.4　定位轴线

定位轴线是确定建筑构物主要结构或构件位置及标志尺寸的基准线。它既是建筑设计的需要，也是施工中定位、放线的重要依据。为了实现建筑工业化，尽量减少预制构件的类型，达到构件标准化、系列化、通用化和商品化，充分发挥投资效益，就应当合理选择定位轴线。为此，我国颁布了相应的技术标准，分别对砖混结构建筑和大型板材结构建筑的定位轴线划分原则做了具体规定。以下介绍砖混结构建筑定位轴线的划分原则。

1. 砖墙的平面定位轴线

1) 承重外墙的定位轴线

当底层墙体与顶层墙体厚度相同时，平面定位轴线与外墙内缘相距为 120mm，如图 1.10(a) 所示。

当底层墙体与顶层墙体厚度不同时，平面定位轴线与顶层外墙内缘距离为 120mm，如图 1.10(b) 所示。

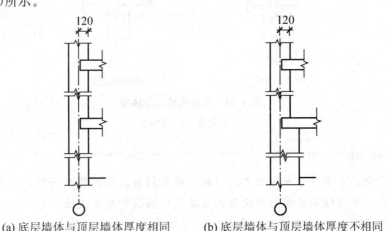

(a) 底层墙体与顶层墙体厚度相同　(b) 底层墙体与顶层墙体厚度不相同

图 1.10　承重外墙的定位轴线

2) 承重内墙的定位轴线

承重内墙的平面定位轴线应与顶层墙体中线重合。为了减轻建筑自重和节省空间，承重内墙往往是变截面的，即上部墙厚变薄。如果墙体是对称内缩，则平面定位轴线中分底层墙身，如图 1.11(a)所示；如果墙体是非对称内缩，则平面定位轴线偏中分底层墙身，如图 1.11(b)所示。

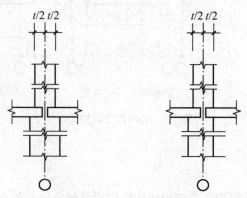

(a) 定位轴线中分底层墙身　　(b) 定位轴线偏中分底层墙身

图 1.11　承重内墙定位轴线

注：t 为顶层砖墙厚度。

当内墙厚度大于或等于 370mm 时，为了便于圈梁或墙内竖向孔道的通过，往往采用双轴线形式，如图 1.12(a)所示；有时根据建筑空间的要求，也可以把平面定位轴线设在距离内墙某一外缘 120mm 处，如图 1.12(b)所示。

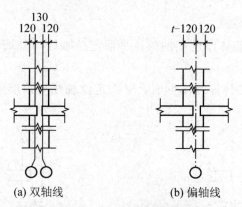

(a) 双轴线　　　　　　　(b) 偏轴线

图 1.12　承重内墙定位轴线

注：t 为顶层砖墙厚度。

特　别　提　示

为施工方便，承重外墙和承重内墙一般从底层到顶层墙体厚度一样，其定位轴线与墙体中心线重合。砖混结构房屋与框架结构房屋定位轴线的确定方法一般不同，砖混结构房屋定位轴线的确定以墙体中心线为基准，框架结构房屋定位轴线的确定以柱子中心线为基准。

3）非承重墙定位轴线

由于非承重墙没有支撑上部水平承重构件的任务，因此，平面定位轴线的定位就比较灵活。非承重墙除了可按承重墙定位轴线的规定定位之外，还可以使墙身内缘与平面定位轴线重合。

4）带壁柱外墙定位轴线

带壁柱外墙的墙体内缘与平面定位轴线重合，如图 1.13(a)、(b)所示。或距墙体内缘 120mm 处与平面定位轴线重合，如图 1.13(c)、(d)所示。

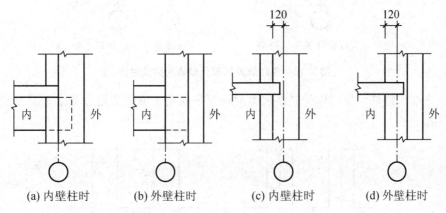

(a) 内壁柱时　(b) 外壁柱时　(c) 内壁柱时　(d) 外壁柱时

图 1.13　带壁柱外墙的定位轴线

5）变形缝处定位轴线

为了满足变形缝两侧结构处理的要求，变形缝处通常设置双轴线。

（1）当变形缝处一侧为墙体，另一侧为墙垛时，墙垛的外缘应与平面定位轴线重合。当墙体是外承重墙时，平面定位轴线距顶层墙内缘 120mm，如图 1.14(a)所示；当墙体是非承重墙时，平面定位轴线应与顶层墙内缘重合，如图 1.14(b)所示。

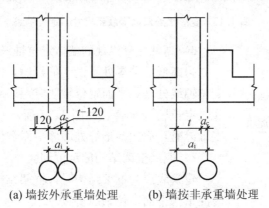

(a) 墙按外承重墙处理　(b) 墙按非承重墙处理

图 1.14　变形缝外墙与墙垛交界处定位轴线

（2）当变形缝两侧均为墙体时，如两侧墙体均为承重墙时，平面定位轴线应分别设在距顶层墙内缘 120mm 处，如图 1.15(a)所示；当两侧墙体均按非承重墙处理时，平面定位轴线应分别与顶层墙体内缘重合，如图 1.15(b)所示。

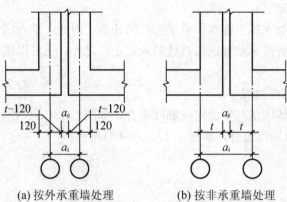

(a) 按外承重墙处理   (b) 按非承重墙处理

图 1.15　变形缝处两侧为墙体的定位轴线

（3）当变形缝处两侧墙体带联系尺寸时，其平面定位轴线的划分与上述原则相同，如图 1.16 所示。

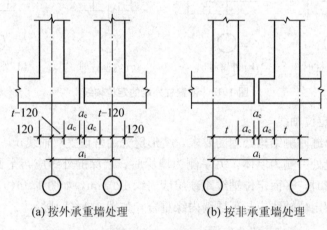

(a) 按外承重墙处理   (b) 按非承重墙处理

图 1.16　变形缝处双墙带联系尺寸的定位轴线

6）高低层分界处的墙体定位轴线

当高低层分界处不设变形缝时，应按高层部分承重外墙定位轴线处理，平面定位轴线应距离墙身内缘 120mm，并与底层定位轴线重合，如图 1.17 所示；当高低层分界处设置变形缝时，应按变形缝处墙体平面定位轴线处理。

7）底层框架结构的定位轴线

建筑底层为框架结构时，框架结构的定位轴线应与上部砖混结构平面定位轴线一致。

2. 砖墙的竖向定位

1）砖墙楼地面竖向定位

砖墙楼地面竖向定位应与楼（地）面面层上表面重合，如图 1.18 所示。由于结构构件的施工先于楼（地）面面层进行，

**图 1.17　高低层分界处
不设变形缝时的定位轴线**

因此，要根据建筑专业的竖向定位确定结构构件的控制高程。一般情况下，建筑标高减去楼(地)面面层构造厚度等于结构标高。

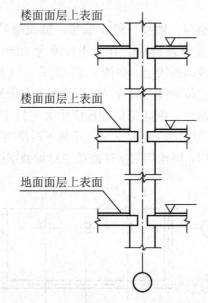

图 1.18　砖墙楼地面的竖向定位轴线

2) 屋面竖向定位

屋面竖向定位应为屋面结构层上表面与距墙内缘 120mm 的外墙定位轴线的相交处，如图 1.19 所示。

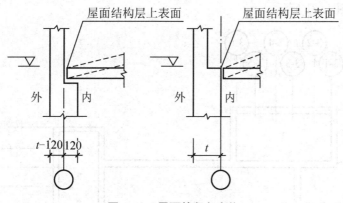

图 1.19　屋面的竖向定位

3. 定位轴线的编号

定位轴线是确定主要结构或构件的位置及标志尺寸的基线。用于平面时称为平面定位轴线(即定位轴线)；用于竖向时称为竖向定位线。定位轴线之间的距离(如跨度、柱距、层高等)应符合模数数列的规定。规定定位轴线的布置及结构构件与定位轴线联系的原则，是为了统一与简化结构或构件尺寸和节点构造，减少规格类型，提高互换性和通用性，满足建筑工业化生产要求。

一幢建筑在平面上总是由许多道墙体围合而成的，同时还有相当数量的柱子参与建筑平面的空间的构成。为了设计和施工的方便，有利于不同专业人员的交流，定位轴线通常需要编号。

定位轴线应用细点画线绘制。轴线一般应编号，轴线编号应注写在轴线端部的圆圈内。圆圈应用细实线绘制，直径为 8mm，详图上可增为 10mm。定位轴线的圆心应位于定位轴线的延长线上或延长线的折线上，如图 1.20 和图 1.21 所示。

在建筑平面图上，平面定位轴线一般按纵、横两个方向分别编号。横向定位轴线应用阿拉伯数字，从左至右顺序编号；纵向定位轴线应用大写拉丁字母，从下至上顺序编号，如图 1.20 所示。大写拉丁字母中的 I、O、Z 三个字母不得使用为轴线编号，以免与数字 1、0、2 混淆。如字母数量不够用，可增用双字母或单字母加数字注脚，如 AA、BB、…、YY 或 A1、B1、…、Y1。

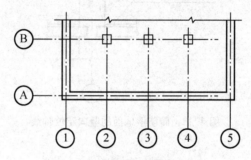

图 1.20　定位轴线的编号顺序

当建筑规模较大时，定位轴线也可采取分区编号，编号的注写形式应为"分区号—该区轴线号"，如图 1.21 所示。

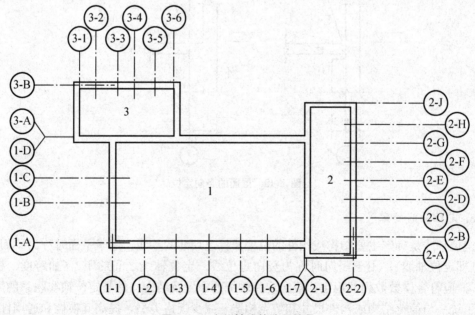

图 1.21　定位轴线的分区编号

在建筑设计中经常将一些次要的建筑部件用附加轴线进行编号，如非承重墙、装饰柱等。附加定位轴线的编号可用分数表示，采用在轴线圆圈内画一通过圆心的45°斜线的方式，并按下列规定编写。

（1）两根轴线之间的附加轴线，应以分母表示前一轴线的编号，分子表示附加轴线的编号，编号宜用阿拉伯数字顺序编写，如：

⑴⁄₂表示2号轴线之后的第一根附加轴线；

③⁄c表示C号轴线之后的第三根附加轴线。

（2）1号轴线或A号轴线之前的附加轴线应以分母01或0A分别表示位于1号轴线或A号轴线之前的轴线，如：

⑴⁄₀₁表示1号轴线之前附加的第一根轴线；

③⁄₀ₐ表示A号轴线之前附加的第三根轴线。

当一个详图适用于几根定位轴线时，应同时注明各有关轴线的编号，注法如图1.22所示。通用详图中的定位轴线，应只画圆，不注写轴线编号。

(a) 用于两根轴线 (b) 用于3根或3根以上轴线 (c) 用于3根以上连续编号的轴线

图1.22　详图的轴线编号

（1）民用建筑主要由基础、墙或柱、楼（地）层、楼梯、门窗及屋顶等六大部分所组成。它们处在各自不同的部位、发挥着各自的作用。

（2）民用建筑按使用性质不同分为居住建筑和公共建筑；按地上层数或高度不同分为低层、多层、中高层、高层和超高层；按规模和数量不同分为大量性建筑和大型性建筑；按主要承重结构的材料分类为木结构、土木结构、砖木结构、砖混结构、钢筋混凝土结构、钢结构；按耐久性分为四类，按设计使用年限分为5年、25年、50年和100年；按建筑构件的耐火极限和燃烧性能分为四级。

（3）建筑构造的影响因素有外力作用的影响、人为因素的影响、自然气候条件的影响、建筑技术条件的影响和经济条件的影响；建筑构造设计应满足的基本要求是必须满足建筑使用功能要求、确保结构安全的要求、必须适应建筑工业化的要求、必须注重建筑经济的综合效益的要求和满足美观要求。

（4）保温是建筑设计十分重要的内容之一，寒冷地区的各类建筑和非寒冷地区有空调要求的建筑，都要考虑采取保温措施；为减轻和消除室内热现象，对一般建筑主要依靠建筑措施来

改善室内的温度状况，实现隔热。

（5）建筑节能是指在建筑材料生产、房屋建筑施工及使用过程中，合理地使用、有效地利用能源，以便在满足同等需要或达到相同目的的条件下，尽可能降低能耗，以达到提高建筑舒适性和节约能源的目标。

（6）建筑工业化是指用现代工业的生产方式来建造房屋，它的内容包括四个方面，即建筑设计标准化、构配件生产工厂化、施工机械化和管理科学化。建筑标准化包括两个方面的内容：一个是建筑设计的标准方面，包括制定各种法规、规范、标准、定额与指标。另一个是建筑的标准设计方面，即根据统一的设计标准，设计通用的构件、配件、单元和房屋。

（7）为协调建筑设计、施工及构配件生产之间的尺度关系，达到简化构件类型，降低造价，保证建筑质量，提高施工效率的目的，我国制定有《建筑模数协调统一标准》用以约束和协调建筑的尺度关系。我国以 100mm 为基本模数，用 M 表示。为适应不同要求，以基本模数为基础，又规定了导出模数——扩大模数和分模数及其适用范围。

（8）为了保证建筑制品、构配件等有关尺寸的统一与协调，《建筑模数协调统一标准》规定了标志尺寸、构造尺寸、实际尺寸及其相互关系。一般情况下：标志尺寸＞构造尺寸＞实际尺寸。

思 考 题

1. 简述民用建筑的构造组成及各部分的作用。
2. 简述民用建筑按层数不同所确定的分类方法。
3. 什么是大量性建筑和大型性建筑？
4. 如何划分民用建筑的耐久等级？
5. 什么叫构件的耐火极限？民用建筑的耐火等级是如何划分的？
6. 建筑构造的影响因素有哪些？
7. 建筑构造设计应满足哪些要求？
8. 在什么情况下需要考虑建筑物的保温或隔热？建筑节能的意义是什么？
9. 在建筑设计中采取节能的主要措施有哪些？
10. 建筑工业化是指什么？其内容有哪些？
11. 实行建筑模数协调统一标准的意义何在？什么叫建筑模数、基本模数、扩大模数和分模数？
12. 什么叫模数数列？各模数数列的适用范围是什么？
13. 建筑模数协调中规定了哪几种尺寸？它们之间的关系是什么？
14. 简述定位轴线的意义及其标注方法。

第 2 章

基础与地下室

⊗ **教学目标**

通过学习地基与基础的基本概念、基础的类型及构造、地下室构造等内容，让学生熟练掌握地基与基础的基本概念、基础类型和构造，熟悉地下室的构造组成及地下室的防水构造，了解地下室的分类。

⊗ **教学要求**

能力目标	知识要点	权重
熟练掌握地基与基础的基本概念	地基与基础的基本概念，地基的作用和地基土的分类	35%
熟练掌握基础类型和构造	基础按材料和受力特点及构造形式分类	35%
熟悉地下室的构造组成及其防水构造	地下室的构造组成及地下室防水防潮构造	20%
了解地下室的分类	地下室两种分类方法	10%

章 节 导 读

"万丈高楼平地起",所有土木和水利工程,包括建筑工程、港口工程、路(坝)基工程、桥梁工程、隧道工程等各类建(构)筑物,均坐落在地球表面地层上,任何建筑物都必须有牢固的基础。一般来说,所有建(构)筑物,均可分为上部结构和地下基础两部分。通常以室外地面整平标高(或河床最大冲刷线)为基准,基准线以上称为上部结构,基准线以下部分称为基础。本章主要介绍地基与基础的基本概念,基础的类型及构造要求,地下室的类型及防水防潮构造要求等内容。

引 例

基础埋藏与地面之下支承上部结构自重及作用于建筑物上的各种荷载,并将荷载扩散传递给地基,起到承上启下的作用。一般说来,按基础的埋置深度,基础可分为两大类:浅基础和深基础。

通常把埋置深度不大(小于或相当于基础底面宽度,一般认为小于 5m)、可用简便施工方法进行基坑开挖和排水的基础,称为浅基础,如柱下独立基础、条形基础、筏形基础、箱型基础等。

当土层性质不好,需要利用深部良好的底层,且需采用专门的施工方法和机具建造的基础(通常埋置深度大于 5m)称为深基础,如桩基、沉井、沉箱、地下连续墙、桩箱基础和桩筏基础等。

引例图 2-1 和引例图 2-2 是两个基础的施工图片,针对这两个图形,让我们来思考以下问题:

(1) 引例图 2-1 是什么类型的基础?这种基础在什么情况下使用?

(2) 引例图 2-2 是什么类型的基础?这种基础在什么情况下使用?

引例图 2-1

引例图 2-2

2.1　地基与基础

2.1.1　地基与基础的基本概念

在建筑工程中，建筑物与土层直接接触的部分称为基础，支承建筑物重量的土层叫地基。基础是建筑物的组成部分，它承受着建筑物的全部荷载，并将其传给地基。而地基则不是建筑物的组成部分，它只是承受建筑物荷载的土壤层。其中，具有一定的地耐力，直接支承基础，持有一定承载能力的土层称为持力层；持力层以下的土层称为下卧层。地基土层在荷载作用下产生的变形，随着土层深度的增加而减少，到了一定深度则可忽略不计，如图2.1所示。

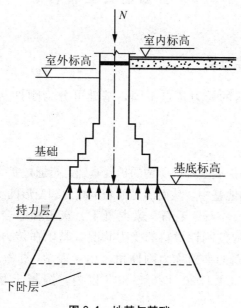

图2.1　地基与基础

2.1.2　基础的作用和地基土的分类

基础是建筑物的主要承重构件，处在建筑物地面以下，属于隐蔽工程。基础质量的好坏，关系着建筑物的安全问题。建筑设计中合理地选择基础极为重要。

地基分为天然地基和人工地基两大类。凡天然土层具有足够的承载能力，无须经人工改良或加固，可直接在上面建造房屋的称天然地基。当建筑物上部的荷载较大或地基土层的承载能力较弱，缺乏足够的稳定性，须预先对土壤进行人工加固后才能在上面建造房屋的称人工地基。人工加固地基通常采用压实法、换土法、化学加固法和打桩法等。

● 特 别 提 示 ....

人工加固地基的方法将在"土木工程施工技术"课程中专门介绍。

● 知 识 链 接 ....

(1) 基础的埋置深度：室外设计底面至基础底面的垂直距离称为基础的埋置深度，简称基础埋深。

(2) 我国主要的地域性特殊土有湿陷性黄土、膨胀土、红黏土、软土及盐渍土和多年冻土等。对于特殊土地基的处理，除了一些通用的加固方法外，目前已经有了一些适合处理特殊土地基的各种专门技术和方法。

2.2 基础的类型和构造

2.2.1 按材料和受力特点分类

根据基础所用的材料的受力特点不同，基础可分为刚性基础和非刚性基础(柔性基础)。

1. 刚性基础

刚性基础又称为无筋扩展基础，所谓的扩展基础是指通过扩大水平截面使得基础所传递的荷载效应侧向扩展到地基中，从而满足地基承载力和变形的要求。

刚性基础是指由砖、块石、毛石、素混凝土、灰土和三合土等材料修建，并满足刚性角要求的基础。通常按刚性材料的受力状况，基础在传力时只能在材料的允许范围内控制，这个控制范围的夹角称为刚性角，用 α 表示(图 2.2)。砖、石基础的刚性角控制在 $(1 : 1.22) \sim (1 : 1.20)(26° \sim 33°)$ 以内，混凝土基础刚性角控制在 $1 : 1$ $(42°)$ 以内。

这类基础抗压强度高，而抗拉、抗剪强度较低。为满足地基容许承载力的要求，基底宽 B 一般大于上部墙宽，为了保证基础不被拉力、剪力而破坏，基础必须具有相应的高度。

2. 非刚性基础(柔性基础)

当建筑物的荷载较大而地基承载能力较小时，基础底面(B)必须加宽，如果仍采用刚性材料做基础，势必加大基础的深度，这样很不经济。如果在混凝土基础的底部配以钢筋，利用钢筋来受拉应力，使基础底部能够承受较大的弯矩，这时，基础宽度不受刚性角的限制，故称钢筋混凝土基础为非刚性基础或柔性基础，如图 2.3 所示。

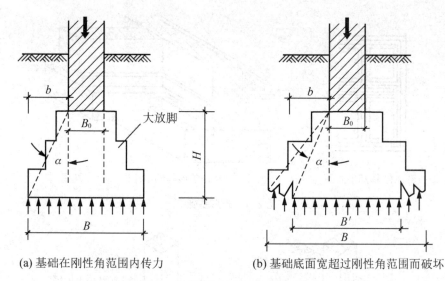

(a) 基础在刚性角范围内传力   (b) 基础底面宽超过刚性角范围而破坏

图2.2 刚性基础的受力、传力特点

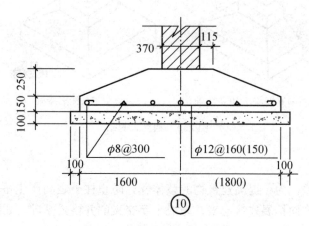

图2.3 钢筋混凝土条形基础

2.2.2 按构造形式分类

1. 条形基础

当建筑物上部结构采用墙承重时，基础沿墙身设置，多做成长条形，这类基础称为条形基础或带形基础，是墙承重式建筑基础的基本形式，如图2.4所示。

2. 独立式基础

当建筑物上部结构采用框架结构或单层排架结构承重时，基础常采用方形或矩形的独立式基础，这类基础称为独立式基础或柱式基础。独立式基础是柱下基础的基本形式。

当柱采用预制构件时，则基础做成杯口形，然后将柱子插入并嵌固在杯口内，故称杯形基础，如图2.5所示。

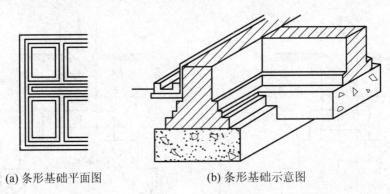

(a) 条形基础平面图   (b) 条形基础示意图

图 2.4 条形基础

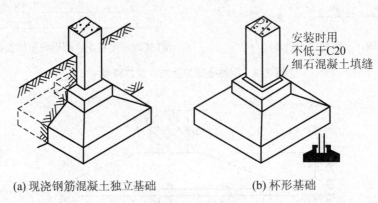

(a) 现浇钢筋混凝土独立基础   (b) 杯形基础

图 2.5 独立式基础

3. 井格式基础

当地基条件较差，为了提高建筑物的整体性，防止柱子之间产生不均匀沉降，常将柱下基础沿纵横两个方向扩展连接起来，做成十字交叉的井格式基础，如图 2.6 所示。

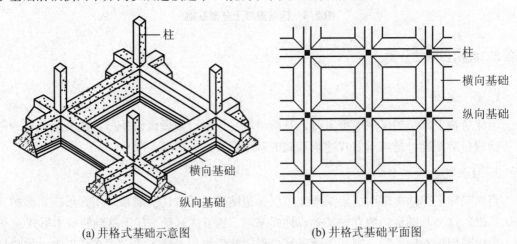

(a) 井格式基础示意图   (b) 井格式基础平面图

图 2.6 井格式基础

4. 片筏式基础

当建筑物上部荷载大，而地基承载力又较弱，这时采用简单的条形基础或井格式基础已不能适应地基变形的需要，通常将条形或柱下基础连成一片，使建筑物的荷载承受在一块整板上成为片筏基础。片筏基础有平板式和梁板式两种，如图2.7所示

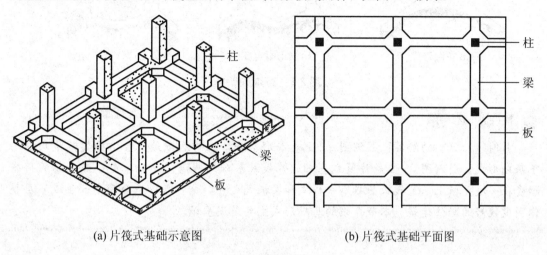

(a)片筏式基础示意图　　　　　　　(b)片筏式基础平面图

图2.7　片筏式基础

5. 箱形基础

当片筏式基础做得很深时，常将这类基础改做成箱形基础。箱形基础是由钢筋混凝土底板、顶板和若干纵、横隔墙组成的整体结构，基础的中空部分可用作地下室(单层或多层的)或地下停车库。箱形基础整体空间刚度大，整体性强，能抵抗地基的不均匀沉降，较适用于高层建筑或在软弱地基上建造的重型建筑物，如图2.8所示。

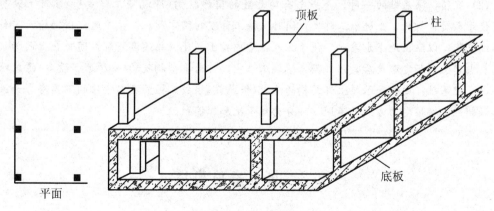

图2.8　箱型基础

6. 壳体基础

常见的壳体基础形式有三种，即正圆锥壳、M形组合壳和内球外锥组合壳(图2.9)。壳体基础使原属梁板基础内力由以弯矩为主转化为以轴力为主，充分发挥混凝土抗压强度

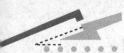

高的特性，通常可以节省混凝土用量 20%～30%，节约钢筋 30%以上，适宜用作荷载较大的柱基础和筒形构筑物(如烟囱、水塔、料仓)的基础。

(a) 正圆锥壳   (b) M形组合壳   (c) 内球外锥组合壳

图 2.9   壳体基础

特　别　提　示

引例(1)、(2)的解答：引例图 2-1 是条形基础，这种基础是混合结构建筑常用的墙下基础形式。引例图 2-2 是片筏式基础，片筏式基础又叫满堂基础，整个建筑物的荷载承受在一块整板上，片筏式基础有平板式和梁板式之分，这种基础适合用于 5 层或 6 层整体刚度较好的居住建筑。本节介绍的基础形式主要是浅基础。

知　识　链　接

几种深基础的形式：

(1) 沉井基础：是以沉井法施工的地下结构物和深基础的一种形式，是先在地表制作成一个井筒状的结构物(沉井)，然后在井壁的围护下通过从井内不断挖土，使沉井在自重作用下逐渐下沉，达到预定设计标高后再进行封底，构筑内部结构，广泛应用于桥梁、烟囱、水塔的基础，水泵房、地下油库、水池竖井等深井构筑物和盾构或顶管的工作井。

(2) 沉箱：深基础的一种，是一个有顶无底的箱形结构(即沉箱工作室)。顶盖上装有气闸，便于人员、材料、土进出工作室，同时保持工作室的固定气压。施工时，借助输入工作室的压缩空气，以阻止地下水渗入，便于工人在室内挖土，使沉箱逐渐下沉，同时在上面加筑混凝土。当其沉到预定深度后，用混凝土填实工作室，作为重型构筑物(如桥墩、设备)的基础。

(3) 桩基础：由桩和承接上部结构的承台(板或梁)组成。桩按施工方法的不同可分为灌注桩和预制桩；按桩受力方式的不同，可分为端承桩和摩擦桩。

2.3　地下室的构造

2.3.1　地下室的构造组成

建筑物下部的地下使用空间称为地下室。地下室一般由墙身、底板、顶板、门窗、楼梯等部分组成。

2.3.2　地下室的分类

1. 按埋入地下的深度划分

（1）全地下室：是指地下室地面低于室外地坪的高度超过该房间净高的1/2。

（2）半地下室：是指地下室地面低于室外地坪的高度为该房间净高的1/3～1/2。

2. 按使用功能划分

（1）普通地下室：一般用作高层建筑的地下停车库、设备用房；根据用途及结构需要可做成一层或二、三层、多层地下室。地下室示意图如图2.10所示。

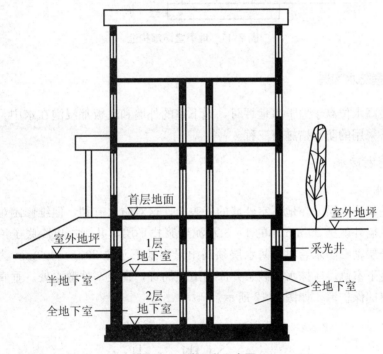

图2.10　地下室示意图

（2）人防地下室：结合人防要求设置的地下空间，用以应对战时情况下人员的隐蔽和疏散，并有具备保障人身安全的各项技术措施。

2.3.3　地下室防潮构造

当地下水的常年水位和最高水位均在地下室地坪标高以下时，须在地下室外墙外面设垂直防潮层。其做法是在墙体外表面先抹一层20mm厚的1：2.2水泥砂浆找平，再涂一道冷底子油和两道热沥青；然后在外侧回填低渗透性土壤如黏土、灰土等，并逐层夯实，土层宽度为200mm左右，以防地面雨水或其他地表水的影响。另外，地下室的所有墙体都应设两道水平防潮层，一道设在地下室地坪附近，另一道设在室外地坪以上120～200mm处，使整个地下室防潮层连成整体，以防地潮沿地下墙身或勒脚处进入室内（图 2.11）。

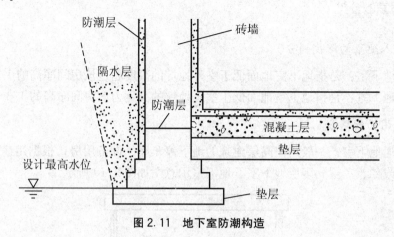

图 2.11　地下室防潮构造

2.3.4　地下室防水构造

当设计最高水位高于地下室地坪时，地下室的外墙和底板都浸泡在水中，应考虑进行防水处理。常采用的防水措施有三种。

1. 沥青卷材防水

1）外防水

外防水是将防水层贴在地下室外墙的外表面，这对防水有利，但维修困难。外防水构造要点是先在墙外侧抹 20mm 厚的 1∶3 水泥砂浆找平层，并刷一道冷底子油，然后选定油毡层数，分层粘贴防水卷材，防水层须高出最高地下水位 200～1000mm 为宜。油毡防水层以上的地下室侧墙应抹水泥砂浆并涂两道热沥青，直至室外散水处。垂直防水层外侧砌一道半砖厚的保护墙，如图 2.12 所示。

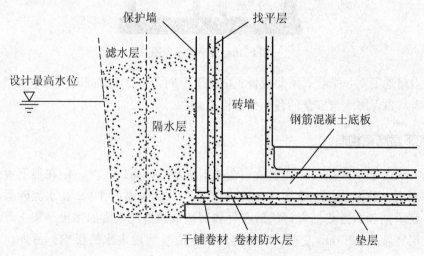

图 2.12　地下室外防水构造

2）内防水

内防水是将防水层贴在地下室外墙的内表面，这样施工方便，容易维修，但对防水不利，故常用于修缮工程。

地下室地坪的防水构造是先浇混凝土垫层，厚约100mm；再以选定的油毡层数在地坪垫层上做防水层，并在防水层上抹20～30mm厚的水泥砂浆保护层，以便于上面浇筑钢筋混凝土。为了保证水平防水层包向垂直墙面，地坪防水层必须留出足够的长度以便与垂直防水层搭接，同时要做好转折处油毡的保护工作，以免因转折交接处的油毡断裂而影响地下室的防水。

2. 防水混凝土防水

当地下室地坪和墙体均为钢筋混凝土结构时，应采用抗渗性能好的防水混凝土材料，常采用的防水混凝土有普通混凝土和外加剂混凝土。普通混凝土主要是采用不同粒径的骨料进行级配，并提高混凝土中水泥砂浆的含量，使砂浆充满于骨料之间，从而堵塞因骨料间不密实而出现的渗水通路，以达到防水目的。外加剂混凝土是在混凝土中渗入加气剂或密实剂，以提高混凝土的抗渗性能。

3. 弹性材料防水

随着新型高分子合成防水材料的不断涌现，地下室的防水构造也在更新。例如，我国目前使用的三元乙丙橡胶卷材，能充分适应防水基层的伸缩及开裂变形，拉伸强度高，拉断延伸率大，能承受一定的冲击荷载，是耐久性极好的弹性卷材；又如，聚氨酯涂膜防水材料，有利于形成完整的防水涂层，对在建筑内有管道、转折和高差等特殊部位的防水处理极为有利。

● 知 识 链 接 ┈┈

1）人防地下室与普通地下室的相同点

人防地下室与普通地下室最主要相同点就是它们都是埋在地下的工程，在平时使用功能上都可以用做商场、停车场、医院、娱乐场所甚至是生产车间，它们都有相应的通风、照明、消防、给排水设施，因此从一个工程的外表和用途上是很难区分该地下工程是否是人防地下室。

2）人防地下室与普通地下室的不同点

人防地下室由于在战时具有防备空袭和核武器、生化武器袭击的作用，因此在工程的设计、施工及设备设施上与普通地下室有着很多的区别：首先在工程的设计中普通地下室只需要按照该地下室的使用功能和荷载进行设计即可，它可以全埋或半埋于地下。而防空地下室除了考虑平时使用外，还必须按照战时标准进行设计，因此在人防地下室只能是全部埋于地下的，由于战时工程所承受的荷载较大，人防地下室的顶板、外墙、底板、柱子和梁都要比普通地下室的尺寸大。有时为了满足平时的使用功能需要，还需要进行临战前转换设计，如战时封堵墙、洞口、临战加柱等。另外对重要的人防工程，还必须在顶板上设置水平遮弹层用来抵挡导弹、炸弹的袭击。

小 结

（1）基础是建筑物的组成部分，它承受着建筑物的全部荷载，并将其传给地基。而地基则不是建筑物的组成部分，它只是承受建筑物荷载的土壤层。地基分为天然地基和人工地基两大类。

（2）根据基础所用的材料不同可分为刚性基础和非刚性基础(柔性基础)。按按构造形式可分为条形基础、独立式基础、井格式基础、片筏式基础、箱型基础和壳体基础等。

（3）地下室一般由墙身、底板、顶板、门窗、楼梯等部分组成。地下室按埋入地下深度分为全地下室和半地下室。按功能分为普通地下室和人防地下室。

（4）当地下水的常年水位和最高水位均在地下室地坪标高以下时，须在地下室外墙外面设垂直防潮层。当设计最高水位高于地下室地坪时，地下室的外墙和底板都浸泡在水中，应考虑进行防水处理。常用的有沥青卷材防水、防水混凝土防水和弹性材料防水等防水做法。

思 考 题

1. 简述地基与基础的区别。
2. 地基根据土质的性质不同可以分为哪几种？
3. 基础根据所用材料不同可分为哪几种？什么是刚性角？
4. 基础按构造形式可分为哪几类？简述各类基础的适用范围。
5. 简述地下室防潮构造。
6. 简述内防水的做法及其适用范围。
7. 简述外防水的做法及其适用范围。

第 3 章

墙　体

教学目标

通过学习墙体的类型及设计要求，承重块材墙、填充墙、幕墙构造，大量性民用建筑的墙面装修构造等内容，让学生掌握墙体类型，熟练掌握承重块材墙构造及细部构造，掌握块材填充墙构造及细部构造，熟悉墙体设计要求、各类幕墙的构造及墙面装修构造做法。

教学要求

能力目标	知识要点	权重
熟悉墙体设计要求	墙体的结构要求和热工设计要求及其构造做法，墙体的结构承重方案	10%
掌握墙体的类型	墙体按所处位置、受力性质、材料和构造方式分类及其种类	10%
熟练掌握承重块材墙构造及其细部构造	承重块材墙的各类建筑及结构构造	30%
掌握填充墙构造及细部构造	块材填充墙的建筑及结构构造，轻骨架填充墙的构造组成和细部构造	20%
熟悉幕墙构造	玻璃、铝板、石材、不锈钢幕墙的构造做法	10%
熟悉墙面装修构造	墙面抹灰类、贴面类、涂刷类、镶板（材）类、卷材类，清水墙饰面构造做法	20%

章 节 导 读

建筑围护结构组成部件(屋顶、墙、地基、隔热材料、密封材料、门和窗、遮阳设施)的设计对建筑能耗、环境性能、室内空气质量与用户所处的视觉和热舒适环境有根本的影响。一般增大围护结构的费用仅为总投资的3%～6%，而节能却可达20%～40%。通过改善建筑物围护结构的热工性能，在夏季可减少室外热量传入室内，在冬季可减少室内热量的流失，使建筑热环境得以改善，从而减少建筑冷、热消耗。本章主要介绍墙体的类型、墙体基本构造、墙体细部构造和墙体装修构造，以及墙体的热工要求。

引 例

墙是建筑物空间的垂直分隔构件，起着承重和围护作用。引例图3-1～引例图3-4是墙体施工的几个图片，针对这些图形，让我们来思考以下问题：

(1) 引例图3-1中门洞上方是什么构件？这个构件有什么作用？

(2) 引例图3-2中墙体上的钢筋混凝土梁起什么作用？

(3) 引例图3-3中的钢筋是什么构件的钢筋？这个构件在墙体中起什么作用？

(4) 引例图3-4是墙体的什么部位？为避免这种情况可采取什么措施？

引例图 3-1

引例图 3-2

引例图 3-3

引例图 3-4

3.1　墙体的类型及设计要求

3.1.1　墙体类型

1. 按墙体所处位置不同分类

墙体按所处位置可以分为外墙和内墙。外墙位于房屋的四周，故又称为外围护墙。内墙位于房屋内部，主要起分隔内部空间的作用。

墙体按布置方向又可以分为纵墙和横墙。沿建筑物长轴方向布置的墙称为纵墙，沿建筑物短轴方向布置的墙称为横墙，外横墙俗称山墙。

另外，根据墙体与门窗的位置关系，平面上窗洞口之间的墙体称为窗间墙，立面上窗洞口之下的墙体称为窗下墙。不同位置的墙体名称如图 3.1 所示。

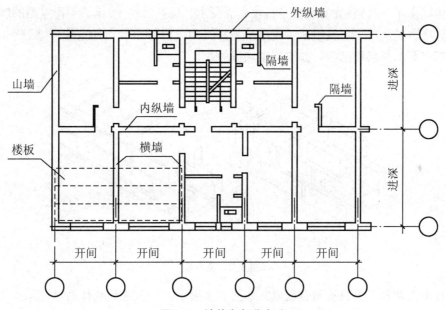

图 3.1　墙体各部分名称

● 特 别 提 示 ....

以上各种分类方式并不矛盾，如图 3.1 最左边沿横轴布置的墙体，可以称为外墙、横墙和山墙。

2. 按墙体受力性质分类

按受力状况可以将墙体分为承重墙和非承重墙。

承重墙直接承受楼板及屋面传下来的荷载。

在混合结构中，非承重墙可以分为自承重墙和隔墙。自承重墙仅承受自身重量，并把自重传给基础；隔墙则把自重传给楼板层或附加的小梁。在框架结构中，非承重墙可以分为填充墙和幕墙。填充墙是位于框架梁柱之间的墙体；当墙体悬挂于框架梁柱的外侧起围护作用时，称为幕墙，如金属、玻璃或石材幕墙等。幕墙的自重由其连接固定部位的梁柱承担。

3. 按墙体材料分类

墙体按所用材料的不同，可分为砖墙、石墙、土墙、混凝土墙及利用多种工业废料制作的砌块墙等。

砖墙是我国传统的墙体材料，应用最广。在产石地区利用石块砌墙具有良好的经济价值。土墙是就地取材、造价低廉的地方性墙体。利用工业废料发展各种墙体材料是墙体改革的主要课题，应予以重视。

4. 墙体按构造做法分类

墙体按构造方式可以分为实体墙、空体墙和组合墙三种。

实体墙由单一材料(如实心砖、石块、混凝土、钢筋混凝土)组成不留空隙的墙体。

空体墙也是由单一材料组成，或由单一材料砌成内部空腔，如空斗砖墙(图 3.2)，也可用具有空洞的材料建造墙，如空心砌块墙等。

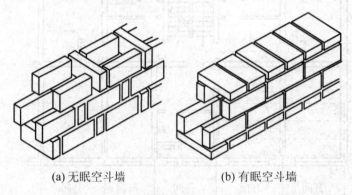

(a) 无眠空斗墙　　　　　　　　(b) 有眠空斗墙

图 3.2　空斗墙

组合墙由两种以上材料组合而成，如图 3.3 所示。一般这种墙体的主体结构为砖或钢筋混凝土，其一侧或中间为轻质保温材料。

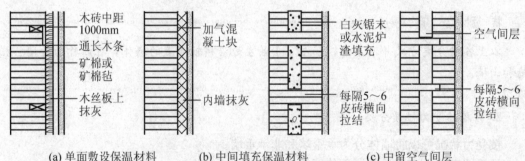

(a) 单面敷设保温材料　　　(b) 中间填充保温材料　　　(c) 中留空气间层

图 3.3　组合墙

5. 墙体按施工方式分类

墙体按施工方式可以分为块材墙、板筑墙及板材墙。

块材墙是用砂浆等胶结材料将砖石块材等组砌而成的,如砖墙、石墙及砌块墙等。

板筑墙是在现场立模板,现浇而成的墙体,如现浇钢筋混凝土墙等。

板材墙是预先制成墙板,施工时安装而成的墙,如预制混凝土大墙板、各种轻质条板墙等。

3.1.2　墙体的设计要求

1. 墙体结构布置方式与墙体承重方案

墙体结构布置方式主要是指承重结构的布置。大量性民用建筑的结构布置方式通常可以采用墙承重和骨架承重两种方式。常用的骨架承重方式为框架承重结构,是由框架梁承担墙体和楼板的荷载,再经框架柱传递到基础。墙承重方式是由墙体承受屋面和楼板的荷载,并连同自重一起将垂直荷载传至基础。在地震区墙体还可能受到水平地震作用的影响,不同的结构布置方式在抵抗水平地震作用方面有不同要求。其中,墙承重方式中墙体的承重方案不同,结构的抗震效率有较大的差异。

墙承重方式的墙体承重方案主要有四种:横墙承重体系、纵墙承重体系、双向承重体系、局部框架体系。

1) 横墙承重体系

承重墙体主要由横墙组成,如图 3.4(a)所示。楼面荷载依此通过楼板、横墙、基础传递给地基。由于横墙起主要承重作用且间距较密,建筑物横向刚度较强,整体性好,对抗风力、地震力和调整地基不均匀沉降有利,但是建筑平面组合不够灵活,开间尺寸不宜过大,墙的结构面积较大,墙体材料耗费较多。因此,这一承重体系适用于房间面积不大,墙体位置比较固定的建筑物,如住宅、宿舍、旅馆等。

2) 纵墙承重体系

承重墙体主要由纵墙组成,如图 3.4(b)所示。楼面荷载依次通过楼板、纵墙、基础传递给地基。其特点是内外纵墙起主要承重作用,室内横墙的间距可以增大,建筑物的纵向刚度强而横向刚度弱。为了抵抗横向水平力,应适当设置承重横墙,与楼板一起形成纵墙的侧向支撑,以保证房屋空间刚度及整体性要求。该体系开间尺寸确定较为灵活,适用于需要较大面积的办公楼、教学楼等。

3) 双向承重体系

双向承重体系即纵横墙承重体系,承重墙体由纵横两个方向的墙体混合组成,如图 3.4(c)所示。该体系在两个方向抗侧力的能力都较好,空间刚度较好,且建筑平面组合灵活,适用于开间、进深变化较多的建筑物,如医院、住宅、实验楼等。

4) 局部框架承重

当建筑需要大空间时,如商店、综合楼等,采用内部框架承重,四周为墙承重。楼板荷载传给梁、柱或墙。房屋刚度主要由框架保证,因此水泥及钢材用量较多,如图 3.4(d)所示。

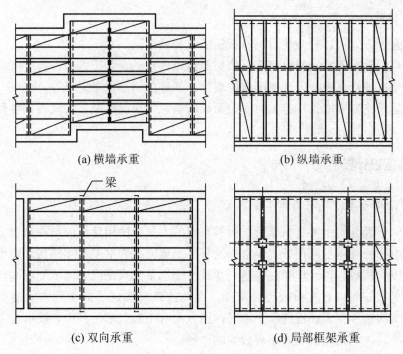

(a) 横墙承重　　　　　　　　　　　　(b) 纵墙承重

(c) 双向承重　　　　　　　　　　　　(d) 局部框架承重

图 3.4　墙体承重方案

2. 墙体结构要求

1）强度要求

强度是指墙体承受荷载的能力。墙体材料是脆性材料，变形能力小，如果层数过多，自重就大，墙体可能破碎和错位，甚至被压垮，因而应验算承重墙在控制截面处的承载力。

2）刚度要求

墙体作为承重构件，应满足一定的刚度要求。一方面构件自身应具有稳定性，同时地震区还应考虑地震作用对墙体稳定性的影响，对多层混合结构房屋一般只考虑水平方向的地震作用。

墙、柱的高厚比是指墙、柱的计算高度与墙厚的比值。高厚比越大构件越细长，其稳定性越差。高厚比必须控制在允许值以内。允许高厚比限制是综合考虑了砂浆强度等级、材料质量、施工水平、横墙间距等诸多因素综合确定的。

为满足墙体稳定性，通常在墙体上设置门垛、壁柱、圈梁和构造柱等加固措施。

3. 墙体热工要求

我国幅员辽阔，气候差异很大，墙体作为围护构件应具有保温、隔热性能。

1）建筑热工设计分区

《民用建筑热工设计规范》（GB 50176—1993)用累年最冷月（一月）和最热月（七月）平均温度作为分区主要指标，累年日平均温度小于或等于 5℃和大于或等于 25℃的天数作为辅助指标，将全国划分为五个热工设计分区，即严寒、寒冷、夏热冬冷、夏热冬暖和温和地区，并提出相应的墙体热工设计要求。

严寒地区：累年最冷月平均温度低于－10℃，日平均温度小于或等于5℃天数大于或等于 145 天的地区，如黑龙江和内蒙古大部分地区，这个地区应加强建筑的保温措施，一般不考虑夏季隔热。

寒冷地区：累年最冷月平均温度为－10～0℃，日平均温度小于或等于5℃天数为90～145 天的地区，如东北地区的吉林、辽宁，华北地区的山西、河北、北京、天津及内蒙古部分地区。这个地区应以满足冬季保温设计要求为主，适当兼顾夏季隔热。

夏热冬冷地区：累年最冷月平均温度为 0～10℃，最热月平均温度为 25～30℃，日平均温度小于或等于 5℃天数为 0～90 天，日平均温度大于或等于 25℃天数为 49～110 天，如陕西、安徽、江苏南部、广东、广西、福建北部地区。这个地区必须满足夏季隔热要求，适当兼顾冬季保温。

夏热冬暖地区：累年最冷月平均温度高于 10℃，最热月平均温度为 25～29℃，日平均温度大于或等于 25℃天数为 100～200 天，如广东、广西、福建南部地区和海南省。这个地区必须充分满足夏季隔热要求，一般可不做冬季保温。

温和地区：累年最冷月平均温度 0～13℃，最热月平均温度为 18～25℃，日平均温度小于或等于 5℃天数为 0～90 天，如云南全省和四川、贵州部分地区。这个地区的部分地区应考虑冬季保温，一般不考虑夏季隔热。

2）保温要求

在严寒的冬季，热量通过外墙由室内高温一侧向室外低温侧传递的过程中，既产生热损失、又会遇到各种阻力，热量不会突然消失，这种阻力称为热阻。热阻越大，通过墙体所传出的热量就越小，墙体的保温性能越好；反之则越差。因此，对于有保温要求的墙体，须提高其热阻，通常采取以下措施实现。

（1）增加墙体厚度。墙体的热阻值与其厚度成正比，要提高墙身的热阻，可增加其厚度。因此，严寒地区的外墙厚度往往超过结构的需要。虽然增加墙厚能提高一定的热阻值，却很不经济，所以一般不宜简单地采用这种方法。

（2）选择导热系数小的墙体材料。在建筑工程中，常选用导热系数小的保温材料，如泡沫混凝土、加气混凝土、陶粒混凝土、膨胀珍珠岩、膨胀蛭石、泡沫塑料、矿棉及玻璃棉等做墙体材料，以增加墙体的保温效果。其保温构造有单一材料的保温结构和复合保温结构之分。

单一材料的保温墙构造简单，使用灵活。保温材料大部分自身强度较低，承载能力差，难以同时承担保温和承重的双重任务。只有陶粒混凝土、加气混凝土等材料，它们具有容重小，导热系数小，且强度、耐久性较高的特性，是理想的单一保温结构材料。

复合保温墙身是采用多层材料组合的结构，即利用不同性能的材料进行组合，构成既能承重又能保温的复合墙身。按保温材料设置的位置不同，可分为外保温墙、内保温墙和夹心墙。

内保温外墙，承重层对保温层起保护作用，有利于保温层的耐久，但墙内热稳定性较

差，如果构造不当还易引起内部凝结。外保温外墙，室内热稳定性好，不易出现内部凝结，且承重层温度应力小，但在保温层外需有保护、防水措施。夹心保温外墙可提高保温层耐久性和热稳定性，但构造复杂。

（3）防止外墙出现凝结水。冬季，由于外墙两侧存在温度差，高温一侧的水蒸气分压力会向低温一侧渗透，称为蒸汽渗透。在蒸汽渗透的过程中，遇到露点温度时蒸汽会凝结成水，称为凝聚水或冷凝水。

如果凝聚水发生在墙体的表面称为表面凝结；如果发生在墙体内部，则称为内部凝结。表面凝结会使室内装修材料变质损坏，严重时还会影响人体健康。而内部凝结则会使保温材料的空隙中充满水分，致使保温材料失去保温能力，降低墙体的保温效果。同时，保温层受潮时，将影响材料的使用年限。所以，建筑设计中须重视墙体产生内部凝结的问题。

为防止墙身产生内部凝结，常在墙体的保温层靠高温一侧，即蒸汽渗入的一侧，设置一道隔蒸汽层，如图 3.5 所示。

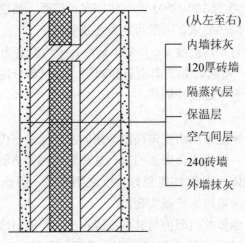

（从左至右）

—— 内墙抹灰
—— 120厚砖墙
—— 隔蒸汽层
—— 保温层
—— 空气间层
—— 240砖墙
—— 外墙抹灰

图 3.5　外墙隔蒸汽层

特别提示

外墙设隔蒸汽层，并不是所有墙体都需设计，只有当室内有采暖要求的建筑物外墙才需考虑。

（4）防止外墙出现空气渗透。墙体材料一般都有很多微小的空洞，或者因为门窗安装不严密或材料收缩等，会产生一些贯通性缝隙。由于这些空洞和缝隙的存在，冬季室外风的压力是冷空气从迎风墙面渗透到室内，而室内外有温差，室内热空气从墙体渗透到室外，所以风压及热压使外墙出现了空气渗透。为了防止外墙出现空气渗透，一般采取以下措施：选择密实度高的墙体材料，墙体内外加抹灰层，加强构配件间的密缝处理等。

3）隔热要求

在夏热冬冷、夏热冬暖地区，墙体的隔热能力直接影响室内气候条件，尤其是在开窗的情况下，影响更大。为了使室内不致过热，除了考虑对周围环境采取隔热措施，并在建筑设计中加强自然通风的组织外，在外墙的构造上，须进行隔热处理。由于外墙外表面受到日晒时数和太阳辐射强度以东、西向最大，东南和西南向次之，南向较小，北向最小。所以隔热应以东、西向墙体为主，一般采取以下措施：

（1）外墙外表面宜采用浅色而平滑的外饰面，如贴浅色外墙砖、马赛克等，形成反射，以减少墙体对太阳辐射的吸收。

（2）在窗口外侧设置遮阳设施，以减少太阳对室内的直射。

（3）利用植被对太阳能的转化作用而降温。即在外墙外表面种植各种攀援植物等，利用植物的遮挡、蒸腾和光合作用，吸收太阳辐射热，从而起到隔热的作用。

另外，外墙作为建筑物最大的围护面，在建筑节能设计中具有极大的潜力。例如，被动式太阳房的设计中，外墙设计为一个集热、散热器，结合太阳能的利用，在外墙设置空气置换层(图 3.6)，为墙体的综合保温与隔热提供了新的方式。

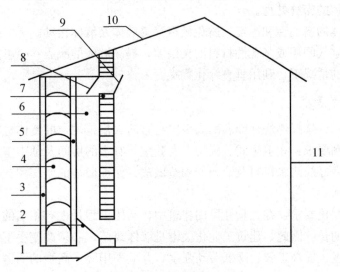

图 3.6　被动式太阳房剖面图

1—下外风道口；2—下内风道口；3—玻璃；4—透明蜂窝；5—吸热板；3—夹层；

7—南墙；8—上内风道口；9—上外风道口；10—天窗；11—其他围护结构

◐ 知 识 链 接 ┈┈

太阳房，指能够利用太阳能，为房屋提供采暖和空调需要的建筑。太阳房应当首先满足节能建筑的需要，在保温防寒方面达到一定的标准，这就需要在墙体建筑材料方面采取相应技术措施。此外，再利用太阳能的吸收和储存技术，进行房屋结构的设计，其目的就是尽量多的在冬季采暖季节，在有太阳时，吸收太阳能并有效地保存下来，以备夜晚和阴天使用。在房屋结构设计之外，还可以采用安装太阳能集热器的办法，增加太阳能的吸收，从而提高太阳房利用太阳能的效果。

经过将近三十年的不断发展，太阳房技术和材料设备，已经日益完善。这些新的太阳房技术和设备，可以很好地与建筑相结合，或者成为建筑的一部分。太阳能干净无污染，且取之不尽、用之不竭，但也有缺点，就是不连续、不稳定，因此，太阳房还得需要配以一定的常规辅助能源，才能达到适宜居住的条件，这也就是所谓的"主动式太阳房"。太阳房在设计时，除了需要考虑太阳能的保证率外，还需要考虑必要的换气，以及南北屋的温度调节和控制。

4. 墙体隔声要求

为了保证建筑的室内使用要求，不同类型的建筑具有相应的噪声控制标准，墙体主要隔离由空气直接传播的噪声。空气声在墙体中的传播途径主要有两种：一是通过墙体的缝隙和微孔传播；二是在声波作用下墙体收到振动，声音透过墙体而传播。控制噪声，对墙体一般采用以下措施：

（1）加强墙体的密缝处理。

（2）增加墙体的密实性和厚度，避免噪声穿透墙体及墙体振动。

（3）采用有空气间层或多孔性材料的夹层墙，提高墙体的减震和吸声能力。

（4）在可能的情况下，利用垂直绿化降噪。

5. 其他方面的要求

（1）防火要求：选择燃烧性能和耐火极限符合防火规范规定的墙体材料。

（2）防水防潮要求：在卫生间、厨房、实验室等有水的房间及地下室的墙应采取防水防潮措施。选择良好的防水材料及恰当的构造做法，保证墙体的坚固耐久性，保证室内有良好的卫生环境。

（3）建筑工业化要求：在大量性民用建筑中，墙体工程量占有相当的比重，同时劳动消耗大，施工工期长。因此，建筑工业化关键是墙体改革，必须改变手工生产及操作，提高机械化施工程度，提高工效、降低劳动强度，并应采用轻质高强的墙体材料，以减轻自重，降低成本。

3.2 承重块材墙基本构造

块材墙是用砂浆等胶结材料将砖、砌块等块材按一定的技术要求组成的砌体，如砖墙、石墙及各种砌块墙等，其材料是块材和砂浆。

3.2.1 块材墙材料

1. 块材

1）砖

砖的种类很多，从材料上分有黏土砖、灰砂砖、页岩砖、煤矸石砖、水泥砖及各种工业废料砖。从外观上分，有实心砖、多孔砖、空心砖。从制作工艺分，有烧结和蒸压养护成型的方式。目前常用的有烧结普通砖、烧结空心砖、蒸压灰砂砖、烧结多孔砖、粉煤灰砖、炉渣砖、工业废渣混凝土多孔砖等。

烧结普通砖是以黏土、页岩、煤矸石、粉煤灰为主要原料，经焙烧而成的普通实心砖。常用配砖规格为175mm×115mm×53mm。烧结普通砖是传统的墙体材料，具有较高的强度和耐久性，又因其多孔而具有保温绝热、隔声、吸声等优点，因此适宜于做建筑围护结构，被大量用于砌筑建筑物的内、外墙、柱、拱、烟囱、沟道及其他构筑物，也可在砌体中配置适当的钢筋和钢丝代替混凝土柱和过梁。根据国家保护土地资源、保护环境的方针，黏土砖在许多地区已停止使用或限制使用。随着墙体材料改革的进程，在大量性民用建筑中曾经发挥重要作用的粘土实心砖将逐步地退出历史舞台，被各种新型墙砖产品替代。

烧结空心砖是以页岩、煤矸石、粉煤灰为主要原料，经焙烧而成。空洞率一般在40%以上，质量较轻，强度不高，因而多用于非承重墙。

蒸压灰砂砖是以砂和石灰为主要原料，允许掺入颜料和外加剂，经坯料制备、压制成型、高压蒸养而成的实心砖。MU15、MU20、MU25的灰砂砖可用于基础及其他建筑，MU10的灰砂砖仅可用于防潮层以上的建筑。灰砂砖不得用于长期受热200℃以上、受急冷急热和酸性介质腐蚀的建筑部位。

烧结多孔砖是以黏土、页岩、煤矸石、粉煤灰为主要原料，经焙烧而成的。烧结多孔砖其强度较高，绝热性能优于普通砖，一般用于砌筑3层以下建筑物的承重墙，墙身防潮层以下的砌体不应使用多孔砖。烧结多孔砖包括DM型(M型模数系列多孔砖)和KP型(P型多孔砖)两大类，如图3.7所示。

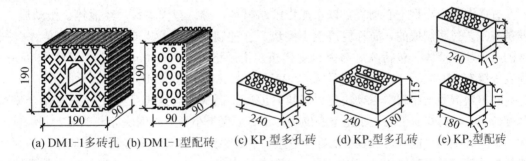

(a) DM1-1多砖孔　(b) DM1-1型配砖　(c) KP₁型多孔砖　(d) KP₂型多孔砖　(e) KP₂型配砖

图3.7　烧结多孔砖

粉煤灰砖是以粉煤灰、水泥或石灰为主要原料，掺入适量的石膏、外加剂、颜料和集料等，经坯料制备、压制成型、高压蒸养而成的实心砖。MU15及以上的粉煤灰砖可用于基础及其他建筑。粉煤灰砖不得用于长期受热200℃以上、受急冷急热和酸性介质腐蚀的建筑部位。

实心砖的外形为直角六面体，其公称尺寸为240mm×115mm×53mm，如图3.8所示，加上灰缝10mm，每4块砖长、8块砖宽、16块砖厚均为1m。1m³砌体需用砖512块。空心砖和多孔砖的尺寸规格较多，烧结多孔砖根据其尺寸规格，分为M型和P型两类。M 型断面为正方形，规格为 190mm×190mm×90mm；P 型断面为长方形，规格为 240mm×115mm×90mm。

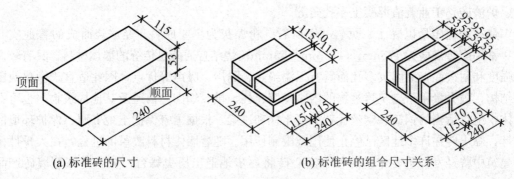

(a) 标准砖的尺寸   (b) 标准砖的组合尺寸关系

图 3.8　实心砖

2）砌块

砌块是用于砌筑工程的人造块材，砌块与砖的主要区别是，砌块的长度大于 335mm、宽度大于 240mm 或高度大于 115mm。

砌块种类很多，砌块从材料上看有混凝土砌块、轻集料混凝土砌块、炉渣砌块、粉煤灰砌块及其他硅酸盐砌块。从外观上看，有实心砌块、空心砌块。按尺寸和质量的大小不同可以分为大型、中型和小型砌块。砌块系列中主规格砌块高度大于 115mm，小于 380mm 的称为小型砌块，高度为 380～980mm 的称为中型砌块，高度大于 980mm 的成为大型砌块。工程中使用以中小型砌块居多。常见的砌块有普通混凝土小型空心砌块、轻集料混凝土小型空心砌块、蒸压加气混凝土砌块、粉煤灰砌块、石膏砌块、植物纤维石膏增强砌块等。

普通混凝土小型空心砌块是以水泥作胶结材料，砂、石作集料，经搅拌、振动成型、养护等工艺过程制成的，简称混凝土小砌块。这种砌块适用于建造抗震设防烈度为 6～8 度的各种建筑墙体，包括高层与大跨度建筑。主规格尺寸为 390mm×190mm×190mm，强度等级有 MU3.5、MU5.0、MU7.5、MU10.0、MU15.0、MU20.0。

轻集料混凝土小型空心砌块是以轻集料混凝土制成的，其代号为 LHB。常结合集料名称命名，如粉煤灰混凝土小型空心砌块，浮石混凝土小型空心砌块等。多用于非承重结构，又因其绝热性能好、抗震性能好等特点，在各种建筑的墙体中得到广泛应用，特别是绝热要求较高的围护结构上使用广泛。主规格尺寸 390mm×190mm×190mm，强度等级有 MU1.5、MU2.5、MU3.5、MU5.0、MU7.5、MU10.0。

加气混凝土砌块按养护方法分为蒸养加气混凝土砌块和蒸压加气混凝土砌块两种。它是由水泥、炉渣、砂或水泥、石灰、粉煤灰为基本原料，以铝粉为发气剂，经搅拌、发气、切割和蒸压养护等工艺加工而成的多孔硅酸盐砌块。适用于低层建筑的承重墙、多层、高层建筑的非承重墙。加气混凝土砌块的规格尺寸：长度 300mm，宽度有 100mm、120mm、125mm、150mm、180mm、200mm、240mm、250mm、300mm 九种，高度有 200mm、250mm、300mm 三种。强度等级有 A1.0、A2.0、A2.5、A3.5、A5.0、A7.5、A10.0。

由于块材的材料、规格尺寸不一致，采用不同的块材，建筑构造做法不尽相同（具体做法应参考国家制定的相应的标准设计图集），因此，后面章节介绍的承重块材墙的构造是以烧结多孔砖、普通砖、蒸压砖及混凝土小型空心砌块为例，非承重砌块填充墙的构造是以轻集料混凝土小型空心砌块为例。

2. 砌筑砂浆

砌筑砂浆是由胶凝材料（水泥、石灰等）、填充料（砂、矿渣、石屑等）混合加水搅拌而成。砌筑砂浆的作用是将块材粘接成整体并均匀传力，同时还起着嵌缝的作用，并可提高墙体的强度、稳定性及保温、隔热、隔声和防潮等性能。

砌筑砂浆要求有一定的强度，以保证墙体的承载能力，一般的砌筑砂浆的强度等级有M20、M15、M10、M7.5、M5、M2.5。

砌筑砂浆通常使用水泥砂浆、石灰砂浆、混合砂浆、砌块建筑专用砌筑砂浆等。对砂浆性能主要从强度、和易性、耐水性几个方面比较。水泥砂浆强度高、防潮性能好，但可塑性和保水性较差，主要用于受力和潮湿环境下的墙体，如地下室、基础墙等。石灰砂浆的强度、耐水性均差，但和易性好，用于砌筑强度要求低的墙体及干燥环境的低层建筑墙体；混合砂浆有一定的强度，和易性也好，常用于砌筑地面以上的砌体，使用比较广泛。

砌块建筑专用砂浆，也可用于混凝土砖砌筑。与使用以上各种传统的砌筑砂浆相比，专用的砌筑砂浆，可使砌体缝隙饱满、粘接性能好，减少墙体开裂和渗漏，提高砌块建筑的质量。砌块建筑专用砌筑砂浆是由水泥、砂、保水增稠材料、外加剂、水，以及根据需要掺入的掺合料等组分，按一定比例，采用机械搅拌制成，代号Mb，抗压强度划分为Mb5.0、Mb7.5、Mb10.0、Mb15.0、Mb20.0、Mb25.0六个等级。

3. 灌孔混凝土

灌孔混凝土是砌块建筑灌注芯柱、空洞的专用混凝土，是保证砌块建筑整体工作性能、抗震性能、承受局部荷载的施工配套材料。灌孔混凝土胶凝材料、集料、水及根据需要掺入的外加剂等组分，按一定比例，采用机械搅拌制成。

灌孔混凝土6天龄期的混凝土膨胀率不小于0.025%，但不应大于0.50%，坍落度新拌时不宜小于200mm，灌注时不宜小于180mm，一共分为Cb20、Cb25、Cb30、Cb35、Cb40五个强度等级。灌孔混凝土分细集料灌孔混凝土(S)和粗集料灌孔混凝土(B)两种。

● 特 别 提 示

砌块建筑专用砌筑砂浆、灌孔混凝土与传统砂浆、普通混凝土强度等级表示方法不一致。

3.2.2　块材墙构造

在混合结构的建筑中，墙体经常采用砖或砌块砌筑，砖墙或砌块墙在混合结构中是主要的竖向承重构件。

1. 墙体建筑构造

1）砖墙组砌及墙厚

（1）KP、普通砖和蒸压砖墙。在砖墙的组砌中，把砖的长边垂直于墙面砌筑的砖叫丁砖，把砖的长边平行墙面砌筑的砖叫顺砖。上下皮之间的水平灰缝称横缝，左右两块砖之间的垂直缝称竖缝。每排列一层砖称为一皮，如图3.9所示。要求丁砖和顺砖交替砌筑，砂浆饱满，横平竖直。普通砖、蒸压砖墙有"一顺一丁""梅花丁""三顺一丁"等砌筑形式；KP型多孔砖墙有"一顺一丁"和"梅花丁"的砌筑形式，如图3.10所示。

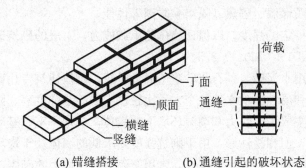

(a) 错缝搭接　　　　　(b) 通缝引起的破坏状态

图 3.9　砖的组砌

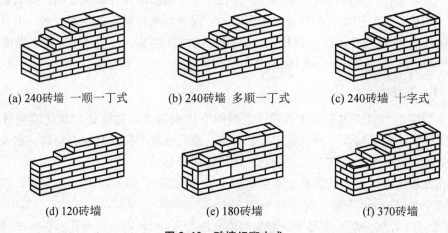

(a) 240砖墙 一顺一丁式　　(b) 240砖墙 多顺一丁式　　(c) 240砖墙 十字式

(d) 120砖墙　　　　　(e) 180砖墙　　　　　(f) 370砖墙

图 3.10　砖墙组砌方式

普通砖、蒸压砖按不同的组砌方式，墙厚尺寸及其名称见表3-1。

表 3-1　墙厚名称及尺寸

单位：mm

习惯称谓	半砖墙	3/4 砖墙	一砖墙	一砖半墙	二砖墙	二砖半墙
工程称谓	12 墙	18 墙	24 墙	37 墙	49 墙	62 墙
构造尺寸	115	178	240	365	490	615
标志尺寸	120	180	240	370	490	620

KP 型多孔砖墙体厚度有 120mm、240mm、330mm、490mm。

（2）DM 多孔砖墙。

① 250mm 厚及以下墙体用一种砖砌筑；300mm、350mm 厚墙体用两种砖组合砌筑。

② 组砌原则：上下错缝（上下两皮砖搭砌长度一般 100mm，个别不少于 50mm）、内外搭砌、先大后小、减少零头。

③ 竖向排砖：首层第一皮砖从－0.100m，楼层按建筑面层标高起步，每两皮一循环。

不同尺寸的墙体用不同型号的砖砌筑或组合砌筑。墙厚以 50mm（1/2M）进级，即 100mm、150mm、200mm、250mm、300mm、350mm，见表 3-2。

表 3-2　DM 多孔砖墙体厚度及砌筑方案

单位：mm

模数	1M	11/2M	2M	21/2M	3M	31/2M
墙厚	100	150	200	250	300	350
方案 1	DM_4	DM_3	DM_2		DM_2+DM_4	DM_1+DM_4
方案 2			DM_1	DM_3+DM_4		DM_2+DM_3

2）砌块墙组砌

砌块在组砌中与砖墙不同的是，由于砌块规格较、尺寸较大，为保证错缝及砌体的整体性，应事先做好排列设计，并在砌筑过程中采取加固措施。

排列设计就是把不同规格的砌块在墙体中安放位置用平面图和立面图加以表示。砌块排列设计应满足以下要求：

（1）优先采用大规格砌块并使主砌块的总数量在 70％ 以上。

（2）上下皮应错缝搭接，如主规格尺寸为 390mm×190mm×190mm 的混凝土小型空心砌块，一般搭接长度为 200mm，上下皮砌块应孔对孔、肋对肋以保证有足够的接触面。当搭砌长度不满足上述要求时，应在水平灰缝内设置不少于 $2\phi4$ 的焊接钢筋网片（横向钢筋的间距不宜大于 200mm），网片每端均应超过该垂直缝，其长度不得小于 300mm。

（3）墙体交接处和转角处应使砌块彼此搭接，如图 3.11 所示。

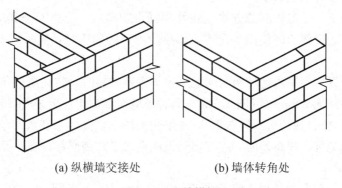

(a) 纵横墙交接处　　　　　(b) 墙体转角处

图 3.11　砌块搭接

3）墙段尺寸

墙段尺寸主要是指窗间墙、转角墙等部位墙体的长度。承重墙体的墙段需满足结构和抗震要求。

实心砖模数125mm与我国现行《建筑模数协调统一标准》中扩大模数3M不一致，因此在一栋建筑物中采用两种模数。当墙段短长度小于1.5m时，设计时宜使其符合砖的模数；墙段长度超过1.5m时，可不再考虑砖的模数。

多孔砖墙的墙段长度以50mm(M/2)进级。

在抗震设防地区，根据《建筑抗震设计规范(附条文说明)》(GB 50011—2010)砌体墙段的局部尺寸，应符合表3-3的要求。

表3-3 房屋的局部尺寸限制

单位：m

部位	抗震设防烈度			
	6度	7度	8度	9度
承重窗间墙最小宽度	1.0	1.0	1.2	1.5
承重外墙尽端至门窗洞边的最小距离	1.0	1.0	1.2	1.5
非承重外墙尽端至门窗洞边的最小距离	1.0	1.0	1.0	1.0
内墙阳角至门窗洞边的最小距离	1.0	1.0	1.5	2.0
无锚固女儿墙(非出入口)的最大高度	0.5	0.5	0.5	0.0

注：① 局部尺寸不足时，应采取局部加强措施弥补，且最小宽度不宜小于1/4层高和表列数据的80%；

② 出入口处的女儿墙应有锚固。

4）墙脚构造

墙脚是指室内地面以下，基础以上的这段墙体，内外墙都有墙脚，外墙的墙脚又称勒脚。由于砌体本身存在很多微孔及墙脚所处的位置常有地表水和土壤中的水渗入，致使墙身受潮、饰面层脱落、影响室内卫生环境。因此，必须做好墙脚防潮，增强墙脚的坚固及耐久性，排除房屋四周地面水。

（1）墙身防潮。墙身防潮的方法是在墙脚铺设防潮层，防止土壤和地面水渗入墙体。墙身防潮层以下的砌体不应使用多孔砖，如果使用空心砌块时，应采用Cb20混凝土灌实砌体。

防潮层的位置：当室内地坪垫层为混凝土等密室材料时，防潮层的位置应设在垫层范围内，低于室内地面60mm处(图3.12)，同时还应至少高于室外地面150mm；当室内地坪垫层为透水材料时(如炉渣、碎石等)，水平防潮层的位置应平齐或高于室内地面60mm处；当内墙两侧地坪出现高差时，应在墙脚设两道水平防潮层，并在土壤一侧设垂直防潮层，如图3.13所示。

墙身水平防潮层的构造做法常用的有以下三种：第一，防水砂浆防潮层，采用1∶2水泥砂浆加3%～5%的防水剂，厚度为20～25mm，或采用防水砂浆砌3皮砖做防潮层。

此种做法构造简单，但砂浆开裂和不饱满时影响防潮效果。第二，细石混凝土防潮层，采用 30mm 厚的细石混凝土带，内配 3 根 ϕ6 钢筋，其防潮性能好。第三。油毡防潮层，先抹 20mm 厚水泥砂浆找平层，上铺一毡两油，此种做法防水效果好，但有油毡隔离，削弱了砖墙的整体性，不应在刚度要求高或地震区采用。

如果墙脚采用不透水材料(如条石、混凝土等)，或设有钢筋混凝土地圈梁时，可以不设防潮层。防潮层构造做法如图 3.14 所示。

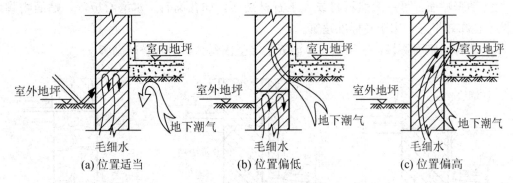

图 3.12 墙身防潮层位置

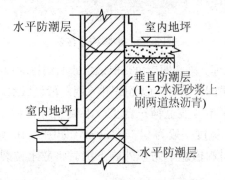

图 3.13 垂直防潮层

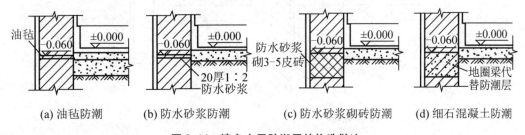

图 3.14 墙身水平防潮层的构造做法

特 别 提 示

引例(4)的解答：引例图 3-4 显示的是墙体墙脚部位受潮气侵蚀的结果，合理设置水平和垂直防潮层可以防止潮气侵入墙脚而造成室内墙脚霉变或破坏结构。

（2）勒脚。勒脚是外墙的墙脚，它和内墙脚一样，受到土壤中水分的侵蚀，应做相同的防潮层。同时，它还受地表水、机械力等的影响，所以要求墙脚更加坚固耐久和防潮。另外，勒脚的做法、高矮和色彩等应结合建筑立面统一设计。一般采用以下几种构造做法，如图 3.15 所示。

① 勒脚表面抹灰：可用 20mm 厚 1∶3 水泥砂浆抹面，1∶2 水泥白石子浆水刷石或斩假石抹面。此法多用于一般建筑。

② 勒脚贴面：可用天然石材或人工石材贴面，如花岗石、水磨石板等。贴面勒脚耐久性、装饰效果好，用于高标准建筑。

③ 勒脚用坚固材料：采用条石、混凝土等坚固耐久材料代替砖勒脚。

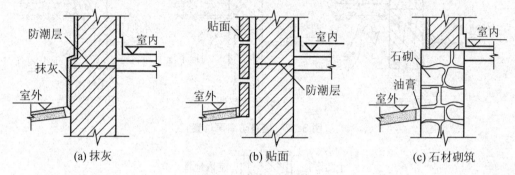

图 3.15　勒脚构造做法

（3）外墙周围的排水处理。外墙四周可采取散水或明沟排除雨水。当屋面为有组织排水时一般设明沟或暗沟，也可设散水。屋面为无组织排水时一般设散水，但应加滴水砖（石）带。

散水的做法通常是在素土夯实上铺三合土、混凝土等材料，厚度为 60～70mm。散水应设不小于 3％的排水坡，宽度一般为 0.6～1.0m，如图 3.16 所示。散水与外墙交接处应设分格缝，分格缝用弹性材料嵌缝，防止外墙下沉时将散水拉裂。

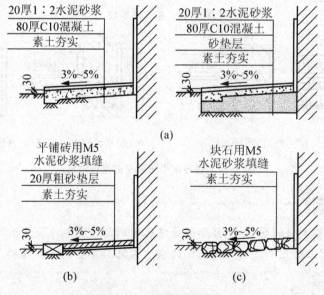

图 3.16　散水构造做法

明沟常见做法如图 3.17 所示。

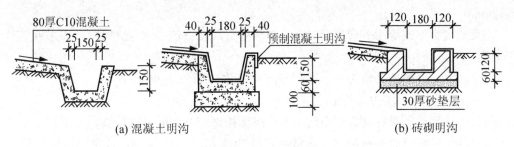

(a) 混凝土明沟　　　　　　　　　　　　　　(b) 砖砌明沟

图 3.17　明沟构造做法

5）窗台

窗洞口的下部应设置窗台。窗台根据窗户的安装位置可形成外窗台和内窗台。

外窗台是窗洞口下部靠室外一侧设置向外形成一定坡度以利于排水的泄水构件。其目的是防止雨水积聚在窗洞底部，侵入墙身和向室内渗透。

外窗台有悬挑和不悬挑两种。悬挑的窗台可用砖（平砌、侧砌）或用混凝土板等制作。悬挑窗台下部应做成锐角型或半圆凹槽（称为"滴水"），以引导雨水沿着滴水槽口下落。由于悬挑窗台下部容易积灰，在风雨作用下很容易污染窗台下的墙面，特别是采用一般抹灰装修的外墙面更为严重，影响建筑物立面美观，因此，在当今设计中，大部分建筑物更多是采用不悬挑的窗台，如图 3.18 所示。另外内墙或阳台等处的窗，不受雨水冲刷，可不必设挑窗台。

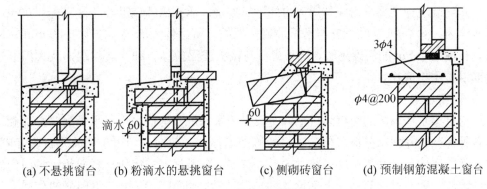

(a) 不悬挑窗台　(b) 粉滴水的悬挑窗台　(c) 侧砌砖窗台　(d) 预制钢筋混凝土窗台

图 3.18　窗台构造做法

特 别 提 示

以上承重块材墙的建筑细部构造同样适用于非承重砌块墙。

2. 墙体结构构造

1）一般结构构造要求

（1）门垛和壁柱。在墙体上开设门洞时一般应设门垛，特别是在墙体转折处、T 字和丁字墙处，用以保证墙身稳定和门框安装。门垛宽度同墙厚，长度一般大于或等于120mm。

当梁跨度大于或等于下列数值时，其支承处宜加设壁柱（又叫扶壁柱），或采取其他加强措施：

① 对240mm厚的砖墙为6m，对180mm厚的砖墙为4.8m。

② 对砌块、料石墙为4.8m。

另外，山墙处的壁柱宜砌至山墙顶部，屋面构件应与山墙可靠拉结。

壁柱的尺寸应符合块材规格，通常壁柱突出墙面半砖或一砖，考虑到灰缝的错缝要求，丁字形墙段的短边伸出尺寸一般为160mm或250mm，壁柱宽370mm或490mm。

（2）跨度大于6m的屋架和跨度大于下列数值的梁，应在支承处砌体上设置混凝土或钢筋混凝土垫块；当墙中设有圈梁时，垫块与圈梁宜浇成整体。

① 对砖砌体为4.8m。

② 对砌块和料石砌体为4.2m。

③ 对毛石砌体为3.9m。

（3）混凝土砌块墙体的下列部位，如未设圈梁或混凝土垫块，应采用不低于Cb20灌孔混凝土将孔洞灌实：

① 搁栅、檩条和钢筋混凝土楼板的支承面下，高度不应小于200mm的砌体。

② 屋架、梁等构件的支承面下，高度不应小于600mm，长度不应小于600mm的砌体。

③ 挑梁支承面下，距墙中心线每边不应小于300mm，高度不应小于600mm的砌体。

（4）隔墙应分别采取措施与周边构件可靠连接。后砌隔墙应沿墙高每500～600mm在水平灰缝内设置2φ6拉结钢筋与承重墙或柱拉结，每边伸入墙内不应少于500mm；8、9度时，长度大于5m的后砌隔墙，墙顶尚应与楼板或梁拉结，独立墙肢端部及大门洞边宜设钢筋混凝土构造柱。

2）门窗过梁

门窗过梁是在墙体的门窗洞口上方所设置的水平承重构件，用以承受洞口上部砌体传来的各种荷载，并把这些荷载传给洞口两侧的墙体。一般而言，由于墙体块材相互咬接，过梁上部的墙体重量并不全部压在过梁上，有一部分重量沿搭接块材斜向传给了门窗洞口两侧的墙体，因而过梁只承受上部墙体的部分荷载，即图3.19中三角部分的荷载。只有当过梁的有效范围内出现集中荷载时，才需要另行考虑。

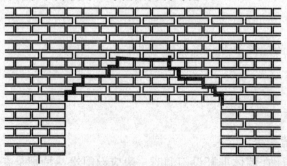

图3.19　过梁受荷范围

过梁的形式较多。常见的有砖拱过梁、钢筋砖过梁和钢筋混凝土过梁三种。

（1）砖拱过梁。砖拱过梁有平拱和弧拱两种，如图 3.20 所示。将立砖和侧砖相间砌筑，使砂浆灰缝上宽下窄，使砖向两边倾斜，相互挤压形成拱的作用来承担荷载。

(a) 弧拱砖过梁　　　　　　　　　　(b) 平拱砖过梁

图 3.20　砖拱过梁

砖砌平拱过梁是我国的传统做法，采用竖砌的砖作为拱砖，平拱用竖砖砌筑部分的高度不应小于 240mm，灰缝上部宽度不大于 15mm，下部宽度不小于 5mm，两端下部伸入墙内 20～30mm，中部起拱高度为洞口跨度的 1/50，受力后拱体下落时成水平。砖强度等级不低于 MU10，砂浆不能低于 M5，这种平拱的最大跨度为 1.2m。

砖砌弧拱过梁的弧拱高度不小于 120mm，其余同平拱砌筑方法，由于起拱高度大，跨度也相应增大。当拱高为(1/12～1/8)L 时，跨度 L 为 2.5～3.0m；当拱高为(1/6～1/5)L 时，跨度 L 为 3.0～4.0m。

砖拱过梁节约钢材和水泥，但整体性较差，不宜用于上部有集中荷载、建筑物受振动荷载、地基承载力不均匀及地震区的建筑。

（2）钢筋砖过梁。钢筋砖过梁是在洞口顶部配置钢筋，形成能受弯矩作用的加筋砖砌体。砖强度等级不低于 MU10，砌筑砂浆强度不低于 M5。一般在洞口上方先支木模，抹厚度不小于 30mm 的砂浆层，并在其上放直径不小于 5mm 钢筋，钢筋间距不宜大于 120mm 且伸入支座砌体内的长度不宜小于 240mm，钢筋砖过梁跨度一般不应超过 1.5m，如图 3.21 所示。

钢筋砖过梁施工方便，整体性好，特别是在清水墙情况下，建筑立面上可得到与外墙砌法统一的效果；不宜用于上部有集中荷载、建筑物受振动荷载、地基承载力不均匀及地震区的建筑。

（3）钢筋混凝土过梁。当门窗洞口较大或洞口上部有集中荷载时，宜采用钢筋混凝土过梁，它承载能力强，施工简便，对房屋不均匀沉降或振动有一定的适应性，目前被广泛采用。钢筋混凝土过梁有现浇和预制两种，预制装配式过梁施工速度快，是最常用的一种。

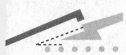
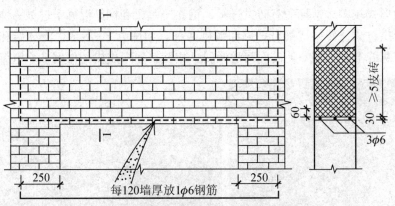

图 3.21　钢筋砖过梁

过梁断面形式有矩形、L 形,如图 3.22 所示。矩形多用于内墙和混水墙,L 形多用于外墙和清水墙,在立面中往往有不同形式的窗,过梁的形式应配合处理,如带窗套的窗,过梁断面为 L 形,一般挑出 60mm,厚度 60mm。为了简化构造,节约材料,可以将过梁与圈梁、悬挑雨罩、窗楣板和遮阳板等结合设计。

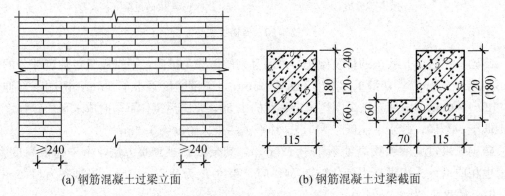

(a) 钢筋混凝土过梁立面　　　　　　(b) 钢筋混凝土过梁截面

图 3.22　钢筋混凝土过梁

钢筋混凝土的导热系数大于砖的导热系数,在寒冷地区为了避免在过梁内表面产生凝结水,采用 L 形过梁,使外露部分的面积减少或全部把过梁包起来。

过梁断面尺寸及配筋由计算确定。为方便施工及美观,过梁宽一般同墙厚,过梁高应与砖的皮数相适应,以方便墙体连续砌筑,如砖墙时,过梁高为 60mm 倍数。当抗震设防烈度为 6~8 度时,过梁两端伸进墙内的支承长度不应小于 240mm,9 度时不应小于 330mm,以保证支座有足够的承压面积。

在采用现浇钢筋混凝土过梁的情况下,若过梁与圈梁或现浇楼板位置接近时,则应尽量合并设置,同时浇注。这样既节约模板,便于施工,又增强了建筑物的整体性。

特　别　提　示

引例(1)的解答:引例图 3-1 中门洞上方是矩形截面的预制钢筋混凝土过梁,它承受门洞上方墙体的荷载,并把这些荷载传给门洞两边的墙体。

3）圈梁

为增强房屋的整体刚度，防止由于地基的不均匀沉降或较大振动荷载等对房屋引起的不利影响，在墙中设置现浇钢筋混凝土圈梁。

圈梁是在房屋的檐口、窗顶、楼层、吊车梁顶或基础顶面标高处，沿砌体墙水平方向设置封闭状的按构造配筋的混凝土梁式构件。

圈梁有钢筋混凝土圈梁和钢筋砖圈梁两种，如图 3.23 所示。目前，多采用钢筋混凝土材料，钢筋砖圈梁已很少采用。

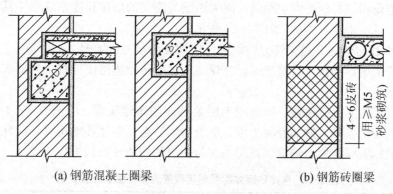

(a) 钢筋混凝土圈梁　　　　　　　　(b) 钢筋砖圈梁

图 3.23　圈梁

● 特 别 提 示 ●

引例（2）的解答：引例图 3-2 中墙体上的钢筋混凝土梁是圈梁，它设置在楼层墙体顶部，其上直接支撑楼层板，圈梁的设置加强了房屋的整体刚度。

根据《砌体结构设计规范》（GB 50003—2001），无抗震设防要求的建筑物圈梁应按下列规定设置。

（1）车间、仓库、食堂等空旷的单层房屋应按下列规定设置圈梁：

① 砖砌体房屋，檐口标高为 5～8m 时，应在檐口标高处设置圈梁一道，檐口标高大于 8m 时，应增加设置数量。

② 砌块及料石砌体房屋，檐口标高为 4～5m 时，应在檐口标高处设置一道圈梁，檐口标高大于 5m 时，应增加设置数量。

③ 对有吊车或较大振动设备的单层工业房屋，除在檐口或窗顶标高处设置现浇钢筋混凝土圈梁外，尚应增加设置数量。

（2）宿舍、办公楼等多层砌体民用房屋，且层数为 3～4 层时，应在檐口标高处设置一道圈梁。当层数超过 4 层时，应在所有纵横墙上隔层设置。

（3）多层砌体工业房屋，应每层设置现浇钢筋混凝土圈梁。

（4）设置墙梁的多层砌体房屋应在托梁、墙梁顶面和檐口标高处设置现浇钢筋混凝土圈梁，其他楼层处应在所有纵横墙上每层设置。

（5）采用现浇钢筋混凝土楼（屋）盖的多层砌体结构房屋，当层数超过 5 层时，除在檐

口标高处设置一道圈梁外，可隔层设置圈梁，并与楼（层）面板一起现浇。未设置圈梁的楼面板嵌入墙内的长度不应小于120mm，并沿墙长配置不少于2ϕ10的纵向钢筋。

（6）圈梁应符合下列构造要求：

① 钢筋混凝土圈梁的宽度宜与墙厚相同，当墙厚$h \geqslant 240$mm时，其宽度不宜小于$2h/3$。圈梁高度不应小于120mm。纵向钢筋不应少于4ϕ10，绑扎接头的搭接长度按受拉钢筋考虑，箍筋间距不应大于300mm。

② 圈梁宜连续地设在同一水平面上，并形成封闭状；当圈梁被门窗洞口截断时，应在洞口上部增设相同截面的附加圈梁。附加圈梁与圈梁的搭接长度不应小于其中到中垂直间距的二倍，且不得小于1m，如图3.24所示。

③ 圈梁兼作过梁时，过梁部分的钢筋应按计算用量另行增配。

在抗震设防区，根据《建筑抗震设计规范》多层砖砌体房屋应按下列要求设置现浇钢筋混凝土圈梁：

（1）装配式钢筋混凝土楼、屋盖或木屋盖的砖砌体建筑物，应按表3-4的要求设置圈梁。现浇或装配整体式钢筋混凝土楼、屋盖与墙体有可靠连接的房屋，应允许不另设圈梁，但楼板沿抗震墙体周边均应加强配筋并与相应的构造柱钢筋可靠连接。

表3-4　多层砖砌体房屋现浇钢筋混凝土圈梁设置要求

墙类	抗震设防烈度		
	6、7度	8度	9度
外墙和内纵墙	屋盖处及每层楼盖处	屋盖处及每层楼盖处	屋盖处及每层楼盖处
内横墙	屋盖处及每层楼盖处；屋盖处间距不应大于4.5m；楼盖处间距不应大于7.2m；构造柱对应部位	屋盖处及每层楼盖处；各层所有横墙，且间距不应大于4.5m；构造柱对应部位	屋盖处及每层楼盖处；各层所有横墙

（2）多层砖砌体房屋现浇混凝土圈梁的构造应符合下列要求：

① 圈梁应闭合，遇有洞口圈梁应上下搭接，如图3.24所示。圈梁宜与预制板设在同一标高处或紧靠板底。

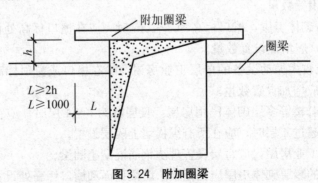

图3.24　附加圈梁

② 圈梁在表3-4要求的间距内无横墙时，应利用梁或板缝中的配筋代替圈梁。

③ 圈梁的截面高度不应小于120mm，配筋符合表3-5的要求。

表3-5　多层砖砌体房屋圈梁配筋要求

墙类	抗震设防烈度		
	6、7度	8度	9度
最小纵筋	$4\phi10$	$4\phi12$	$4\phi14$
箍筋最大间距/mm	250	200	150

多层小砌块房屋的现浇钢筋混凝土圈梁的设置位置与砖砌体房屋要求一致，见表3-4，圈梁宽度不应小于190mm，配筋不应少于$4\phi12$，箍筋间距不应大于200mm。另外，多层小砌块房屋的层数，6度时超过五层、7度时超过四层、8度时超过三层和9度时，在底层和顶层的窗台标高处，沿纵横墙应设置通长的水平现浇钢筋混凝土带；其截面高度不小于60mm，纵筋不少于$2\phi10$，并应有分布拉结钢筋，混凝土强度等级不应低于C20。

● 特 别 提 示

多层砖砌体和小砌块房屋的现浇钢筋混凝土圈梁的设置位置要求一致。两者之间圈梁的主要区别在于圈梁构造不一致。

4）构造柱

在多层砌体房屋墙体规定部位，按构造配筋，并按先砌墙后浇灌混凝土柱的施工顺序制成的混凝土柱，通常称为混凝土构造柱，简称构造柱，如图3.25所示。

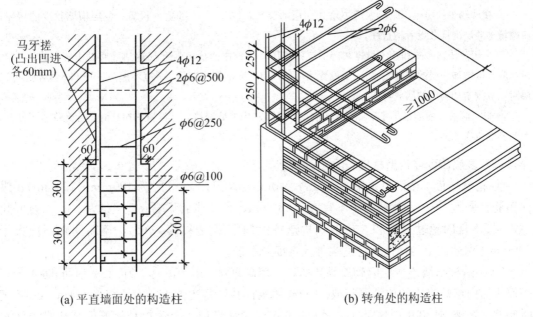

(a) 平直墙面处的构造柱　　　　　(b) 转角处的构造柱

图 3.25　构造柱

构造柱与圈梁连接，形成空间骨架，加强墙体的抗弯、抗剪能力，使墙体在破坏的过程中具有一定的延伸性，减缓墙体的酥碎现象。构造柱是多层建筑重要的抗震措施，是防止房屋倒塌的一种有效措施。

根据《建筑抗震设计规范》，各类多层砖砌体房屋，应按下列要求设置现浇钢筋混凝土构造柱。

（1）构造柱设置部位，一般情况下应符合表3-6的要求。

表3-6　多层砖砌体房屋构造柱设置要求

房屋层数				设置部位	
6度	7度	8度	9度		
四、五	三、四	二、三		楼、电梯间四角，楼梯斜梯段上下端对应的墙体处	隔12m或单元横墙与外纵墙交接处；楼梯间对应的另一侧内横墙与外纵墙交接处
六	五	四	二	外墙四角和对应的转角；错层部位横墙与外纵墙交接处；	隔开间横墙（轴线）与外墙交接处；山墙与内纵墙交接处
七	大于或等于六	大于或等于五	大于或等于三	大房间内外墙交接处；较大洞口两侧	内墙（轴线）与外墙交接处；内墙的局部较小墙垛处；内纵墙与横墙（轴线）交接处

注：① 外廊式和单面走廊式的多层房屋，应根据房屋增加一层的层数，按表3-6的要求设置构造柱。且单面走廊两侧的纵墙应按外墙处理。

② 横墙较少的房屋，应根据房屋增加一层的层数，按表3-6的要求设置；各层横墙很少的房屋，应按增加两层的层数设置构造柱。

③ 采用蒸压灰砂砖和蒸压粉煤灰砖的砌体房屋，当砌体的抗剪强度仅达到普通黏土砖砌体的70%时，应根据增加一层的层数按表3-6设置构造柱；但6度不超过四层、7度不超过三层和8度不超过二层时，应按增加两层的层数对待。

④ 较大洞口，内墙指不小于2.1m的洞口；外墙在内外墙交接处已设置构造柱时，应允许适当放宽，但洞侧墙体应加强。

（2）多层砖砌体构造柱应符合下列构造要求：

① 构造柱最小截面可采用180mm×240mm（墙厚190mm时为180mm×190mm），纵向钢筋宜采用4ϕ12，箍筋间距不宜大于250mm，且在柱上下端应适当加密；6、7度时超过六层、8度时超过五层和9度时，构造柱纵向钢筋宜采用4ϕ14，箍筋间距不应大于200mm；房屋四角的构造柱应适当加大截面及配筋。

② 构造柱与墙连接处应砌成马牙槎，沿墙高每隔500mm设2ϕ6水平钢筋和ϕ4分布短筋平面内点焊组成的拉结网片或ϕ4点焊钢筋网片，每边伸入墙内不宜小于1m。6、7度时底部1/3楼层，8度时底部1/2楼层，9度时全部楼层，上述拉结钢筋网片应沿墙体水平通长设置。

③ 构造柱与圈梁连接处，构造柱的纵筋应在圈梁纵筋内侧穿过，保证构造柱纵筋上下贯通。

④ 构造柱可不单独设置基础，但应伸入室外地面下 500mm，或与埋深小于 500mm 的基础圈梁相连。

⑤ 突出屋顶的楼、电梯间，构造柱应伸到顶部，并与顶部圈梁连接，所有墙体应沿墙高每隔 500mm 设 $2\phi6$ 通长钢筋和 $\phi4$ 分布短筋平面内点焊组成的拉结网片或 $\phi4$ 点焊网片。

● **特 别 提 示** ....

引例(3)的解答：引例图 3-3 中的钢筋是构造柱的钢筋。构造柱必须与圈梁连接，等墙体砌筑到圈梁底标高时将构造柱连同圈梁一起整浇，构造柱和圈梁一起构成了砖混结构房屋的骨架，加强了房屋的整体刚度。

5）芯柱

多层小砌块房屋，应按表 3-7 的要求设置钢筋混凝土芯柱。

多层小砌块房屋的芯柱，应符合下列构造要求：

(1) 芯柱截面不宜小于 120mm×120mm。

(2) 芯柱混凝土强度等级，不应低于 Cb20。

(3) 芯柱的竖向插筋应贯通墙身且与圈梁连接；插筋不应少于 $1\phi12$，6、7 度时超过五层、8 度时超过四层和 9 度时，插筋不应小于 $1\phi14$。

表 3-7 多层小砌块房屋芯柱设置要求

房屋层数				设置部位	
6 度	7 度	8 度	9 度		
四、五	三、四	二、三		外墙转角，楼、电梯间四角，楼梯斜梯段上下端对应的墙体处；错层部位横墙与外纵墙交接处；大房间内外墙交接处；隔12m 或单元横墙与外纵墙交接处	外墙转角，灌实 3 个孔；内外墙交接处，灌实 4 个孔；楼梯斜段上下端对应的墙体处，灌实 2 个孔
六	五	四		外墙转角，楼、电梯间四角，楼梯斜梯段上下端对应的墙体处；错层部位横墙与外纵墙交接处；大房间内外墙交接处；隔12m 或单元横墙与外纵墙交接处；隔开间横墙（轴线）与外纵墙交接处	

房屋层数				设置部位	
6 度	7 度	8 度	9 度		
七	六	五	二	外墙转角，楼、电梯间四角，楼梯斜梯段上下端对应的墙体处；错层部位横墙与外纵墙交接处；大房间内外墙交接处；隔 12m 或单元横墙与外纵墙交接处；各内墙（轴线）与外纵墙交接处；内纵墙与横墙（轴线）交接处和洞口两侧	外墙转角，灌实 5 个孔；内外墙交接处，灌实 4 个孔；内墙交接处，灌实 4～5 个孔；洞口两侧各灌实 1 个孔
	七	大于或等于六	大于或等于三	外墙转角，楼、电梯间四角，楼梯斜梯段上下端对应的墙体处；错层部位横墙与外纵墙交接处；大房间内外墙交接处；隔 12m 或单元横墙与外纵墙交接处；横墙内芯柱间距不大于 2m	外墙转角，灌实 7 个孔；内外墙交接处，灌实 5 个孔；内墙交接处，灌实 4～5 个孔；洞口两侧各灌实 1 个孔

注：外墙转角、内外墙交接处、楼梯和电梯间四角等部位，应允许采用钢筋混凝土构造柱代替部分芯柱。

（4）为提高墙体抗震受剪承载力而设置的芯柱，宜在墙体内均匀布置，最大净距不宜大于 2.0m。

（5）芯柱应伸入室外地面下 500mm 或与埋深小于 500mm 的基础圈梁相连。

（6）多层小砌块房屋墙体交接处或芯柱与墙体交接处应设置拉结钢筋网片，网片可采用直径 4mm 的钢筋点焊而成，沿墙高间距不大于 600mm，并应沿墙体水平通长设置。6、7 度时底部 1/3 楼层。8 度时底部 1/2 楼层，9 度时全部楼层，上述拉结钢筋网片沿墙高间距不大于 400mm。

特 别 提 示

多层小砌块房屋除可以设置芯柱之外，一样可以设置构造柱。

6）防止或减轻墙体开裂的主要措施

（1）为了防止或减轻房屋在正常使用条件下，由温差和砌体干缩引起的墙体竖向裂缝，应在墙体中设置伸缩缝。伸缩缝应设在因温度和收缩变形可能引起应力集中、砌体产生裂缝可能性最大的地方。伸缩缝的间距可按表 3-8 采用。

表 3-8　砌体房屋伸缩缝的最大间距

单位：m

屋盖或楼盖类别		间距
整体式或装配式钢筋混凝土结构	有保温或隔热层的屋、楼盖	50
	无保温或隔热层的屋、楼盖	40
装配式无檩体系钢筋混凝土结构	有保温或隔热层的屋、楼盖	60
	无保温或隔热层的屋、楼盖	50
装配式有檩体系钢筋混凝土结构	有保温或隔热层的屋、楼盖	75
	无保温或隔热层的屋、楼盖	60
瓦材屋盖、木屋盖或楼盖、轻钢屋盖		100

注：① 对烧结普通砖、多孔砖、配筋砌块砌体房屋取表中数值；对石砌体、蒸压灰砂砖、蒸压粉煤灰砖和混凝土砌块房屋取表数值乘以系数 0.8。当有实践经验并采取有效措施时，可不遵守本表规定。

② 在钢筋混凝土屋面上挂瓦的屋盖应按钢筋混凝土屋盖采用。

③ 按本表设置的墙体伸缩缝，一般不能同时防止由于钢筋混凝土屋盖的温度变形和砌体干缩变形引起的墙体局部裂缝。

④ 层高大于 5m 的烧结普通砖、多孔砖、配筋砌块砌体结构单层房屋，其伸缩缝间距可按表中数值乘以 1.3。

⑤ 温差较大且变化频繁地区和严寒地区不采暖的房屋及构筑物墙体的伸缩缝的最大间距，应按表中数值予以适当减小。

⑥ 墙体的伸缩缝应与结构的其他变形缝相重合，在进行立面处理时，必须保证缝隙的伸缩作用。

（2）为了防止或减轻房屋顶层墙体的裂缝，可根据情况采取下列措施：

① 屋面应设置保温、隔热层；屋面保温（隔热）层或屋面刚性面层及砂浆找平层应设置分隔缝，分隔缝间距不宜大于 6m，并与女儿墙隔开，其缝宽不小于 30mm；采用装配式有檩体系钢筋混凝土屋盖和瓦材屋盖。

② 在钢筋混凝土屋面板与墙体圈梁的接触面处设置水平滑动层，滑动层可采用两层油毡夹滑石粉或橡胶片等；对于长纵墙，可只在其两端的 2～3 个开间内设置，对于横墙可只在其两端各 $L/4$ 范围内设置（L 为横墙长度）。

③ 顶层屋面板下设置现浇钢筋混凝土圈梁，并沿内外墙拉通，房屋两端圈梁下的墙体内宜适当设置水平钢筋。

④ 顶层挑梁末端下墙体灰缝内设置三道焊接钢筋网片（纵向钢筋不宜少于 $2\phi4$，横筋间距不宜大于 200mm）或 $2\phi6$ 钢筋，钢筋网片或钢筋应自挑梁末端伸入两边墙体不小于 1m，如图 3.26 所示。

⑤ 顶层墙体有门窗等洞口时，在过梁上的水平灰缝内设置两三道焊接钢筋网片或 $2\phi6$ 钢筋，并应伸入过梁两端墙内不小于 600mm。

⑥ 顶层及女儿墙砂浆强度等级不低于 M5；女儿墙应设置构造柱，构造柱间距不宜大于 4m，构造柱应伸至女儿墙顶并与现浇钢筋混凝土压顶整浇在一起。

⑦ 房屋顶层端部墙体内适当增设构造柱。

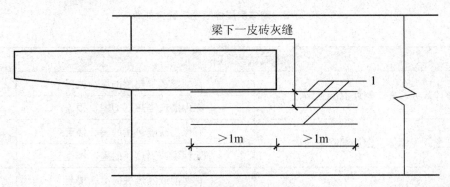

图 3.26　顶层挑梁末端钢筋网片或钢筋

1—2φ4 钢筋网片或 2φ6 钢筋

（3）为防止或减轻房屋底层墙体裂缝，可根据情况采取下列措施：

① 增大基础圈梁的刚度。

② 在底层的窗台下墙体灰缝内设置三道焊接钢筋网片或 2φ6 钢筋，并伸入两边窗间墙内不小于 600mm。

③ 采用钢筋混凝土窗台板，窗台板嵌入窗间墙内不小于 600mm。

（4）墙体转角处和纵横墙交接处宜沿竖向每隔 400～500mm 设拉结钢筋，其数量为每 120mm 墙厚不少于 1φ3 或焊接钢筋网片，埋入长度从墙的转角或交接处算起，每边不小于 600mm。

（5）为防止或减轻混凝土砌块房屋顶层两端和底层第一、第二开间门窗洞处的裂缝，可采取下列措施：

① 在门窗洞口两侧不少于一个孔洞中设置不小于 1φ12 钢筋，钢筋应在楼层圈梁或基础锚固，并采用不低于 Cb20 灌孔混凝土灌实。

② 在门窗洞口两边的墙体的水平灰缝中，设置长度不小于 900mm、竖向间距为 400mm 的 2φ4 焊接钢筋网片。

③ 在顶层和底层设置通长钢筋混凝土窗台梁，窗台梁的高度宜为块高的模数，纵筋不少于 4φ10、箍筋 φ3@200，Cb20 混凝土。

🔴 特 别 提 示

墙承重方式的建筑，墙体除以上介绍的块材砌筑之外，也可以用钢筋混凝土墙体，这类建筑的结构类型称为剪力墙结构。

3.3　填充墙基本构造

填充墙是分隔建筑物内部空间的非承重墙，自重由楼板或梁来承担，均不承受外来荷载。设计要求填充墙自重轻，有隔声、防火性能，便于拆卸，厨房、卫生间等房间还要求防潮、防水。常用的有块材、轻骨架和板材填充墙。

3.3.1　块材填充墙

块材填充墙是用普通砖、空心砖、轻集料混凝土小型空心砌块等块材砌筑而成，常采用普通砖填充墙和砌块填充墙两种。

1. 普通砖填充墙

普通砖填充墙一般采用半砖(120mm)、1/4 砖填充墙。

半砖填充墙用普通砖顺砌，砌筑砂浆强度宜大于 M2.5。在墙体高度超过 5m 时应加固，一般沿高度每隔 0.5m 砌入 2φ4 钢筋，或每隔 1.2～1.5m 设一道 30～50mm 厚的水泥砂浆层，内放 2 根 φ6 钢筋。顶部与楼板相接处用立砖斜砌，填塞墙与楼板间的空隙。隔墙上有门时，要预埋铁件或将带有木楔的混凝土预制块砌入隔墙中以固定门框，如图 3.27 所示。

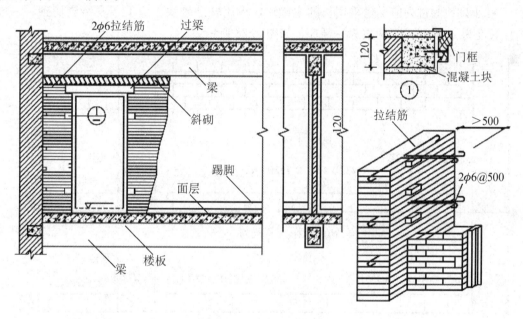

图 3.27　1/2 砖砌填充墙构造

1/4 砖填充墙用普通砖侧砌而成，由于厚度较薄、稳定性差，对砌筑砂浆强度要求较高，一般不低于 M5。这类填充墙的高度和长度不宜过大，一般其高度不应超过 2.8m，长度不超过 3.0m。常用于不设门窗洞或面积较小的非承重墙，如厨房与卫生间之间的非承重墙体。当用于面积较大或需开设门窗洞的部位时，须采取加固措施。常用的加固方法是在高度方向每隔 500mm 砌入 2φ4 钢筋，或在水平方向每隔 1200mm 立 C20 细石混凝土柱一根，并沿垂直方向每隔 7 皮砖砌入 1φ6 钢筋，使之与两端墙连接。

普通砖填充墙，坚固耐久，有一定的隔声能力，但自重大，混作业多，施工麻烦。

2. 砌块填充墙

为了减少填充墙自重，可采用质轻、块大的各种砌块，目前常用的是加气混凝土砌块、轻集料混凝土砌块等，大量性民用建筑中以使用小型砌块居多。

1）建筑构造

（1）建筑设计。

① 框架结构填充小砌块墙体的平面模数网格宜采用 3M 或 2M，竖向模数网格采用 1M，墙体的分段净长应为 1M。

② 框架梁、柱、门窗洞口的平面与竖向（高度）尺寸应符合 1M 的基本模数。

③ 小砌块墙体的墙身厚度与轴线定位尺寸在建筑设计中应使用符合模数的标注尺寸。

④ 为了提高砌块墙体的施工效率，保证施工砌筑质量，建筑设计时应根据墙体分段尺寸，绘制墙体的小砌块排列施工图，其主要内容如下：

• 小砌块的排列应尽量采用长的主砌块，少用辅助砌块。应上下皮错缝搭砌，一般搭接长度为 200mm，每两皮为一循环，如图 3.28 所示。

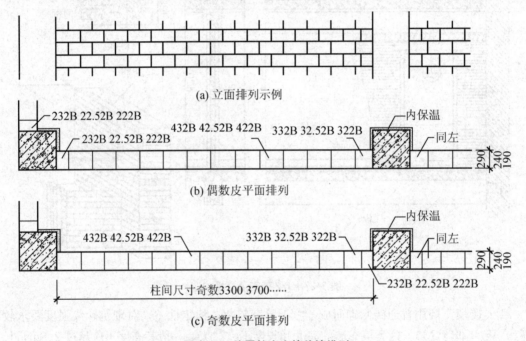

(a) 立面排列示例

(b) 偶数皮平面排列

(c) 奇数皮平面排列

图 3.28　外露柱小砌块外墙排列

• 190 厚单排孔小砌块墙体交接处和门窗洞口（洞宽大于或等于 1200mm 时）两侧，小砌块排列时应考虑设芯柱的位置和数量，芯柱做法如图 3.29 所示，设芯柱部位的第一皮砌块应选用芯柱块，用于钢筋搭接和作清扫口；当洞宽大于或等于 1800mm 或夹心保温外墙时，应采用与墙厚等宽的混凝土抱框，混凝土抱框做法如图 3.30 所示。芯柱和抱框纵向钢筋应保证墙身贯通，芯柱或构造柱、外窗门窗洞抱框应伸入室外地面下 500mm 或与埋深小于 500mm 的基础梁相连，竖向钢筋锚固在基础梁内 480mm。

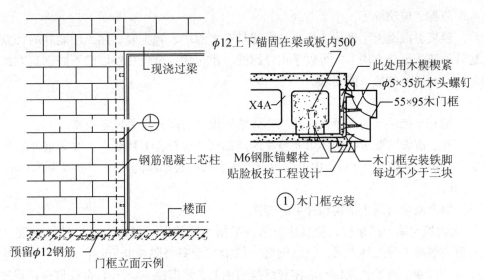

图3.29　门框处芯柱做法

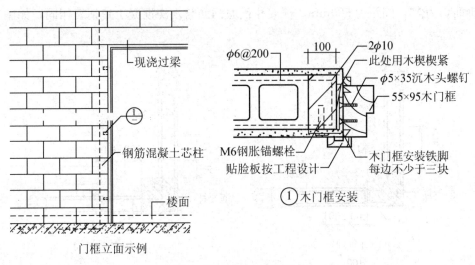

图3.30　混凝土抱框做法

· 设计预留的洞口、电线盒、门窗、卫生设备的固定应在墙体排列图上标注并预留洞口或预埋，严禁在砌好的墙体上剔凿或用冲击钻钻孔。

（2）轻集料混凝土小砌块外墙体不应直接挂贴石材贴面、金属幕墙。当建筑设计需要使用时应按国家有关饰面工程技术规定执行。

（3）厨房、卫生间等潮湿房间的轻集料混凝土小砌块强度等级应大于或等于 MU5.0。

（4）砌筑砂浆强度等级应大于或等于 Mb5.0，其稠度宜控制在 70~80mm。

（5）墙体与框架梁、柱、板、剪力墙及构造柱界面处应双面沿缝各通长设置 100mm 宽度钢丝网。

（6）轻集料小砌块隔声性能均能满足分户墙计权隔声量大于或等于 40dB，一般内隔墙计权隔声量大于或等于 35dB。对于隔声要求较高的住宅或其他建筑，可在小砌块空洞

中填入矿渣棉、玻璃棉等。

（7）轻集料混凝土小砌块的原材料组成具有来源广、容重轻、热工性能好的特点。另外在建筑外墙的组合方法上，可以采用外露柱、半包柱、全包柱外墙的不同砌筑方式，可以满足不同地区的外墙节能要求。

2）结构构造

（1）填充小砌块墙的高厚比应按《砌体结构设计规范》相关规定验算。

（2）有抗震设防要求的砌体填充墙段的局部尺寸应符合下列要求：非承重外墙尽端至门窗洞边的最小距离为 1.0m；内墙阳角至门窗洞边的最小距离，6、7 度时为 1.0m，8 度时为 1.5m。

（3）填充墙应与周边结构构件可靠连接。

① 砌块填充墙与框架柱、构造柱拉结，根据不同情况一般可以采用拉结钢筋、钢筋网片及现浇混凝土带三种方式。拉结钢筋一般沿柱全高每隔 400mm 设 $2\phi6$（当墙厚大于 240mm 时为 $3\phi6$）或预埋铁件与墙体灰缝拉结钢筋 $2\phi^R$ 搭接 300mm，全长贯通；现浇混凝土带的纵向钢筋，当墙厚小于或等于 240mm 时为 $2\phi10$，当墙厚大于 240mm 时为 $3\phi10$。横向钢筋均为 $\phi6$，间距为 300mm，框架柱预埋钢筋与现浇混凝土带钢筋相同，如图 3.31 所示。

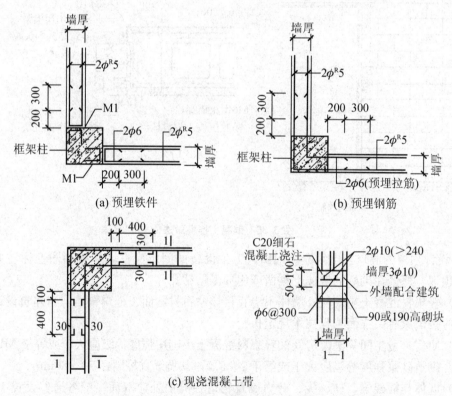

(a) 预埋铁件　(b) 预埋钢筋

(c) 现浇混凝土带

图 3.31　砌块填充墙与框架柱、构造柱拉结

② 当填充墙小砌块墙体的长度大于 5m 时，墙顶应与框架梁或楼板拉结，拉结方法如图 3.32 所示。

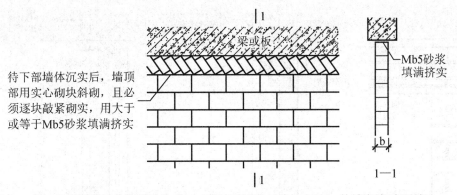

(a) 只适用于非抗震设防或6、7度抗震设防且墙长小于5m的填充墙(内隔墙)

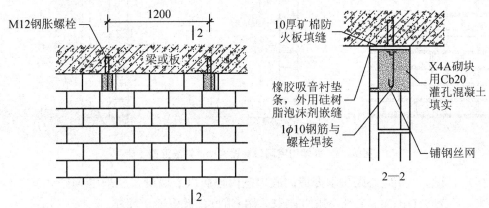

(b) 当墙长大于5m墙顶与梁或楼板用钢膨胀螺栓焊接拉筋拉结

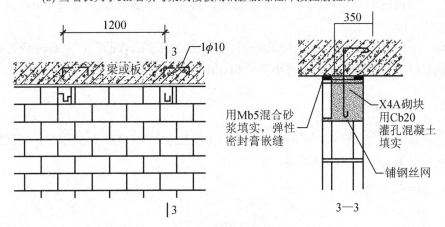

(b) 当墙长大于5m墙顶与梁或楼板用预埋筋拉结

图 3.32 墙顶与框架梁或楼板拉结

（4）当墙长超过层高 1.5～2 倍时，宜在墙内设钢筋混凝土芯柱或构造柱。

（5）当墙高超过 4m 或墙上遇到门窗洞口时，应分别在墙体半高或外墙窗洞的上部及下部，内墙门洞的上部设置与柱连接且沿墙贯通的现浇钢筋混凝土带，如图 3.33 所示。

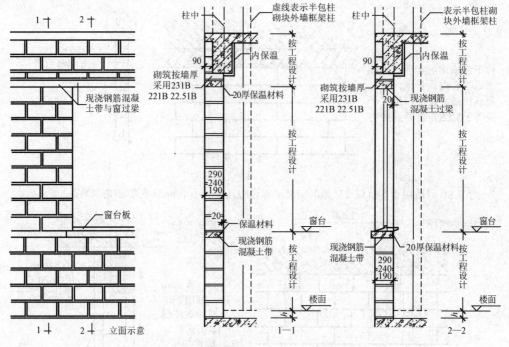

图 3.33　外墙门窗洞口处设置现浇钢筋混凝土带

（6）混凝土小型空心砌块填充墙的底层室内地面以下墙身，应采用 MU10 或 MU7.5 的混凝土小型空心砌块，砂浆 Mb10 砌筑，用 Cb20 灌孔混凝土灌实。

（7）门窗过梁可选用国家建筑标准设计图集《钢筋混凝土过梁（2004 年合订本）》G322—1～4。

（8）采用轻骨料小砌块砌筑墙体时，墙底部应用烧结普通砖、多孔砖或普通小砌块，或现浇混凝土坎台，其高度不宜小于 200mm。

3.3.2　轻骨架填充墙

轻骨架隔墙由骨架和面层两部分组成，由于先立骨架（墙筋，又称龙骨）再做面层，因而又称为立筋式（或立柱式）隔墙。

1. 轻骨架墙构造组成

1）骨架

常用的骨架有木骨架、金属骨架。近年来，为了节约木材和钢材，出现了不少采用工业废料和地方材料制成的骨架，如石膏骨架、水泥刨花骨架等。

（1）木骨架。木骨架由木制的上槛、下槛、墙筋、斜撑及横档组成，上槛、下槛及墙筋断面尺寸一般为(45～50)mm×(70～100)mm。一般墙筋沿高度方向每隔 1.2m 左右设一道斜撑，当骨架外是铺钉面板时，斜撑应改为水平的横档，斜撑、横档断面与墙筋相同或略小些。墙筋间距视面层板材规格而定，一般为 400～600mm。

骨架与周围结构应连接牢固，上槛、下槛、墙筋与横档可以榫接，也可以采取钉接。但必须保证饰面平整，同时木材必须干燥、避免翘曲。填充墙下部砌筑二至三皮实心砖，同时骨架还应做防火、防水处理。

（2）金属骨架。金属骨架一般采用薄壁钢板、铝合金薄板、轻型型钢制成各种配套龙骨和连接件。

常用的轻钢龙骨，是以镀锌钢板为原料，采用冷弯工艺生产的薄壁型钢。型钢的厚度为 0.5～1.5mm。轻钢骨架由横龙骨（沿顶、沿地龙骨，墙体与建筑结构的连接构件）、竖龙骨（墙体主要受力构件）、通贯龙骨（竖龙骨中间连接件）、减振龙骨（减振结构中竖龙骨与面板的连接）、支撑卡、卡托、角托等组成，如图 3.34 所示。

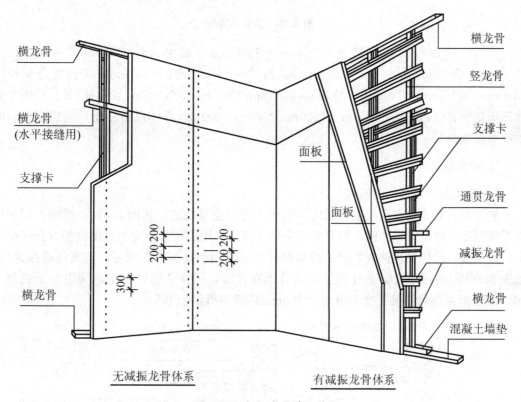

图 3.34　轻钢龙骨填充墙

龙骨体系设计高度一般小于或等于 3000mm，竖向龙骨间距一般为 300mm，400mm 或 600mm，应小于或等于 600mm，具体龙骨布置如图 3.35（a）所示，设一根通贯龙骨；当龙骨体系设计高度大于 3000mm 时，每隔 1200mm 设一根通贯龙骨，如图 3.35（b）所示，且横龙骨应根据要求或设计做加强处理。

2）面层

轻骨架隔墙的面层有很多种类型，如木质板材料（如胶合板）、石膏板类（如纸面石膏板）、无机纤维类板（如矿棉板）、金属板材类（如铝合金板）、塑料板材类（如 PVC 板）、玻璃板材类等，多为难燃或不燃材料。

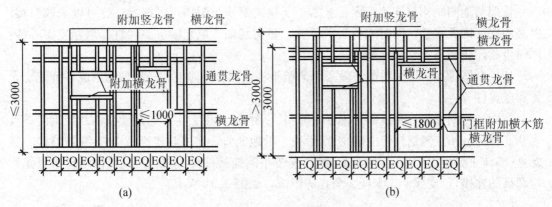

图 3.35 龙骨布置图

常用的纸面石膏板规格有 3000mm×1200mm×12.0mm，3000mm×1200mm×15.0mm，1800mm×900mm×18.0mm，2100mm×900mm×21.0mm 等；胶合板规格1860mm×915mm×4.0mm(三合板)，2165mm×915mm×7.0mm(五合板)等；纤维水泥加压板规格有(2440～2980)mm×1220mm×(4～15)mm。具体规格和类型应根据不同的工程要求选择。

2. 构造做法

1) 骨架与主体结构的连接

轻钢龙骨在非地震区与主体结构可采用非抗震连接构造，如图 3.36(a)所示；用于抗震设防烈度 8 度及以下地区，填充墙与主体连接应采用抗震卡的刚柔性结合的方法连接固定。与顶板、结构梁连接应增设柔性材料并用镀锌钢板抗震卡件固定，或安装减振龙骨，如图 3.36(b)所示。减振龙骨和竖向龙骨垂直连接，用抽芯铆钉固定，间距小于或等于600mm。减振龙骨搭接长度不得大于 300mm，且不得小于 100mm。

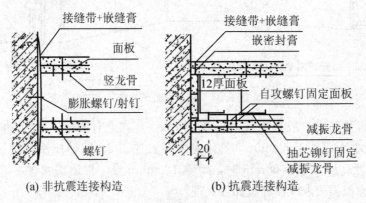

(a) 非抗震连接构造 (b) 抗震连接构造

图 3.36 骨架与主体结构的连接

对于潮湿房间的内隔墙(填充墙)应采用耐水石膏板，底部应做墙垫(如用 C20 细石混凝土条基，如图 3.37 所示)并在石膏板的下端嵌密封膏，缝宽不小于 5mm，板面可以贴瓷砖或涂刷防水涂料。

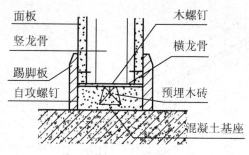

图 3.37　墙垫做法

2）面板安装

面板与龙骨一般采用自攻螺钉固定，螺钉间距一般为 200～300mm。

位于门、窗两侧和上部的石膏板、内隔墙（填充墙）的阳角和门窗洞口处应选用边角方正无损的石膏板，并用金属护角带保护边角。洞口两侧应增设附加横、竖龙骨，不得改变墙体龙骨的排列间距。

3）面板接缝处理

面板水平接缝常见处理方法如图 3.38 所示。

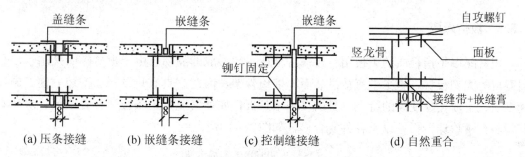

(a) 压条接缝　　　(b) 嵌缝条接缝　　　(c) 控制缝接缝　　　(d) 自然重合

图 3.38　面板水平接缝处理

面板竖直接缝常见处理方法如图 3.39 所示。

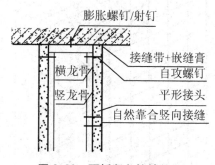

图 3.39　面板竖向接缝处理

接缝处理后应与板面同样平滑，所有接缝处须用砂纸轻轻打磨。接缝做法具体如图 3.40 所示。第一层，抹上填缝料，贴上接缝带，抹上第一层填缝料；第二层，抹上第二层填缝料；第三层，抹上第三层填缝料。

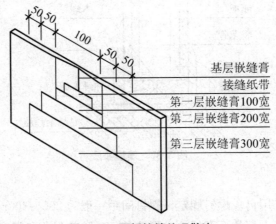

图 3.40　面板接缝处理做法

特　别　提　示

根据面层使用的板材尺寸和种类不同，轻骨架隔墙的构造做法略有区别。

3.3.3　板材隔墙

板材隔墙是指轻质的条板用粘接剂拼合在一起形成的隔墙。由于板材隔墙是用轻质材料制成的大型板材，施工中直接拼装而不依赖骨架，因此它具有自重轻、安装方便、施工速度快、工业化程度高的特点。目前多采用条板，如加气混凝土条板、石膏条板、炭化石灰板、石膏珍珠岩板，以及各种复合板，如图 3.41 所示。

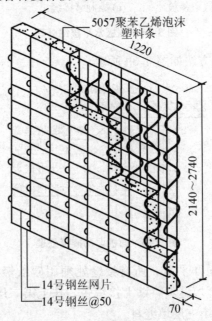

图 3.41　石膏条板规格

条板厚度大多为 60～100mm，宽度为 600～1000mm，长度略小于房间净高。安装时，条板下部先用一对对口木楔顶紧，然后用细石混凝土堵严，板缝用粘接砂浆或粘接剂进行粘接，并用胶泥刮缝，平整后再做表面装修，如图 3.42 所示。

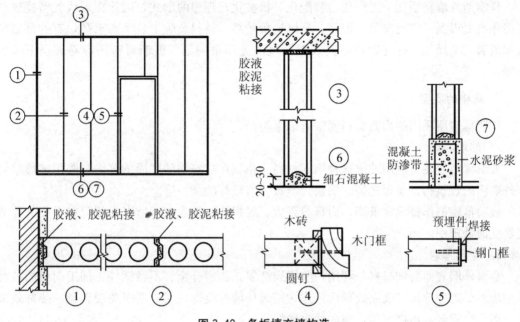

图 3.42　条板填充墙构造

特 别 提 示

在框架结构中，非承重墙可以分为填充墙和幕墙；在混合结构中，非承重墙可以分为自承重墙和隔墙。隔墙和填充墙的构造做法基本一致。

3.4　幕墙基本构造

3.4.1　概述

1. 幕墙的特点

（1）造型美观，装饰效果好。幕墙打破了传统的建筑造型模式，窗与墙在外形上没有了明显的界线，从而丰富了建筑造型。

（2）质量轻，抗震性能好。幕墙材料的质量一般每平方米为 30～50kg，是混凝土墙板的 1/7～1/5，大大减轻了围护结构的自重。

（3）施工安装简便，工期较短。幕墙构件大部分是在工厂加工而成的，因而减少了现

场安装操作的工序。

（4）维修方便。幕墙构件多由单元构件组合而成，局部有损坏时可以很方便地维修或更换，从而延长了幕墙的使用寿命。

幕墙是外墙轻型化、工厂化、装配化、机械化较理想的形式，因此在现代大型建筑和高层建筑上得到了广泛应用。但是，幕墙造价较高，材料及施工技术要求高，有的幕墙材料如玻璃、金属等，存在着反射光线对环境的光污染问题，玻璃材料还容易破损下坠伤人等。

2. 幕墙的类型

按照幕墙所采用的饰面材料通常有以下类型：

1）玻璃幕墙

玻璃幕墙主要是应用玻璃这种饰面材料，覆盖在建筑物的表面的幕墙。采用玻璃幕墙作外墙面的建筑物，显得光亮、明快、挺拔，有较好的统一感。

玻璃幕墙制作技术要求高，而且投资大、易损坏、耗能大，所以一般只在重要的公共建筑立面处理中运用。

2）金属幕墙

金属幕墙表面装饰材料是利用一些轻质金属，如铝合金、不锈钢等，加工而成的各种压型薄板。这些薄板经表面处理后，作为建筑外墙的装饰面层，不仅美观新颖、装饰效果好，而且自重轻，连接牢靠，耐久性也较好。

3）铝塑板幕墙

铝塑板幕墙是利用铝板与塑料的复合板材进行饰面的幕墙。该类饰面具有金属质感、晶莹光亮、美观新颖、豪华，装饰效果好，而且施工简便、连接牢靠，耐久、耐候性也较好，应用相当广泛。

4）石材幕墙

石材幕墙是利用天然的或者人造的大理石与花岗岩进行外墙饰面。该类饰面具有豪华、典雅、大方的装饰效果，可点缀和美化环境。该类饰面施工简便、操作安全，连接牢固可靠，耐久、耐候性很好。

5）轻质混凝土挂板幕墙

轻质混凝土挂板幕墙是一种装配式轻质混凝土墙板系统。由于混凝土的可塑性较强，墙板可以制成表面有凹凸变化的形式，并喷涂各种彩色涂料。

3. 幕墙装饰构造设计原则

（1）满足强度和刚度要求。幕墙的骨架和饰面板都需要考虑自重和风荷载的作用，幕墙及其构件都必须有足够的强度和刚度。

（2）满足温度变形和结构变形要求。由于内外温差和结构变形的影响，幕墙可能产生胀缩和扭曲变形，因此，幕墙与主体结构之间、幕墙元件与元件之间均应采用"柔性连接"。

（3）满足围护功能要求。幕墙是建筑物的围护构件，墙面应具有防水、挡风、保温、隔热及隔声等能力。

（4）满足防火要求。应根据防火规范采取必要的防火措施等。

（5）保证装饰效果。幕墙的材料选择，立面划分均应考虑其外观质量。

（6）经济合理。幕墙的构造设计应综合考虑上述原则，做到安全、适用、经济、美观。

3.4.2 玻璃幕墙

玻璃幕墙根据支撑体系的不同，可以分为有骨架体系和无骨架(无框式)玻璃幕墙。

（1）有骨架体系主要受力构件是幕墙骨架，根据幕墙骨架与玻璃的连接构造方式，可分为明骨架(明框式)体系与暗骨架(隐框式)体系等两种。明骨架(明框式)体系的幕墙玻璃镶在金属骨架框格内，骨架外露，这种体系又分为竖框式、横框式及框格式等几种形式，如图 3.43(a)、(b)所示。明骨架(明框式)体系玻璃安装牢固、安全可靠。暗骨架(隐框式)体系的幕墙玻璃是用胶粘剂直接粘贴在骨架外侧的，幕墙的骨架不外露，装饰效果好，但玻璃与骨架的粘贴技术要求高，如图 3.43(c)所示。

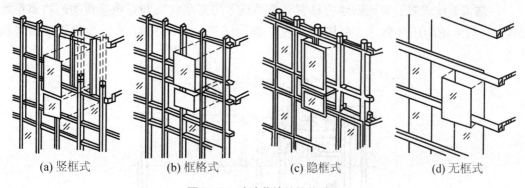

(a) 竖框式   (b) 框格式   (c) 隐框式   (d) 无框式

图 3.43 玻璃幕墙结构体系图

（2）无骨架(无框式)玻璃幕墙体系的主要受力构件就是该幕墙饰面构件本身——玻璃。该幕墙利用上下支架直接将玻璃固定在主体结构上，形成无遮挡的透明墙面。由于该幕墙玻璃面积较大，为加强自身刚度，每隔一定距离粘贴一条垂直的玻璃肋板，称为肋玻璃，面层玻璃则称为面玻璃，该类幕墙也称为全玻璃幕墙，如图 3.43(d)所示。

玻璃镶嵌安装如图 3.44 所示。

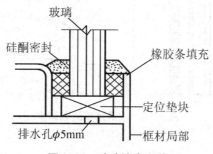

图 3.44 玻璃镶嵌安装

（3）玻璃幕墙构造做法中要考虑的几点问题。

① 幕墙框架受温度的影响。由于室内外温差产生的温度应力对幕墙框架的金属型材影响较大，构造上应使型材自由胀缩，或采取措施使其温差控制在较小范围内。为了使型材能在温度应力影响下自由伸缩，应在玻璃与金属框之间衬垫氯丁橡胶一类弹性材料。

② 建筑功能要求。各种构造做法必须保证保温、隔热、抗震、防止噪声的建筑功能要求。

③ 通风排水要求。一般在玻璃幕墙的下端橡胶垫的 1/4 长度处切断留孔，留置某种缝隙，使内外空气相通而不产生风压差，以防止由于压力差造成幕墙上因有缝隙而渗水，如图 3.45 所示。幕墙双层采光部分在墙框的适当位置留排水孔，以便排出结露水，如图 3.46 所示。

④ 排气窗的设置。排气窗一般面积较小，可布置在大块的固定扇上，也可在幕墙转角部位或其他单扇较小的部位设置。

⑤ 擦窗机的设置。玻璃幕墙建筑一般应设置擦窗机，擦窗机的轨道应和骨架一同完成。

⑥ 防雷系统设置。玻璃幕墙应设置防雷系统，防雷系统应和整幢建筑物的防雷系统相连。一般采用均压环做法，每隔数层设一条均压环。如图 3.47 所示为均压环设置构造图。

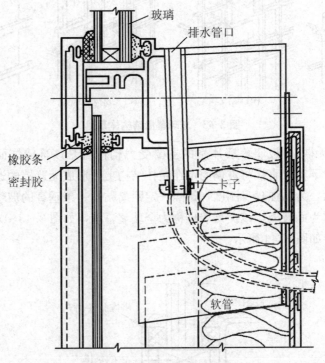

图 3.45　玻璃幕墙通风排水

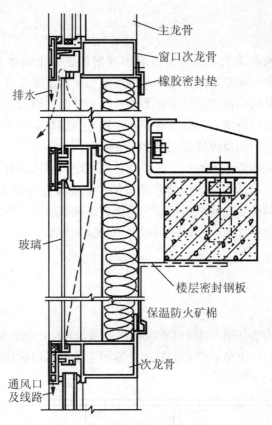

图 3.46 幕墙冷凝水排水管线

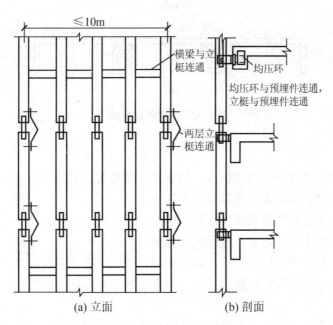

(a) 立面   (b) 剖面

图 3.47 防雷压环处系统

3.4.3 金属薄板幕墙

金属薄板幕墙有两种体系，一种是幕墙附在钢筋混凝土墙体上的附着型金属薄板幕墙，即附着式体系；另一种是自成骨架体系的骨架型薄板金属幕墙，即骨架式体系。

附着型金属薄板幕墙的特点是幕墙体系纯是作为外墙的饰面而依附在钢筋混凝土墙体上，连接固定件一般采用角钢，混凝土墙面基层用金属膨胀螺栓来连接 L 形角钢，再根据金属板材的尺寸，将轻型钢材焊接在 L 形角钢上。

骨架型体系金属幕墙基本上类似于隐框式玻璃幕墙，即通过骨架等支撑体系，将金属薄板与主体结构连接。其基本构造为将幕墙骨架，如铝合金型材等，固定在主体的楼板、梁或柱等结构上。这种金属幕墙结构可以与隐框式玻璃幕墙结合使用，协调好金属薄板和玻璃的色彩，并统一划分立面，即可得到较理想的装饰效果。

3.4.4 铝板幕墙

1. 单层铝板

单层铝板的基本构造如图 3.48(a)所示，它是用 2.5mm(3mm)厚的铝板在中部适当的部位设加固角铝(槽铝)，用角铝槽套上螺栓并紧固。也有将铝管用结构胶固定在铝板上作加强肋的，如图 3.48(b)所示。

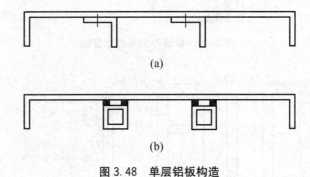

(a)

(b)

图 3.48 单层铝板构造

2. 复合铝板

复合铝板在用于幕墙时采用平板式、槽板式与加肋式，如图 3.49 所示。

复合铝板与幕墙框格的连接有以下几种形式。

(1) 铆接：用铆钉将复合铝板固定在副框上。

(2) 螺接：用埋头螺栓将复合板固定在副框上。

(3) 折弯接：将复合铝板四边弯折成槽形板，嵌入主框后用螺钉固定。

(4) 扣接：在槽形复合铝板折边相应的位置上冲出开口长圆形槽，将槽板扣在主框圆管上。

(5) 结构装配式连接：采用结构密封胶将复合铝板与副框粘接成结构装配组件，用机械固定方法将组件固定在主框上，其做法与结构玻璃装配组件一样。

（6）复合式连接：将折边与副框用螺钉（铆钉）连接成组件，再用结构装配方法将组件安装在主框上。有单折边和双折边两种形式。

（7）槽夹法连接：相邻两块复合铝板用形铝盖板用螺钉与主框连接，这种做法一般与半隐框玻璃幕墙相匹配使用。

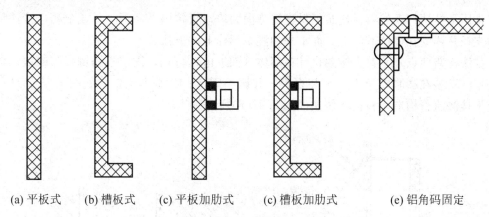

(a) 平板式　　(b) 槽板式　　(c) 平板加肋式　　(c) 槽板加肋式　　(e) 铝角码固定

图 3.49　复合铝板构造

3.4.5　不锈钢板幕墙

不锈钢幕墙是用厚 $0.8\sim2$mm 不锈钢薄板冲压成槽形镶板制成的幕墙嵌板。它需要在板中部用肋加强，其典型构造如图 3.50 所示。将不锈钢板的四边折成槽形，中部用结构胶将铝方管胶接在铝板适当部位成为加强肋。不锈钢幕墙使用的是厚度小于或等于 4mm 的不锈钢薄板，表面处理方法有磨光（镜面）、拉毛面、蚀刻面，用得最多的不锈钢品种有 Cr18Ni18、Cr17Ti 和 1Cr17Mo2Ti。

不锈钢板嵌板的安装构造可参照铝板幕墙。

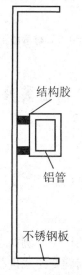

结构胶

铝管

不锈钢板

图 3.50　不锈钢板构造

3.4.6 石材幕墙

石材幕墙是天然石板材作为嵌板的幕墙。常用的有天然大理石建筑板材和天然花岗岩石建筑板材。

常用干挂法将天然石材建筑板材进行饰面装修，直接用不锈钢型材或金属连接件将石板材支托并锚固在墙体基面上，而不采用灌浆湿作业的方法。

挂法构造要点是，首先按照设计在墙体基面上电钻打孔，固定不锈钢膨胀螺栓；将不锈钢挂件安装在膨胀螺栓上；安装石板，并调整固定。其基本构造，如图3.51(a)所示。目前干挂法流行构造是板销式做法如图3.51(b)所示。

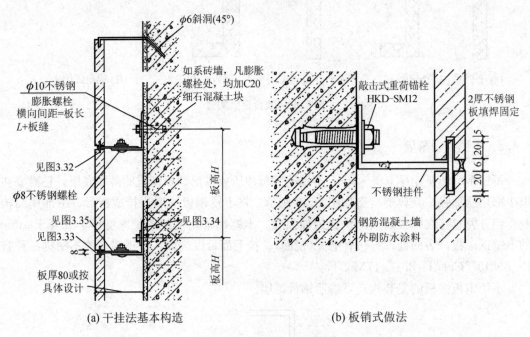

(a) 干挂法基本构造　　　　　　　　　　(b) 板销式做法

图 3.51　石材幕墙干挂法

3.5　墙面装修构造

3.5.1　概述

1. 墙面装修的基本功能

1）保护墙体

建筑物的装修饰面具有保护墙体的作用。例如，浴室、厨房等处，室内湿度相对比较高，墙面会被溅湿或需水洗刷，若墙面贴瓷砖或进行防水、隔水处理，墙体就不会受潮湿的影响；人流较多的门厅、走廊等处，在适当高度上做墙裙、内墙阳角处做护角线处理，将起到保护墙体的作用。

外墙面装饰在一定程度上保护墙体不受外界的侵蚀和影响，提高墙体防潮、抗腐蚀、抗老化的能力，提高墙体的耐久性和坚固性。对一些重点部位如勒脚、踢脚、窗台等应采用相应的装饰构造措施，保证墙材料正常功能的发挥。

2）改善环境条件，满足房屋的使用功能要求

通过对墙面装饰处理，可以弥补和改善墙体材料在功能方面的某些不足。墙体经过装饰而厚度加大，或者使用一些有特殊性能的材料，能够提高墙体保温隔热、隔声等功能。

室内墙面经过装饰变得平整、光滑不仅便于清扫和保持卫生，并且可以增加光线和反射，提高室内照度，保证人们在室内的正常工作和生活需要。

内墙饰面的另一个重要功能是辅助墙体的声学功能。例如，反射声波、吸声、隔热等。在影剧院、音乐厅、播音室等公共建筑就是通过墙体、顶棚和地面上不同饰面材料所具有的反射声波及吸声的性能，达到控制混响时间、改善音质和改善使用环境的目的。

3）美观作用

由于建筑物的立面是人们在正常视野内所能观赏到的一个主要面，所以外墙面的装饰处理即立面装饰所体现的质感、色彩、线形等，对构成建筑总体艺术效果具有十分重要的作用。

内墙装饰在不同程度上起到装饰和美化室内环境的作用，这种装饰美化应与地面、顶棚等的装饰效果相协调，同家具、灯具及其他陈设相结合。

2. 墙面装修的分类

按饰面常用装饰材料、构造方式和装饰效果不同，墙面装修可分为：

(1) 抹灰类墙体饰面，包括一般抹灰和装饰抹灰饰面装饰。

(2) 贴面类墙体饰面，包括石材、陶瓷制品和预制板材等饰面装饰。

(3) 涂刷类墙体饰面，包括涂料和刷浆等饰面装饰。

(4) 镶板(材)类墙体饰面。

(5) 卷材类内墙饰面，包括墙布和壁纸饰面装饰。

(6) 其他材料类，如玻璃幕墙等。

(7) 清水墙饰面。

3.5.2　清水墙饰面

凡在墙体外表面不做任何外加饰面的墙体称为清水墙；反之，称为混水墙。用砖砌筑清水墙在我国已有悠久的历史，如北京故宫。

为了防止灰缝不饱满而可能引起的空气渗透和雨水渗入，须对砖缝进行勾缝处理。一般用1:1水泥砂浆勾缝，也可在砌墙时用砌筑砂浆勾缝，称为原浆勾缝。

勾缝的形式有平缝、平凹缝、弧形缝和斜缝等，如图3.52所示。

清水墙外观处理一般可从色彩、质感、立面变化取得多样化装饰效果。

目前，清水墙材料多为红色，色彩较单调，但可以用刷透明色的办法改变色调。做

法是用红、黄两种颜料如氧化铁红、氧化铁黄等配成偏红或偏黄的颜色，加上颜料重量5％聚醋酸乙烯乳液，用水调成浆刷在砖面上。另外，清水墙灰缝多，其面积约占墙面的1/3，改变勾缝砂浆的颜色能有效地影响整个墙面色调的明暗度。例如，用白水泥勾白缝或水泥掺颜料勾成深色或其他颜色的缝。由于灰缝颜色突出，整个墙面质感效果也有一些变化。

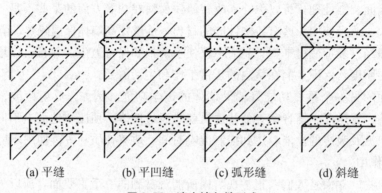

(a) 平缝   (b) 平凹缝   (c) 弧形缝   (d) 斜缝

图 3.52　清水墙勾缝形式

要取得清水墙质感变化，还可在砖墙组砌上下功夫，如采用多顺一丁砌法以强调横线条；在结构受力允许条件下，改平砌为斗砌、立砌以改变砖的尺度感；或采用个别砖成点成条凸出墙面几厘米的拔砌方式，形成不同质感和线条。

3.5.3　抹灰类墙体饰面

抹灰类饰面是用各种加色的、不加色的水泥砂浆，或者石灰砂浆、混合砂浆等做成的各种饰面抹灰层。抹灰按照面层材料及做法不同分为一般抹灰和装饰抹灰。

1. 墙面抹灰的构造组成及作用

墙面抹灰一般由底层抹灰、中间抹灰和面层抹灰三部分组成，如图 3.53 所示。

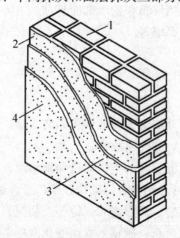

图 3.53　抹灰的构造组成

1—基层；2—底层；3—中间层；4—面层

1）底层抹灰

底层抹灰主要是对墙体基层的表面处理，起到与基层粘接和初步找平的作用。抹灰施工时应先清理基层，除去浮尘，保证底层与基层粘接牢固。底层砂浆根据基层材料的不同和受水浸湿情况而不同，可分别选用石灰砂浆、水泥石灰混合砂浆和水泥砂浆，底层抹灰厚度一般为5～10mm。

普通砖墙由于吸水性较大，在抹灰前须将墙面浇湿，以免抹灰后过多吸收砂浆中水分而影响粘接。

轻质砌块墙体因砌块表面的空隙大，吸水性极强。为避免抹灰砂浆中的水分被墙体吸收，而导致墙体与底层抹灰间的粘接力降低，常见处理方法是，采用107胶水（配合比是107胶水：水为1：4），满涂墙面，以封闭砌块表面空隙，再做底层抹灰。在装饰要求较高的饰面中，还应在墙面满钉0.7mm细径镀锌钢丝网（网格尺寸32mm×32mm），再做抹灰。内墙可用石灰砂浆或混合砂浆，外墙宜用混合砂浆。

外墙门窗洞口的外侧壁、窗套、勒脚及腰线等应用水泥砂浆。

2）中间抹灰

中间抹灰主要作用是找平与粘接，还可以弥补底层砂浆的干缩裂缝。一般用料与底层相同，厚度为5～10mm，根据墙体平整度与饰面质量要求，可一次抹成，也可分多次抹成。

3）面层抹灰

面层抹灰又称"罩面"，主要是满足装饰和其他使用功能要求。根据所选装饰材料和施工方法不同，面层抹灰可分为各种不同性质和外观的抹灰。

2. 抹灰类饰面主要特点

墙面抹灰的优点是材料来源丰富，便于就地取材，施工简单，价格便宜；通过适当工艺，可获得多种装饰效果，如拉毛、喷毛、仿面砖等；具有保护墙体、改善墙体物理性能的功能，如保温隔热等。缺点是抹灰构造多为手工操作，现场湿作业量大。

抹灰类饰面应用于外墙面时，要慎选材料，并采取相应改进措施，如掺加疏水剂，可降低吸水性；掺加聚合物，可提高粘接性等。

外墙面抹面一般面积较大，为操作方便、保证质量、利于日后维修、满足立面要求，通常将抹灰层进行分块，分块缝宽一般为20mm，有凸线、凹线和嵌线三种方式。凹线是最常见的一种形式，嵌木条分格构造如图3.54所示。

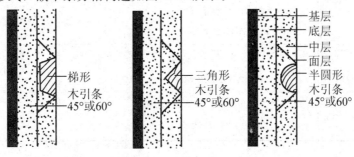

图3.54　抹灰木引条构造

另外，由于抹灰类墙面阳角处很容易碰坏，通常在抹灰前应先在内墙阳角、门洞转角、柱子四角等处，用强度较高的1∶2水泥砂浆抹制护角或预埋角钢护角，护角高度应高出楼地面1.5～2m，每侧宽度不小于50mm，如图3.55所示。

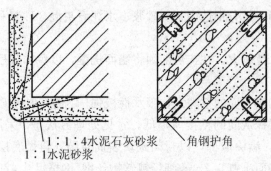

1∶1∶4水泥石灰砂浆　　角钢护角
1∶1水泥砂浆

图3.55　墙和柱的护角

3. 一般抹灰饰面

一般抹灰饰面是指采用石灰砂浆、混合砂浆、聚合物水泥砂浆、麻刀灰、纸筋灰等对建筑物的面层抹灰。

1）一般抹灰的等级划分

根据房屋使用标准和设计要求，一般抹灰可分为普通、中级和高级三个等级。

普通抹灰是由底层和面层构成，一般内墙厚度为18mm，外墙厚度为20mm。适用于简易住宅、大型临时设施、仓库及高标准建筑物的附属工程等。

中级抹灰是由底层、中间层和面层构成，一般厚度为20mm。适用于一般住宅和公共建筑、工业建筑及高标准建筑物的附属工程等。

高级抹灰是由底层、多层中间层和面层构成，一般内墙厚度为25mm，外墙厚度为20mm。适用于大型公共建筑、纪念性建筑及有特殊功能要求的高级建筑物。

2）一般抹灰的基本构造

根据装饰抹灰等级及基层平整度，控制其涂抹遍数和厚度，中间抹灰层所用材料一般与底层相同，具体做法见表3-9。

表3-9　抹灰厚度及适用范围

单位：mm

名称	构造作法举例	适用范围
水泥砂浆	12厚1∶3水泥砂浆打底， 8厚1∶2.5水泥砂浆罩面	外墙或内墙受水部位
混合砂浆	12厚1∶1∶6水泥石灰砂浆， 8厚1∶1∶4水泥石灰砂浆	内墙、外墙
纸筋(麻刀)灰	12～17厚1∶2～1∶2.5石灰砂浆， 2～3厚纸筋(麻刀)灰罩面	内墙

4. 装饰抹灰饰面

装饰抹灰按面层材料的不同可分为石渣类(水刷石、水磨石、干粘石、斩假石),水泥、石灰类(拉条灰、拉毛灰、洒毛灰、假面砖、仿石)和聚合物水泥砂浆类(喷涂、滚涂、弹涂)等。

1) 石渣类

石渣类饰面材料是装饰抹灰中使用较多的一类,以水泥为胶结材料,以石渣为骨料做成水泥石渣浆作为抹灰面层,然后用水洗、斧剁、水磨等方法除去表面水泥浆皮,或者在水泥砂浆面上甩粘小粒径石渣,使饰面显露出石渣的颜色、质感,具有丰富的装饰效果。

(1) 斩假石饰面。斩假石是以水泥石子浆或水泥石屑浆,涂抹在水泥砂浆基层上,待凝结硬化具有一定强度后,用斧子及各种凿子等工具,在面层上剁斩出类似石材经雕琢的纹理效果的一种装饰方法。斩假石饰面质朴素雅、美观大方、耐久性好,但因手工操作,工效低。

斩假石饰面的构造做法是,先用 15mm 厚 1:3 水泥浆打底,刮抹一遍素水泥浆(内掺107 胶),随即抹 10mm 厚配合比为水泥:石渣=1:1.25 的水泥石渣浆,石渣一般采用粒径为 2mm 的白色粒石,内掺 30% 粒径 0.6mm 的石屑。

(2) 拉假石饰面。拉假石是将斩假石用的剁斧工艺改为用锯齿形工具,在水泥石渣浆终凝时,挠刮去表面水泥浆露出石渣的构造做法。

拉假石的基本构造底层处理与斩假石相同,面层常用的是配合比为水泥:石英砂=1:1.25 的水泥石渣浆,厚度为 8～10mm。待面层收水后用靠尺检查平整度,用木抹子搓平、顺直,并用钢皮抹子压一遍。水泥终凝后,用拉耙依着靠尺按同一方向挠刮,除去表面水泥浆,露出石渣。一般拉纹的深度为 1～2mm,宽度为 3～3.5mm。

(3) 水刷石饰面。水刷石是用水泥和石子等加水搅拌,抹在建筑物的表面,半凝固后,用喷枪、水壶喷水,或者用硬毛刷蘸水,刷去表面的水泥浆,使石子半露。

水刷石的底灰处理与斩假石相同,面层水泥石渣浆的配合比依石渣粒径大小而定,一般为 1:1(粒径为 8mm)、1:1.25(粒径为 6mm)、1:1.5(粒径为 4mm),水泥用量要恰能填满石渣之间的空隙。面层厚度通常为石渣粒径的 2.5 倍。

(4) 干粘石饰面。干粘石是用拍子将彩色石渣直接粘接在砂浆层上的一种饰面方法,其效果与水刷石饰面相似,但比水刷石饰面节约水泥 30%～40%,节约石渣 50%,提高工效 50%。但其粘接力较低,一般与人直接接触的部位不宜采用。

干粘石饰面的构造做法一般是用 12mm 厚 1:3 水泥砂浆打底,中间层用 6mm 厚 1:3水泥砂浆,面层用粘接砂浆,其常用配合比为水泥:砂:107 胶=1:1.5:0.15 或水泥:石灰膏:砂:107 胶=1:1:2:0.15。

2) 水泥、石灰类

(1) 拉条抹灰饰面是用杉木板制作的刻有凹凸形状的模具,沿贴在墙面上的木导轨,在抹灰面层上通过上下拉动而形成规则的细条、粗条、波形条等图案效果。

拉条抹灰的基层处理与一般抹灰类同,面层砂浆根据所拉条形的粗细有不同的配比。细条形拉条抹灰面层用水泥:细纸筋石灰:细黄砂为 1:2:0.5 的混合砂浆,粗条形拉条抹灰分两层,粘接层用水泥：细纸筋石灰：中粗砂为 $1：2.5：0.5$ 的混合砂浆,面层为水泥：细纸筋石灰为 $1：0.5$ 的混合砂浆。

(2)拉毛饰面是用抹子或硬毛棕刷等工具将砂浆拉出波纹或突起的毛头而做成的装饰面层,有小拉毛和大拉毛两种做法。在外墙还有先拉出大拉毛再用铁抹子压平毛尖的做法。

拉毛面层一般采用普通水泥掺适量石灰膏的素浆或掺入适量砂子的砂浆。小拉毛掺入水泥量为 $5\%\sim20\%$ 的石灰膏。大拉毛掺入水泥量为 $20\%\sim30\%$ 的石灰膏,为避免龟裂,再掺入适量砂子和少量的纸筋。

3)聚合物水泥砂浆类

聚合物水泥砂浆的喷涂、弹涂、滚涂饰面聚合物水泥砂浆是在普通水泥砂浆中掺入适量有机聚合物,一般为水泥重量的 $10\%\sim15\%$,从而改善原来材料的性能。

(1)喷涂饰面。用挤压式砂浆泵或喷斗,将聚合物水泥砂浆连续均匀的喷涂在墙体外表形成饰面层。

(2)弹涂饰面。先在墙体表面刷一道聚合混合物水泥色浆,用弹涂器分几遍将不同色彩的聚合物水泥浆弹在已涂刷的涂层上,形成 $3\sim5mm$ 的扁圆形花点,再喷罩甲基硅树脂或聚乙烯醇缩丁醛溶液。

(3)滚涂饰面。先将聚合混合物水泥砂浆抹在墙面上,用辊子滚出花纹,再喷罩甲基硅醇钠疏水剂,从而形成装饰层。

⬤ 特 别 提 示

装饰抹灰墙面饰面现在一般较少采用。

3.5.4 贴面类饰面

常用的贴面材料可分为三类：一是陶瓷制品,如釉面砖、通体砖(同质砖)、抛光砖、玻化砖、瓷质釉面砖(仿古砖)等；二是天然石材,如大理石、花岗岩等；三是预制块材,如水磨石饰面板、人造石材等。由于块料的形状、重量、适用部位不同,其构造方法也有一定差异。轻而小的块面可以直接镶贴,构造比较简单,由底层砂浆、粘接层砂浆和块状贴面材料面层组成；大而厚重的块材则必须采用一定的构造连接措施,用贴挂等方式加强与主体结构连接。

1. 面砖饰面

贴在建筑物表面的瓷砖统称面砖。所谓瓷砖,是以耐火的金属氧化物及半金属氧化物,经由研磨、混合、压制、施釉、烧结之过程,而形成一种耐酸碱的瓷质或石质等的建筑或装饰的材料,总称瓷砖。其原材料多由黏土、石英砂等混合而成。

面砖饰面的构造做法,先在基层上抹 15mm 厚 $1：3$ 的水泥砂浆作底灰,分两层抹平即可；粘贴砂浆用 $1：2.5$ 水泥砂浆或 $1：0.2：2.5$ 水泥石灰混合砂浆,其厚度不小于10mm;然后在其上贴面砖,并用1:1白色水泥砂浆填缝,并清理面砖表面,构造如图3.56(a)所示。

面砖类型很多,按其特征有上釉的和不上釉的,釉面砖又分为有光釉和无光釉的两种表面。砖的表面有平滑的和带一定纹理质感的,面砖背部质地粗糙且带有凹槽,以增强面砖和砂浆之间的粘接力,如图3.56(b)所示。

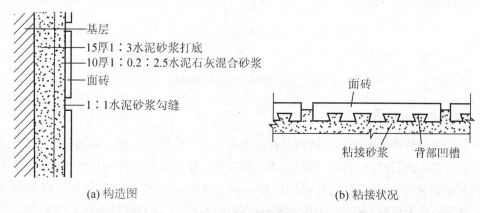

（a）构造图   （b）粘接状况

图3.56 外墙面砖饰面构造

2. 陶瓷锦砖与玻璃锦砖饰面

1）陶瓷锦砖

陶瓷锦砖又称"马赛克",是以优质瓷土烧制而成的小块瓷砖。分为挂釉和不挂釉两种。陶瓷锦砖规格较小,常用的有18.5mm×18.5mm、39mm×39mm、39mm×18.5mm、25mm六角形等,厚度为5mm。陶瓷锦砖是不透明的饰面材料,具有质地坚实,经久耐用,花色繁多,耐酸、耐碱、耐火、耐磨,不渗水,易清洁等优点。

陶瓷锦砖饰面构造做法是,在清理好基层的基础上,用15mm厚1:3的水泥砂浆打底;粘接层用3mm厚,配合比为纸筋:石灰膏:水泥=1:1:8的水泥浆,或采用掺加水泥量5%～10%的107胶或聚乙酸乙烯乳胶的水泥浆。

2）玻璃锦砖

玻璃锦砖又称"玻璃马赛克",是由各种颜色玻璃掺入其他原料经高温熔炼发泡后,压制而成。玻璃马赛克是乳浊状半透明的玻璃质饰面材料,色彩更为鲜明,并具有透明光亮的特征。

玻璃马赛克饰面的构造做法是,在清理好基层的基础上,用15mm厚1:3的水泥砂浆做底层并刮糙,分层抹平,两遍即可,若为混凝土墙板基层,在抹水泥砂浆前,应先刷一道素水泥浆(掺水泥重量5%的107胶);抹3mm厚1:(1～1.5)水泥砂浆粘接层,在粘接层水泥砂浆凝固前,适时粘贴玻璃马赛克。粘贴玻璃马赛克时,在其麻面上抹一层2mm厚左右厚的白水泥浆,纸面朝外,把玻璃马赛克镶贴在粘接层上。为了使面层粘接牢固,应在白水泥素浆中掺水泥重量4%～5%的白胶及掺适量的与面层颜色相同的矿物颜料,然后用同种水泥色浆擦缝。玻璃马赛克饰面构造如图3.57所示。

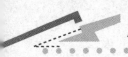

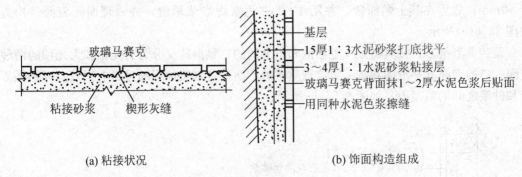

基层
15厚1：3水泥砂浆打底找平
3～4厚1：1水泥砂浆粘接层
玻璃马赛克背面抹1～2厚水泥色浆后贴面
用同种水泥色浆擦缝

玻璃马赛克

粘接砂浆　　楔形灰缝

(a) 粘接状况　　　　　　　　　　　　(b) 饰面构造组成

图 3.57　玻璃马赛克饰面构造

3. 人造石材饰面

预制人造石材饰面板亦称预制饰面板，大多都在工厂预制，然后现场进行安装。其主要类型有人造大理石材饰面板、预制水磨石饰面板、预制斩假石饰面板、预制水刷石饰面板及预制陶瓷砖饰面板。根据材料的厚度不同，又分为厚型和薄型两种，厚度为 30～40mm 以下的称为板材，厚度在 40～130mm 称为块材。人造石材饰面具有以下优点：

(1) 工艺可以更合理，并能充分利用机械加工。

(2) 能够保证质量。现制水刷石、斩假石等墙面在耐久性方面的一个最大的弱点是饰面层比较厚，刚性大，墙体基层与面层在大气温度、湿度变化影响下胀缩不一致易开裂。即便面层作了分割处理，因底灰一般不分格，仍不能避免日久开裂。

(3) 方便施工。现场安装预制板要比现制饰面速度快，有利于改善劳动条件。

1) 人造大理石饰面板饰面

人造大理石饰面板是仿天然大理石的纹理预制生产的一种墙面装饰材料。根据所用材料和生产工艺的不同可分为聚酯型人造大理石、无机胶结型人造大理石、复合型人造大理石和烧结型人造大理石四类，这四类人造大理石板在物理性能、与水有关的性能、黏附性能等方面各不相同，对它们采用的构造固定方式也不同，有水泥砂浆粘贴法、聚酯砂浆粘贴法、有机胶粘剂粘贴法和挂贴法四种方法。

烧结型人造大理石是在 1000 度左右的高温下焙烧而成的，在各个方面基本接近陶瓷制品，其粘接构造为用 12～15mm 厚的 1：3 水泥砂浆打底；粘接层采用 2～3mm 厚的 1：2 细水泥砂浆。

无机胶结型人造大理石饰面和复合型人造大理石饰面的构造，主要应根据其板厚来确定。目前，国内生产这两种人造饰面板的厚度主要有两种：一种板厚在 8～12mm 左右，板重为 17～25kg/m²；另一种厚度通常为 4～6mm，板重为 8.5～12.5kg/m²。

对于厚板，其铺贴宜采用聚酯砂浆粘贴的方法。聚酯砂浆的胶砂比一般为 1：(4.5～5.0)，固化剂的掺用量视使用要求而定。但一般 1m² 铺贴面积的聚酯砂浆耗用量为 4～6kg，费用相对太高。目前多采用聚酯砂浆固定与水泥胶砂浆粘贴相结合的方法，以达到粘贴牢固、成本较低的目的。其构造方法是先用胶砂比 1：(4.5～5) 的聚酯砂浆固定板材四角和填满板材之间的缝隙，待聚酯砂浆固化并能起到固定拉紧作用以后，再进行灌浆操作，构造如图 3.58 所示。

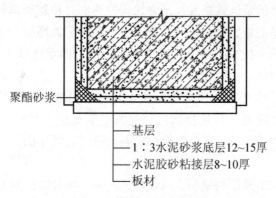

- 聚酯砂浆
- 基层
- 1：3水泥砂浆底层12~15厚
- 水泥胶砂粘接层8~10厚
- 板材

图 3.58　聚酯砂浆粘贴构造

2）预制水磨石饰面板饰面

预制水磨石板饰面构造方法是，先在墙体内预埋铁件或甩出钢筋，绑扎直径 6mm 间距为 400mm 的钢筋骨架后，通过预埋在预制板上的铁件与钢筋网固定牢，然后分层灌注 1：2.5 水泥砂浆，每次灌浆高度为 20～30mm，灌浆接缝应留在预制板的水平接缝以下 5～10cm 处。第一次灌完浆，将上口临时固定石膏剔掉，清洗干净再安装第二行预制饰面板。

无论是哪种类型的人造石材饰面板，当板材厚度较大，尺寸规格较大，铺贴高度较高时，应考虑采用挂贴相结合的方法，以保证粘贴更为可靠。人造石材饰面构造如图 3.59 所示。

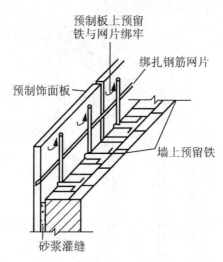

- 预制板上预留铁与网片绑牢
- 绑扎钢筋网片
- 预制饰面板
- 墙上预留铁
- 砂浆灌缝

图 3.59　人造石材饰面板安装构造

4. 天然石材

天然石料如花岗岩、大理石等可以加工成板材、块材和面砖用作饰面材料。天然石材

饰面板不仅具有各种颜色、花纹、斑点等天然材料的自然美感，装饰效果强，而且质地密实坚硬，故耐久性、耐磨性等均较好。

天然石材按其表面的装饰效果及加工方法，分为磨光和剁斧两种主要处理形式。磨光的产品又有粗磨板、精磨板、镜面板等。剁斧的产品可分为磨面、条纹面等类型。

大理石和花岗岩饰面板材的构造方法一般有钢筋网固定挂贴法、金属件锚固挂贴法、干挂法、聚酯砂浆固定法、树脂胶粘接法等几种。

钢筋网固定挂贴法和金属件锚固挂贴法，其基本构造层次分为基层、浇注层、饰面层，在饰面层和基层之间用挂件连接固定。这种"双保险"构造法，能够保证当饰面板（块）材尺寸大、质量大、铺贴高度高时饰面材料与基层连接牢固。

1) 钢筋网挂贴法

首先提凿出在结构中预留的钢筋头或预埋铁环钩，绑扎或焊接与板材相应尺寸的一个直径 6mm 的钢筋网，横筋必须与饰面板材的连接孔位置一致，钢筋网与基层预埋件焊牢如图 3.60 所示，按施工要求在板材侧面打孔洞；然后，将加工成型的石材绑扎在钢筋网上，或用不锈钢挂钩与基层的钢筋网套紧，石材与墙面之间的距离一般为 30～50mm，墙面与石材之间灌注 1：2.5 水泥砂浆，第三层灌浆至板材上口 80～100mm，所留余量为上排板材灌浆的结合层，以使上下排连成整体。钢筋网挂贴法构造如图 3.61 所示。

2) 金属件挂贴法

金属件挂贴法又称木楔固定法，其主要构造做法是，首先对石板钻孔和提槽，对应板块上孔的位置对基体进行钻孔；板材安装定位后将 U 形钉端勾进石板直孔，并随即用硬木楔楔紧，U 形钉另一端勾入基体上的斜孔内，调整定位后用木楔塞紧基体斜孔内的 U 形钉部分，接着用大木楔塞紧于石板与基体之间；最后分层浇注水泥砂浆，其做法与钢筋网挂贴法相同。木楔固定法构造如图 3.62 所示。

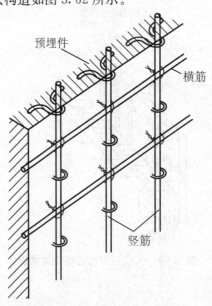

图 3.60　钢筋网固定

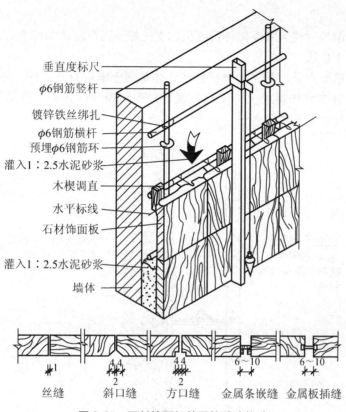

垂直度标尺
φ6钢筋竖杆
镀锌铁丝绑扎
φ6钢筋横杆
预埋φ6钢筋环
灌入1：2.5水泥砂浆
木楔调直
水平标线
石材饰面板
灌入1：2.5水泥砂浆
墙体

丝缝 斜口缝 方口缝 金属条嵌缝 金属板插缝

图 3.61 石材墙面钢筋网挂贴法构造

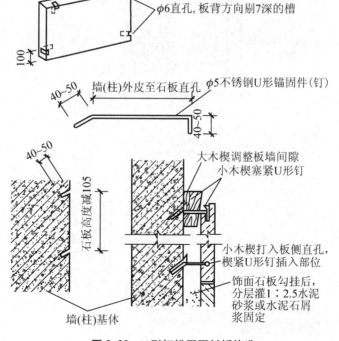

φ6直孔，板背方向剔7深的槽

100

40~50 墙（柱）外皮至石板直孔 φ5不锈钢U形锚固件（钉）

40~50

40~50

石板高度减105

大木楔调整板墙间隙
小木楔塞紧U形钉

小木楔打入板侧直孔，
楔紧U形钉插入部位

饰面石板勾挂后，
分层灌入1：2.5水泥
砂浆或水泥石屑
浆固定

墙（柱）基体

图 3.62 U形钉锚固石材板构造

3）干挂法

直接用不锈钢型材或金属连接件将石板材支托并锚固在墙体基面上，而不采用灌浆湿作业的方法称为干挂法。

干挂法的构造要点是，首先按照设计在墙体基面上电钻打孔，固定不锈钢膨胀螺栓；将不锈钢挂件安装在膨胀螺栓上；安装石板，并调整固定。其基本构造如图 3.63 所示。目前干挂法流行构造是板销式做法，如图 3.64 所示。

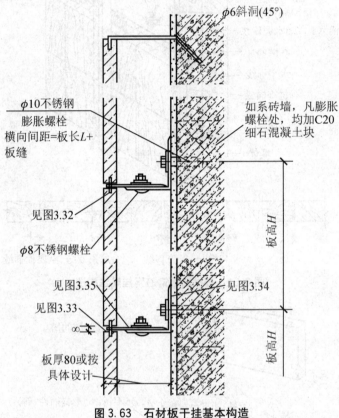

图 3.63　石材板干挂基本构造

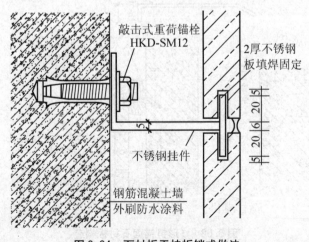

图 3.64　石材板干挂板销式做法

4）树脂胶粘接法

树脂胶粘接法是石面板材墙面装饰最简捷经济的一种装饰工艺，具体构造作法是，在清理好的基层上，先将胶凝剂涂在板背面相应的位置，尤其是悬空板材胶量必须饱满，然后将带胶粘剂的板材就位，挤紧找平、校正、扶直后，立刻进行固定。挤出缝外的胶粘剂，随即清除干净。待胶粘剂固化至与饰面石材完全牢固贴于基层后，方可拆除固定支架。

板材类饰面构造，除了应解决饰面板与墙体之间的固定技术外，还应处理好窗台、窗过梁底、门窗侧边、出檐、勒脚及各种凹凸面的交接和拐角等处的细部构造。

3.5.5　涂刷类饰面

涂刷类饰面材料几乎可以配成任何一种需要的颜色，为建筑设计提供灵活多样的表现手段，这也是在装饰效果上的其他饰面材料所不能及的。但由于涂料所形成的涂层较薄，较为平滑，涂刷类饰面只能掩盖基层表面的微小瑕疵，不能形成凹凸程度较大的粗糙质感表面。即使采用厚涂料，或拉毛做法，也只能形成微弱的小毛面。所以，外墙涂料的装饰作用主要在于改变墙面色彩，而不在于改善质感。

1. 涂刷类饰面的构造层次

目前，发展最快的是各种涂料，建筑涂刷材料的品种繁多，可从材料的化学性质、溶剂类型、产品的稳定状态、使用场合及形成效果等不同方面分类，见表3-10。

表3-10　建筑涂料的分类

序号	分类方法	种类	序号	分类方法	种类
1	按涂料状态	溶剂型涂料 水溶型涂料 乳液型涂料 粉末涂料	5	按主要成膜物质	油脂 天然树脂 酚醛树脂 沥青 醇酸树脂 氨基树脂 聚酯树脂 环氧树脂 丙烯酸树脂 烯类树脂 硝基纤维素 纤维酯、纤维醚 聚氨基甲酸酯 元素有机聚合物 橡胶 元素无机聚合物
2	按涂料装饰质感	薄质涂料 厚质涂料 复层涂料			
3	按建筑物涂刷部位	内墙涂料 外墙涂料 地面涂料 顶棚涂料 屋面涂料			
4	按涂料的特殊功能	防火涂料 防水涂料 防霉涂料 防虫涂料 防结露涂料			

涂刷类饰面的涂层构造，一般可分为三层，即底层、中间层和面层。

1）底层

底层俗称刷底漆，其主要作用是增加涂层与基层之间的黏附力，进一步清理基层表面的灰尘，使一部分悬浮的灰尘颗粒固定于基层。底层涂层还具有基层封闭剂（封底）的作用，可以防止木脂、水泥砂浆抹灰层中的可溶性盐等物质渗出表面，造成对涂饰饰面的破坏。

2）中间层

中间层是整个涂层构造中的成型层。其作用是通过适当的工艺，形成具有一定厚度的、匀实饱满的涂层，达到保护基层和形成所需的装饰效果。中间层的质量好，不仅可以保证涂层的耐久性、耐水性和强度，在某些情况下对基层尚可起到补强的作用，近年来常采用厚涂料、白水泥、砂粒等材料配制中间造型层的涂料。

3）面层

面层的作用是体现涂层的色彩和光感，提高饰面层的耐久性和耐污染能力。为了保证色彩均匀，并满足耐久性、耐磨性等方面的要求，面层最低限度应涂刷两遍。一般来说油性漆、溶剂型涂料的光泽度普遍要高一些。采用适当的涂料生产工艺、施工工艺，水性涂料和无机涂料的光泽度可以赶上或超过油性涂料、溶剂型涂料的光泽度。

2. 刷浆类饰面

刷浆类饰面是将水质类涂料刷在建筑物抹灰层或基体等表面上形成的装饰层。水质涂料种类很多，主要有水泥浆、石灰浆、大白粉浆饰面、可赛银浆等。

1）石灰浆饰面

石灰浆是将生石灰（CaO）按一定比例加水混合，充分消解后形成熟石灰浆（Ca(OH)$_2$），加水调合而成的。石灰浆涂料与基层粘接力不很强，易蹭灰、掉粉；耐水性较差，涂层表面孔隙率高，很容易吸入水分形成污染；耐久性也较差；但货源充分，价格较低，施工、维修、更新方便，所以是一种低档的室内外饰面材料。

为了提高附着力，防止表面掉粉和减少沉淀现象，可加入少量食盐和明矾。在比较潮湿的部位可使用耐水性较好的石灰油浆（利用生石灰熟化时发热将熟桐油乳化配制而成的）。

2）大白浆饰面

大白浆是以大白粉（也称"白垩粉""老粉""白土粉"）、胶结料为原料，用水调和混合均匀而成的涂料，其与基层粘结能力较强，涂层外观较石灰浆细腻洁白，而且货源充足，价格很低，施工、维修、更新比较方便，广泛用于室内的墙面及顶棚饰面。

目前一般采用 107 胶或聚醋酸乙烯乳液作为大白浆的胶料，107 胶的掺入量为大白粉的 15%～20%；聚醋酸乙烯乳液的掺入量为大白粉的 8%～10%。

3）可赛银浆饰面

可赛银是以硫酸钙、滑石粉等为填料，以酪素为粘接料，掺入颜料混合而成的粉末状材料，又称"酪素涂料"。可赛银在生产过程中经过磨细、混合的，所以质地更细腻，均匀性更好，色彩更容易取得一致的效果。

可赛银浆是在可赛银中加入 40%～50% 的温水，搅拌均匀呈糊状，放置 4 小时左右，再搅拌均匀，滤去粗渣，根据情况加入适量的清水至施工稠度，即可使用的饰面涂料。

3. 涂料类饰面

1）溶剂型涂料饰面

溶剂型涂料是以高分子合成树脂为主要成膜物质，有机溶剂为稀释剂，加入适量的颜料填料及辅料，经辊轧塑化、研磨搅拌溶解而配制成的一种挥发性涂料。溶剂型涂料一般都有较好的硬度、光泽、耐水性、耐化学药品性及一定的耐老化性。它与类似树脂的乳液型外墙涂料相比，在耐大气污染、耐水和耐酸碱性方面都比较好。

2）乳液型涂料饰面

各种有机物单体经乳液聚合反应后生成的聚合物，以非常细小的颗粒分散在水中，形成乳状液，将这种乳状液作为主要成膜物质配成的涂料称为乳液型涂料。当所用的填充料为细粉末时，所得涂料可以形成类似油漆涂膜的平滑涂层，这种涂料称为乳胶漆，一般用于室内墙面装饰。若掺有类似云母粉、粗砂粒等粗填料所配得的涂料，能形成有一定粗糙质感的涂层，称为乳液厚涂料，乳液型厚涂料对墙面基层有一定的遮盖能力，涂层均实饱满，有较好的装饰质感，通常用于建筑外墙或大墙面装饰。

3）水溶性涂料饰面——聚乙烯醇类涂料饰面

聚乙烯醇内墙涂料是以聚乙烯醇树脂为主要成膜物质，其优点是不掉粉，有的能经受湿布轻擦，价格不高，施工也较方便。它是介于大白浆与油漆和乳胶漆之间的一种饰面材料。聚乙烯醇类涂料主要有聚乙烯醇水玻璃内墙涂料和聚乙烯醇缩甲醛内墙涂料。聚乙烯醇水玻璃内墙涂料的商品名称是"103 内墙涂料"，聚乙烯醇缩甲醛内墙涂料又称 SJ-803 内墙涂料。

4）硅酸盐无机涂料饰面

硅酸盐无机涂料以碱性硅酸盐为基料（常用硅酸钠、硅酸钾和胶体氧化硅），外加硬化剂、颜料、填料及助剂配制而成。硅酸盐无机涂料具有良好的耐光、耐热、耐放射线及耐老化性，加入硬化剂后涂层具有较好的耐水性及耐冻融性，有较好的装饰效果，同时无机涂料的原料来源方便、无毒、对空气无污染，成膜温度比乳液涂料低，适用于一般建筑外饰面。

无机建筑涂料用喷涂或滚涂的施工方法。

4. 油漆类饰面

油漆是指涂刷在材料表面能够干结成膜的有机涂料，用这种涂料做成的饰面称为油漆饰面。油漆的类型很多，按使用效果分为清漆、色漆等；按使用方法分为喷漆、烘漆等；按漆膜外观分为有光漆、亚光漆、皱纹漆等；按成膜物进行分类，有油基漆、含油合成树脂漆、不含油合成树脂漆、纤维衍生物漆、橡胶衍生物漆等。

油漆墙面可做成平涂漆，也可做成各种图案、纹理和拉毛。油漆拉毛分为石膏拉毛和油拉毛两种。石膏拉毛一般做法是将石膏粉加入适量水，不断地搅拌，待过水硬期后，用刮刀平整地刮在墙面垫层上，然后拉毛，干后涂油漆；油拉毛是用石膏粉加入适量水不停地搅拌，待水硬期过后，注入油料搅拌均匀，刮在墙面垫层上，然后拉毛，干透后涂油漆。

油漆耐水、易清洗，装饰效果好，但涂层的耐光性差，施工工序繁，工期长。

用油漆做墙面装饰时，要求基层平整，充分干燥，且无任何细小裂纹。油漆墙面一般构造做法是，先在墙面上用水泥石灰砂浆打底，再用水泥、石灰膏、细黄砂粉面两层，总厚度为 20mm 左右，最后刷油漆，一般油漆至少涂刷一底二度。

小 结

（1）墙是建筑物空间的垂直分隔构件，起着承重和围护作用。它按墙体位置不同可以分为外墙、内墙、纵墙、横墙等；按受力性质的不同有承重墙和非承重墙之分；依构造的不同有实体墙、空体墙和组合墙；依施工方式不同有块材墙、板筑墙和板材墙。

（2）砖墙和砌块墙都是块材墙，均以砂浆为胶结材料，按一定规律将块材进行有机组合的砌体。

承重砖墙和砌块墙的细部构造重点在门窗过梁、勒脚、墙身防潮层、变形缝、构造柱（芯柱）、圈梁及防止裂缝的构造。

（3）填充墙是框架结构的非承重墙体，有块材填充墙、轻骨架填充墙和板材填充墙。

块材填充墙的细部构造重点在砌块填充墙的建筑和结构构造。

轻骨架填充墙的组成及其细部构造重点在骨架与主体结构的连接、面板安装和面板接缝处理。

（4）建筑幕墙所有材料不同，其构造组成和施工方法也不同，玻璃幕墙使用最广泛。

（5）墙面装修是保护墙体和改善墙体使用功能、增加建筑物美观的一种有效措施。依据部位的不同可分为外墙装修和内墙装修两类，依材料和构造不同，又分为清水墙、抹灰类、贴面类、涂刷类、裱糊类、板材类等。

思 考 题

1. 墙体依其所处位置不同、受力不同、材料不同、构造不同、施工不同可分为哪几种类型？

2. 墙体在设计上有哪些要求？

3. 常见的砖墙组砌方式有哪些？

4. 承重砌块墙进行排列设计时应遵守哪些要求？

5. 常见的过梁有几种？它们的使用范围和构造特点是什么？

6. 墙身水平防潮层有哪几种做法？各有何特点？水平防潮层应设在何处为好？

7. 在什么情况下设垂直防潮层？

8. 什么叫圈梁？有何作用？

9. 什么叫构造柱？有何作用？

10. 常见的填充墙有哪些？简述各类填充墙的特点及其构造做法。

11. 墙面装修有哪几类？试举例说明每类墙面装修的一至两种构造做法及适用范围。

12. 什么是建筑幕墙？幕墙常见的类型有哪些？玻璃幕墙如何分类？

第4章

楼板层与地坪层

📖 教学目标

通过学习楼板层的分类和构造组成、钢筋混凝土楼板的构造要求、地面的构造组成及做法、顶棚的类型及构造做法、阳台和雨篷的构造要求等内容，让学生熟练掌握现浇钢筋混凝土楼板中板式楼板和梁板式楼板的构造要求，掌握预制装配式钢筋混凝土楼板的布置与细部构造，掌握地面的构造组成及做法，熟悉阳台和雨篷的构造要求，了解楼地层的防水、防潮、隔声构造要求。

📖 教学要求

能力目标	知识要点	权重
熟练掌握现浇钢筋混凝土楼板的构造要求	板式楼板、梁板式楼板、井字梁楼板、无梁楼板和压型钢板组合楼板的构造要求	25%
掌握预制装配式钢筋混凝土楼板的布置与细部构造	预制式的类型、预制式的布置、预制式的细部构造	20%
掌握顶棚的类型及构造做法	直接式顶棚的构造、悬吊式顶棚的构造、顶棚的细部构造	20%
掌握楼地面的构造组成及做法	地面的构造组成及做法、楼地面的构造做法	15%
熟悉阳台和雨篷的构造要求	阳台的构造、雨篷的构造	15%
了解楼地面的细部构造	楼地层的防水、防潮、隔声构造要求	5%

章 节 导 读

　　楼板层和地坪层是建筑物重要的水平承重和分隔构件。楼板层由面层、结构层、顶棚三部分组成；地坪层由面层、结构层(垫层)和基层组成。楼板层按结构层所用材料的不同，可分为木楼板、砖拱楼板、钢筋混凝土楼板、钢楼板及压型钢板与混凝土组合楼板等，其中现浇式钢筋混凝土楼板分为板式楼板、梁板式楼板、无梁楼板、井字梁楼板、压型钢板组合楼板等；预制装配式钢筋混凝土楼板可分为实心板平板、空心板、槽形板等，其整体性相对较差。楼地面按其材料和做法可分为整体类地面、块材类地面、粘贴类地面、涂料类地面四类。顶棚按饰面与基层的关系可归纳为直接式顶棚与悬吊式顶棚两大类。阳台是楼房各层与房间相连的室外平台，结构处理有挑梁式、挑板式、压梁式及墙承式。雨篷是指在建筑物外墙出入口的上方用以挡雨并有一定装饰作用的水平构件，根据雨篷板的支承方式不同，有悬板式和梁板式两种。本章详细介绍楼板层和地坪层的构造做法。

引 例

　　让我们来看看以下 8 个图形(引例图 4-1～引例图 4-8)，分别是地面、楼板、顶棚、阳台、雨篷的图片，针对这 8 个图形，我们来思考以下问题：

　　(1) 引例图 4-1 和引例图 4-2 分别是什么类型的楼板？构造要求有什么区别？

　　(2) 引例图 4-3 和引例图 4-4 所示的地面材料是否相同？构造做法是否相同？

引例图 4-1

引例图 4-2

引例图 4-3

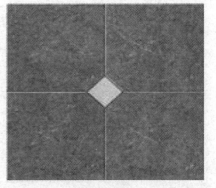
引例图 4-4

（3）引例图4-5和引例图4-6是什么类型的顶棚？有什么构造要求？

（4）引例图4-7是什么类型的阳台？引例图4-8是什么类型的雨篷？

引例图4-5

引例图4-6

引例图4-7

引例图4-8

4.1 楼板层的作用、类型、组成及设计要求

4.1.1 楼板层与地坪层的作用

楼板层与地坪层是建筑空间的水平分隔构件，同时又是建筑结构的承重构件，一方面承受自重和楼板层上的全部荷载，并合理有序地把荷载传给墙和柱，增强房屋的刚度和整体稳定性。另一方面对墙体起水平支撑作用，以减少风和地震产生的水平力对墙体的影响，增加建筑物的整体刚度；此外，楼地层还具备一定的防火、隔声、防水、防潮等能力，并具有一定的装饰和保温作用。

4.1.2 楼板层的类型

楼板层按结构层所用材料的不同，可分为木楼板、砖拱楼板、钢筋混凝土楼板、钢楼板及压型钢板与混凝土组合楼板等，如图 4.1 所示。

1. 木楼板

木楼板是在木搁栅之间设置剪刀撑，形成有足够整体性和稳定性的骨架，并在木搁栅上下铺钉木板所形成的楼板，如图 4.1(a)所示。这种楼板构造简单，自重轻，导热系数小，但耐久性和耐火性差，耗费木材量大，除木材产区外较少采用。

2. 砖拱楼板

砖拱楼板是先在墙或柱上架设钢筋混凝土小梁，然后在钢筋混凝土小梁之间用砖砌成拱形结构所形成的楼板，如图 4.1(b)所示。砖拱楼板可节约钢材、水泥、木材，造价低，但承载能力和抗震能力差，结构层所占的空间大，顶棚不平整，施工较烦琐，所以现在已基本不用。

3. 钢筋混凝土楼板

钢筋混凝土楼板的强度高、刚度大、耐久性和耐火性好，具有良好的耐久、防火和可塑性，便于工业化的生产，是目前应用最广泛的楼板类型，如图 4.1(c)所示。

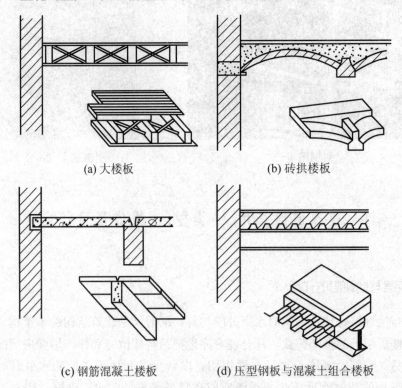

(a) 大楼板   (b) 砖拱楼板

(c) 钢筋混凝土楼板   (d) 压型钢板与混凝土组合楼板

图 4.1 楼板的类型

4. 钢楼板

钢楼板自重轻、强度高、整体性好、易连接、施工方便、便于建筑工业化，但用钢量大、造价高、易腐蚀、维护费用高、耐火性比钢筋混凝土差。一般常用于工业类建筑。

5. 压型钢板与混凝土组合楼板

压型钢板与混凝土组合楼板是利用压型钢板做衬板与混凝土浇注在一起支承在钢梁上构成，刚度大、整体性好、可简化施工程序，需经常维护，如图 4.1(d)所示。

4.1.3　楼板层与地坪层的组成

楼板层通常由面层、结构层、顶棚及附加层组成，各层所起的作用各不相同，如图 4.2 所示。

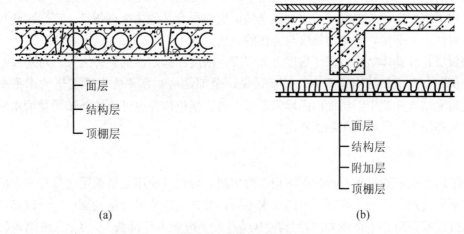

(a)　　　　　　　　　　　　　　　　(b)

图 4.2　楼板层的组成

（1）面层，又称楼面或地面，位于楼板层的最上层。起着保护楼板层、承受并传递荷载的作用，同时又对室内起美化装饰作用。根据使用要求和选用材料的不同，可有多种做法。

（2）结构层，又称楼板，是楼板层的承重构件，一般包括梁和板，主要功能是承受楼板层上的全部荷载，并将荷载传给墙和柱，同时对墙身起支撑作用，以加强建筑物的刚度和整体性。

（3）顶棚层，又称天花板，位于楼板层的最下层。主要作用是保护楼板、安装灯具、遮掩各种水平管线设备、改善室内光照条件、装饰美化室内空间，在构造上有直接抹灰顶棚、粘贴类顶棚和吊顶等多种形式。

（4）附加层，又称功能层，根据使用功能的不同而设置，用以满足保温、隔声、隔热、防水、防潮、防腐蚀、防静电等作用。

地坪层是由建筑物底层与土壤相接触的构件，和楼板一样，它承受着地坪上的荷载，并均匀地传给地基。

地坪层是由面层、结构层、垫层和素土夯实层构成，根据需要还可以设各种附加构造层，如找平层、结合层、防潮层、保温层、管道敷设层等，详细内容在 4.3 节中介绍。

4.1.4 楼板层的设计要求

楼板层的设计应满足建筑的使用、结构、施工及经济等多方面的要求。

1. 楼板层具有足够的强度和刚度

楼板层必须具有足够的强度和刚度才能保证楼板正常和安全使用。足够的强度是指楼板能够承受自重和不同的使用要求下的使用荷载（如人群、家具设备等，也称活荷载）而不损坏。自重是楼板层构件材料的净重，其大小也将影响墙、柱、墩、基础等支承部分的尺寸。足够的刚度使楼板在一定的荷载作用下，不发生超过规定的变形挠度，以及人走动和重力作用下不发生显著的振动，否则就会使面层材料及其他构配件损坏，产生裂缝等。刚度用相对挠度来衡量，即绝对挠度与跨度的比值。

楼板层是在整体结构中保证房屋总体强度、刚度和稳定性的构件之一，对房屋起稳定作用。例如，在框架结构建筑中，楼板是保证全部结构在水平方向不变形的水平支承构件；在砖混结构建筑中，当横向隔墙间距较大时，楼板构件也可以使外墙承受的水平风力传至横向隔墙上，以增加房屋的稳定性。

2. 满足隔声要求

为了防止噪声通过楼板传到上下相邻的房间，影响其使用，楼板层应具有一定的隔声能力。不同使用要求的房间对隔声的要求不同，如居住建筑因为量大面广，所以必须考虑经济条件，我国对住宅楼板的隔声标准中规定：一级隔声标准为 65dB，二级隔声标准为 75dB，等等。对一些有特殊使用要求的公共建筑使用空间，如医院、广播室、录音室等，则有着更高的隔声要求。

楼板的隔声包括隔绝空气传声和固体传声两方面，后者更为重要。空气传声如说话声及演奏乐器的声音都是通过空气来传播的。隔绝空气传声应采取使楼板无裂缝、无孔洞及增加楼板层的容重等措施。

固体传声一般由上层房间对下层产生影响，如步履声、移动家具对楼板的撞击声，缝纫机和洗衣机等振动对楼板的影响声，等等，都是通过楼板层构配件来传递的。由于声音在固体中传递时，声能衰减很少，所以固体传声的影响更大，是楼板隔声的重点。

提高楼层隔声能力的措施有以下几种：

（1）选用空心构件来隔绝空气传声。

（2）在楼板面铺设弹性面层，如橡胶、地毡等。

（3）在面层下铺设弹性垫层。

（4）在楼板下设置吊顶棚。

3. 满足热工、防火、防潮等要求

在冬季采暖建筑中，假如上下两层温度不同时，应在楼板层构造中设置保温材料，尽可能使采暖方面减少热损失，并应使构件表面的温度与房间的温度相差不超过规定数值。在不采暖的建筑中，如起居室、卧室等房间，从满足人们卫生和舒适出发，楼面铺设材料亦不宜采用蓄热系数过小的材料，如红砖、石块、锦砖、水磨石等，因为这些材料在冬季容易传导人们足部的热量而使人缺乏舒适感。

采暖建筑中楼板等构件搁入外墙部分应具备足够的热阻，或可以设置保温材料提高该部分的隔热性能；否则热量可能通过此处散失，而且易产生凝结水，影响卫生及构件的寿命。

从防火和安全角度考虑，一般楼板层承重构件，应尽量采用耐火与半耐火材料制造。如果局部采用可燃材料，应做防火特殊处理；木构件除了防火以外，还应注意防腐、防蛀。

潮湿的房间如卫生间、厨房等应要求楼板层有不透水性。除了支承构件采用钢筋混凝土以外，还可以设置有防水性能，易于清洁的各种铺面，如面砖、水磨石等。与防潮要求较高的房间上下相邻时，还应对楼板层做特殊处理。

4. 经济方面的要求

在多层房屋中，楼板层的造价一般占建筑造价的20%～30%，因此，楼板层的设计应力求经济合理。应尽量就地取材和提高装配化的程度，在进行结构布置和确定构造方案时，应与建筑物的质量标准和房间的使用要求相适应，并须结合施工要求，避免不切合实际而造成浪费。

5. 建筑工业化的要求

在多层或高层建筑中，楼板结构占相当大的比重，要求在楼板层设计时，应尽量考虑减轻自重和减少材料的消耗，并为建筑工业化创造条件，以加快建设速度。

● 知 识 链 接

随着高层建筑的发展，新材料和新工艺的出现，结构和施工新规范的出台，钢筋混凝土楼板、压型钢板与混凝土组合楼板使用广泛。在高层钢结构建筑中，目前能够采用的最成熟和最广泛应用的楼板结构形式是压型钢板混凝土组合楼板，施工方便，不需支底模；受力性能好，具有密肋楼盖的较好刚度特性；设计理论成熟、简单。

4.2　钢筋混凝土楼板

钢筋混凝土楼板按其施工方式不同分为现浇式、预制装配式和装配整体式三种类型。

现浇式钢筋混凝土楼板系指在施工现场通过支模、绑扎钢筋、整体浇筑混凝土及养护等工序而成型的楼板。这种楼板具有整体性好、刚度大、利于抗震、梁板布置灵活等特点，但其模板耗材大，施工进度慢，施工受季节限制。适用于地震区及平面形状不规则或防水要求较高的房间。

预制装配式钢筋混凝土楼板系指在构件预制厂或施工现场预先制作，然后在施工现场装配而成的楼板。这种楼板可节省模板、改善劳动条件、提高生产效率、加快施工速度并利于推广建筑工业化，但楼板的整体性差。适用于非地震区、平面形状较规整的房间。

装配整体式钢筋混凝土楼板系指预制构件与现浇混凝土面层叠合而成的楼板。它既可节省模板、提高其整体性，又可加快施工速度，但其施工较复杂，增加了楼板自重，目前较少采用。

4.2.1 现浇钢筋混凝土楼板

现浇式钢筋混凝土楼板是在施工现场通过支模、绑扎钢筋、浇筑混凝土及养护等工序所形成的楼板。这种楼板具有能够自由成型、整体性强、抗震性能好的优点，但模板用量大、工序多、工期长、工人劳动强度大，并且施工受季节影响较大。

现浇式钢筋混凝土楼板根据受力和传力情况分为板式楼板、梁板式楼板、井字梁楼板、无梁楼板和压型钢板组合楼板。

1. 板式楼板

楼板内不设置梁，将板直接搁置在墙上的楼板称为板式楼板。板式楼板有单向板与双向板之分，如图 4.3 所示。当板的长边与短边之比大于 2 时，板基本上沿短边方向传递荷载，这种板称为单向板，板内受力钢筋沿短边方向设置，沿长边方向布置分布钢筋。双向板长边与短边之比不大于 2，荷载沿双向传递，受力钢筋也沿双向布置，短边方向内力较大，长边方向内力较小，受力主筋平行于短边，并摆在下面。单向板、双向板在结构施工图中的表达方式各地有所不同，常见的表达方式有 B/100、B(100) 等，其中 B 代表板，100 代表板厚度为 100mm，双向箭头表示双向板。

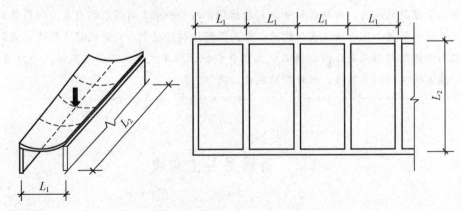

图 4.3　楼板的受力、传力方式

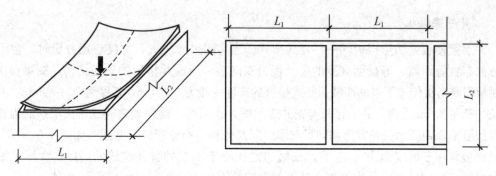

图 4.3　楼板的受力、传力方式(续)

板式楼板底面平整、美观、施工方便。适用于小跨度房间，如走廊、卫生间和厨房等。

2. 梁板式楼板

当跨度较大时，常在板下设梁以减小板的跨度，使楼板结构更经济合理，楼板上的荷载先由板传给梁，再由梁传给墙或柱。这种楼板称为梁板式楼板或梁式楼板，也称为肋形楼板，如图 4.4 所示。梁板式楼板中的梁可有主梁、次梁之分，次梁与主梁一般垂直相交，板搁置在次梁上，次梁搁置在主梁上，主梁搁置在墙或柱上，主梁可沿房间的纵向或横向布置。

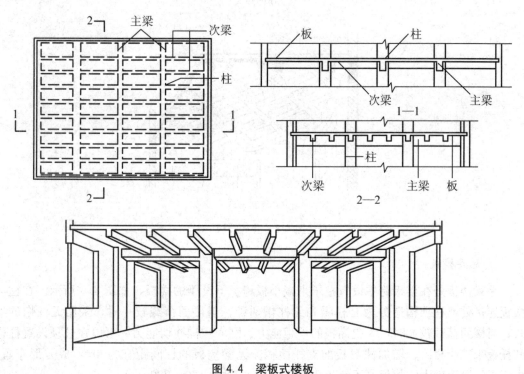

图 4.4　梁板式楼板

当梁支承在墙上时，为避免墙体局部压坏，支承处应有一定的支承面积，一般情况下，次梁在墙上的支承长度宜采用 240mm，主梁宜采用 370mm。

3. 井字梁楼板

井字梁楼板是肋形楼板的一种特殊形式。当房间尺寸较大，并接近正方形时，常沿两个方向布置等距离、等截面高度的梁，板为双向板，形成井格形的梁板结构，纵梁和横梁同时承担着由板传递下来的荷载。井式楼板的跨度一般为 6~10m，板厚为 70~80mm，井格边长一般在 2.5m 之内。井式楼板有正井式和斜井式两种。梁与墙之间成正交梁系的为正井式，如图 4.5(a)所示；长方形房间梁与墙之间常作斜向布置形成斜井式，如图 4.5(b)所示。井式楼板常用于跨度为 10m 左右、长短边之比小于 1.5 的公共建筑的门厅、大厅。如果在井格梁下面加以艺术装饰处理，抹上线腰或绘上彩画，则可使顶棚更加美观。

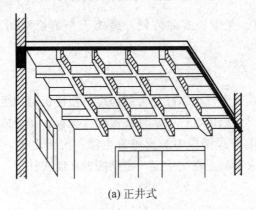

(a) 正井式

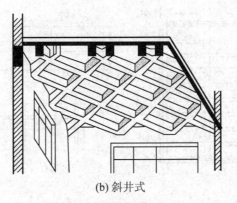

(b) 斜井式

图 4.5　井式楼板

4. 无梁楼板

无梁楼板是在楼板跨中设置柱子来减小板跨，不设梁的楼板，如图 4.6 所示。在柱与楼板连接处，柱顶构造分为有柱帽和无柱帽两种。当楼面荷载较小时，采用无柱帽的形式；当楼面荷载较大时，为提高板的承载能力、刚度和抗冲切能力，可以在柱顶设置柱帽和托板来减小板跨、增加柱对板的支托面积。无梁楼板的柱间距宜为 6m，成方形布置。由于板的跨度较大，故板厚不宜小于 150mm，一般为 160~200mm。

无梁楼板的板底平整，室内净空高度大，采光、通风条件好，便于采用工业化的施工方式，适用于楼面荷载较大的公共建筑(如商店、仓库、展览馆等)和多层工业厂房。

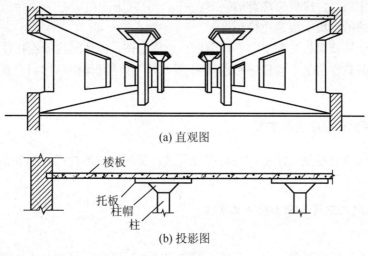

(a) 直观图

(b) 投影图

图 4.6　无梁楼板

5. 压型钢板组合楼板

压型钢板组合楼板的基本构造形式如图 4.7 所示。它由钢梁、压型钢板和现浇钢筋混凝土三部分组成。

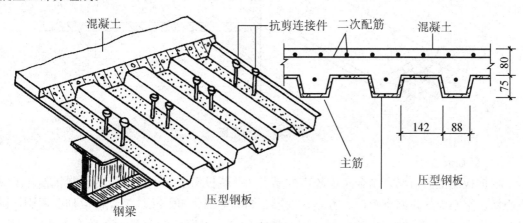

图 4.7　压型钢板组合楼板

压型钢板组合楼板的整体连接是由栓钉(又称抗剪螺钉)将钢筋混凝土、压型钢板和钢梁组合成整体。栓钉是组合楼板的抗剪连接件，楼面的水平荷载通过它传递到梁、柱上，所以又称剪力螺栓，其规格和数量是按楼板与钢梁连接的剪力大小确定的。栓钉应与钢梁焊接。

压型钢板的跨度一般为 3m，铺设在钢梁上，与钢梁之间用栓钉连接。上面浇筑的混凝土厚 100～150mm。压型钢板组合楼板中的压型钢板承受施工时的荷载，是板底的受拉钢筋，也是楼板的永久性模板。这种楼板简化了施工程序，加快了施工进度，并且具有较强的承载力、刚度和整体稳定性，但耗钢量较大，适用于多、高层的框架或框剪结构的建筑中。

使用压型钢板组合楼板应注意的问题：

（1）有腐蚀的环境中应避免应用。

（2）应避免压型钢板长期暴露，以防钢板和梁生锈，破坏结构的连接性能。

（3）在动荷载作用下，应仔细考虑其细部设计，并注意保持结构组合作用的完整性和共振问题。

4.2.2　预制装配式钢筋混凝土楼板

预制装配式钢筋混凝土楼板，是将楼板的梁、板预制成各种形式和规格的构件，在现场装配而成。

1. 预制装配式钢筋混凝土楼板的类型

1）实心平板

实心平板上下板面平整，制作简单，但自重较大，隔声效果差。宜用于跨度小的走廊板、楼梯平台板、阳台板、管沟盖板等处。板的两端支承在墙或梁上，板厚一般为 50～80mm，跨度以在 2.4m 以内为宜，板宽为 500～900mm。由于构件小，对起吊机械要求不高，如图 4.8 所示。

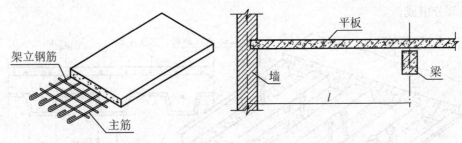

图 4.8　实心平板

2）空心板

根据板的受力情况，结合考虑隔声的要求，并使板面上下平整，可将预制板抽孔做成空心板。空心板的孔洞有矩形、方形、圆形、椭圆形等。矩形孔较为经济但抽孔困难，圆形孔的板刚度较好，制作也较方便，因此使用较广。根据板的宽度，孔数有单孔、双孔、三孔、多孔。目前我国预应力空心板的跨度尺寸可达到 6m、6.6m、7.2m 等。板的厚度为 120～300mm。空心板的优点是节省材料，隔声、隔热性能较好；缺点是板面不能任意打洞。目前以圆孔板的制作最为方便，应用最广，如图 4.9 所示。

3）槽形板

当板的跨度尺寸较大时，为了减轻板的自重，根据板的受力状况，可将板做成由肋和板构成的槽形板。板长为 3～6m 的非预应力槽形板，板肋高为 120～240mm，板的厚度仅为 30mm。槽形板减轻了板的自重，具有省材料、便于在板上开洞等优点，但隔声效果差。当槽形板正放（肋朝下）时，板底不平整。槽形板倒放（肋向上）时，需在板上进行构造处理，使其平整，槽内可填轻质材料起保温、隔声作用。槽形板正放常用作厨房、卫生间、库房等的楼板。当对楼板有保温、隔声要求时，可考虑采用倒放槽形板，如图 4.10 所示。

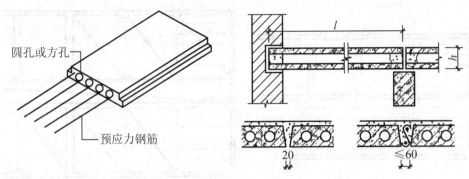

图 4.9 空心板

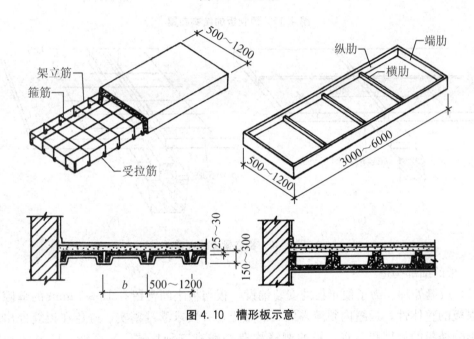

图 4.10 槽形板示意

2. 预制装配式钢筋混凝土楼板的布置与细部构造

1）板的布置

（1）对建筑方案进行楼板布置时，首先应根据房间的使用要求确定板的种类，再根据开间与进深尺寸确定楼板的支承方式，然后根据现有板的规格进行合理的安排。板的支承方式有板式和梁板式，预制板直接搁置在墙上的称板式布置，若预制楼板支承在梁上，梁再搁置在墙上的称为梁板式布置，如图 4.11 所示。在确定板的规格时，应首选以房间的短边长度作为板跨。一般要求板的规格、类型愈少愈好。

（2）板在梁上的搁置方式。当采用梁板式支承方式时，板在梁上的搁置方案一般有两种，一种是板直接搁在梁顶上，如图 4.12（a）所示；另一种是将板搁置在花篮梁或十字形梁两翼梁肩上，如图 4.12（b）所示，板面与梁顶相平，在梁高不变的情况下，这种方式相应地提高了室内净空高度。但这时在选用预制板的规格时应注意，它的搁置长度不能按梁中线计算，而是要减去梁顶宽度。

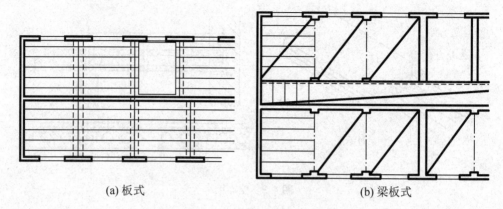

(a) 板式　　　　　　　　　　　　　(b) 梁板式

图 4.11　预制板的结构布置

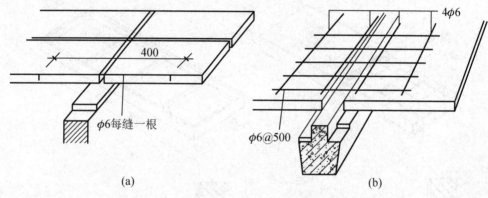

(a)　　　　　　　　　　　　　　　(b)

图 4.12　板在梁上的搁置

2）板的细部构造

（1）板缝处理。为了便于板的安装铺设，板与板之间常留有 10～20mm 的缝隙。为了加强板的整体性，板缝内须灌入细石混凝土，并要求灌缝密实，避免在板缝处出现裂缝而影响楼板的使用和美观。板的侧缝构造一般有三种形式：V 形缝、U 形缝和凹槽缝，如图 4.13 所示。

V 形缝与 U 形缝板缝构造简单，便于灌缝，所以应用较广，凹形缝有利于加强楼板的整体刚度，板缝能起到传递荷载的作用，使相邻板能共同工作，但施工较麻烦。

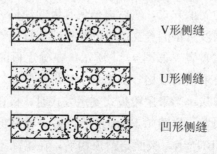

V形侧缝

U形侧缝

凹形侧缝

图 4.13　板的侧缝构造

（2）板缝差的调整与处理。板的排列受到板宽规格的限制，因此，排板的结果常出现较大的缝隙。根据排板数量和缝隙的大小，可考虑采用调整板缝的方式解决。当板缝宽在30mm时，用细石混凝土灌实即可，如图 4.14(a) 所示；当板缝宽达 50mm 时，常在缝中配置钢筋再灌以细石混凝土，如图 4.14(b) 所示。也可以将板缝调至靠墙处，当缝宽小于120mm 时，可沿墙挑砖填缝，如图 4.14(c) 所示；当缝宽大于或等于 120mm 时，采用钢筋骨架现浇板带处理，如图 4.14(d) 所示。

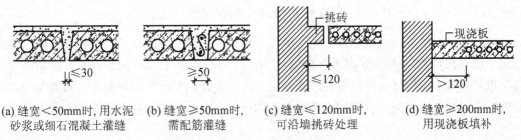

(a) 缝宽＜50mm时，用水泥　　(b) 缝宽≥50mm时，　　(c) 缝宽≤120mm时，　　(d) 缝宽≥200mm时，
砂浆或细石混凝土灌缝　　　需配筋灌缝　　　可沿墙挑砖处理　　　用现浇板填补

图 4.14　板缝及板缝差的处理

（3）板的锚固。为增强建筑物的整体刚度，特别是处于地基条件较差地段或地震区，应在板与墙及板端与板端连接处设置锚固钢筋，如图 4.15 所示。

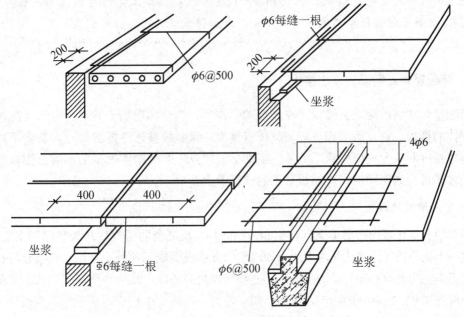

图 4.15　板缝的锚固

（4）楼板与隔墙。隔墙若为轻质材料时，可直接立于楼板之上。如果采用自重较大的材料，如黏土砖等作隔墙，则不宜将隔墙直接搁置在楼板上，特别应避免将隔墙的荷载集中在一块楼板上。对有小梁搁置的楼板或槽形板，通常将隔墙搁置在小梁上或槽形板的边肋上，如果是空心板作楼板，可在隔墙下作现浇板带或设置预制梁解决，如图 4.16所示。

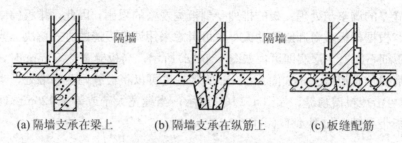

(a) 隔墙支承在梁上   (b) 隔墙支承在纵筋上   (c) 板缝配筋

图 4.16   隔墙与楼板的关系

(5) 板的面层处理。由于预制构件的尺寸误差或施工上的原因造成板面不平，需做找平层，通常采用 20～30mm 厚水泥砂浆或 30～40mm 厚的细石混凝土找平，然后再做面层，电线管等小口径管线可以直接埋在整浇层内。装修标准较低的建筑物，可直接将水泥砂浆找平层或细石混凝土整浇层表面抹光，即可作为楼面，如果要求较高，则须在找平层上另做面层。

特 别 提 示

引例(1)的解答：引例图 4-1 是现浇式钢筋混凝土楼板，引例图 4-2 是预制装配式钢筋混凝土楼板中的圆孔空心板；引例图 4-1 显示的楼板施工完后整体性好，密实防水，引例图 4-2 显示的楼板施工完后整体性差，要加强板缝的密实性处理。

4.2.3　装配整体式钢筋混凝土楼板

装配整体式钢筋混凝土楼板是先预制部分构件，然后在现场安装，再以整体浇筑方法连成一体的楼板。它克服了现浇板消耗模板量大、预制板整体性差的缺点，整合了现浇式楼板整体性好和装配式楼板施工简单、工期短的优点。装配整体式钢筋混凝土楼板按结构及构造方式可分为密肋填充块楼板和预制薄板叠合楼板。

1. 密肋填充块楼板

密肋填充块楼板的密肋小梁有现浇和预制两种。现浇密肋填充块楼板是以陶土空心砖、矿渣混凝土实心块等作为肋间填充块来现浇密肋和面板而成。预制小梁填充块楼板是在预制小梁之间填充陶土空心砖、矿渣混凝土实心块、煤渣空心块，然后现浇面层而成。密肋填充块楼板板底平整，有较好的隔声、保温、隔热效果，在施工中空心砖还可起到模板作用，也有利于管道的敷设。此种楼板常用于学校、住宅、医院等建筑中，如图 4.17 所示。

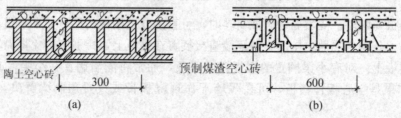

陶土空心砖   300   (a)

预制煤渣空心砖   600   (b)

图 4.17   密肋楼板

●　特　别　提　示

由于密肋填充块式的装配整体式钢筋混凝土楼板的施工工艺复杂，受力性能较差，实际工程已不采用。

2. 预制薄板叠合楼板

预制薄板叠合楼板是由预制薄板和现浇钢筋混凝土层叠合而成的装配整体式楼板。预制板既是叠合楼板结构的组成部分，又是现浇钢筋混凝土叠合层的永久性模板，现浇叠合层内可敷设水平管线。预制板底面平整，可直接喷涂或粘贴其他装饰材料做顶棚。

为了保证预制薄板与叠合层有较好的连接，薄板上表面需做处理。如将薄板表面作刻槽处理、板面露出较规则的三角形结合钢筋等。预制薄板跨度一般为 2.4～6m，最大可达到 9m，板宽为 1.1～1.8m，板厚通常不小于 50mm。现浇叠合层厚度一般为 100～120mm，以大于或等于薄板厚度的两倍为宜。叠合楼板的总厚度一般为 150～250mm。叠合楼板的预制部分，也可采用普通的钢筋混凝土空心板，只是现浇叠合层的厚度较薄，一般为 30～50mm，如图 4.18 所示。

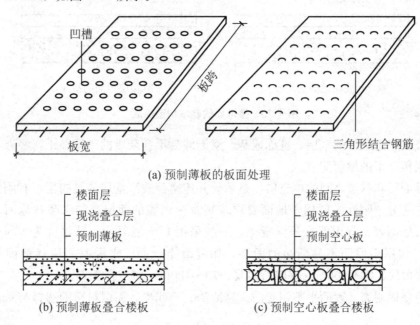

(a) 预制薄板的板面处理

(b) 预制薄板叠合楼板　　　　(c) 预制空心板叠合楼板

图 4.18　预制薄板叠合楼板

●　特　别　提　示

由于预制薄板叠合楼板的施工复杂，增加了楼板层的自重，实际工程已不采用。

4.3 楼地面构造

4.3.1 地面的构造组成

楼地面构造是指楼板层和地坪层的地面面层。楼板层的面层和地坪的面层在构造和要求上是一致的，均属室内装修范畴，统称地面。其基本组成有面层、垫层和基层三部分，如图 4.19 所示。当有特殊要求时，常在面层和垫层之间增设附加层。地坪层的面层和附加层与楼板层类似。基层为地坪层的承重层，一般为土壤。可采用原土夯实或素土分层夯实，当荷载较大时，则需进行换土或加入碎砖、砾石等并夯实，以增加其承载能力。

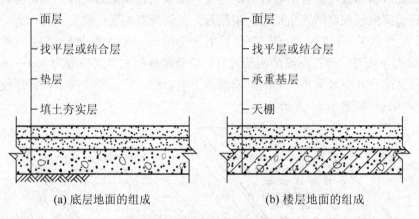

┌ 面层	┌ 面层
├ 找平层或结合层	├ 找平层或结合层
├ 垫层	├ 承重基层
└ 填土夯实层	└ 天棚

(a) 底层地面的组成　　　　　　(b) 楼层地面的组成

图 4.19　楼地面的基本构造组成

素土夯实层是地坪的基层，也称地基。素土即为不含杂质的砂质黏土，经夯实后，才能承受垫层传下来的地面荷载。

垫层是面层和基层之间的填充层，是承受并传递荷载给基层的结构层，有刚性垫层和非刚性垫层之分。刚性垫层用于地面要求较高及薄而脆的面层，如水磨石地面、瓷砖地面、大理石地面等，常用低标号混凝土，一般采用 C15 混凝土，其厚度为 $80 \sim 100$mm；非刚性垫层常用于厚而不易断裂的面层，如混凝土地面、水泥制品块状地面等，可用 50mm 厚砂垫层、$80 \sim 100$mm 厚碎石灌浆、$70 \sim 120$mm 厚三合土等。

面层应坚固耐磨、表面平整、光洁、易清洁、不起尘。面层材料的选择与室内装修的要求有关。

附加层，又称为功能层。根据使用要求和构造要求，主要设置管道敷设层、隔声层、防水层、找平层、隔热层、保温层等附加层，它们可以满足人们对现代化建筑的要求。

1. 对地面的要求

地面是人们日常工作、生活和生产时，必须接触的部分，也是建筑物直接承受荷载，经常受到摩擦、清扫和冲洗的部分，因此，它应具备下列功能要求。

（1）具有足够的坚固性。即要求在各种外力作用下不易被磨损、破坏，且要求表面平整、光洁、不起灰和易清洁。

（2）保温性能好。作为人们经常接触的地面，应给人们以温暖舒适的感觉，保证寒冷季节脚部舒适。

（3）满足隔声要求。隔声要求主要针对楼地面。可通过选择楼地面垫层的厚度与材料类型来达到要求。

（4）具有一定的弹性。当人们行走时不致有过硬的感觉，同时有弹性的地面有利于减轻撞击声。

（5）美观要求。地面是建筑内部空间的重要组成部分，应具有与建筑功能相适应的外观形象。

（6）其他要求。对经常有水的房间，地面应防潮、防水；对有火灾隐患的房间，应防火、耐燃烧；有酸碱等腐蚀性介质作用的房间，则要求具有耐腐蚀的能力等。

选择适宜的面层和附加层，从构造设计到施工，应确保地面具有坚固、耐磨、平整、不起灰、易清洁、有弹性、防火、防水、防潮、保温、防腐蚀等特点。

2. 地面的类型

地面的名称通常依据面层所用材料来命名。按材料的不同，常见地面可分为以下几类：

（1）整体类地面，包括水泥砂浆、细石混凝土、水磨石及菱苦土地面等。

（2）块状类地面，包括水泥花砖、缸砖、大阶砖、陶瓷锦砖、人造石板、天然石板及木地板等。

（3）粘贴类地面，包括橡胶地毡、塑料地毡、油地毡及各种地毯等。

（4）涂料类地面，包括各种高分子合成涂料形成的地面。

4.3.2　楼地面的构造做法

楼地面的构造是指楼板层和地坪层的地面层的构造做法。面层一般包括表面面层及其下面的找平层两部分。楼地面的名称是以面层的材料和做法来命名的，如面层为水磨石，则该地面称为水磨石地面；面层为木材，则称为木地面。楼地面按其材料和做法可分为四大类型，即整体类地面、块材类地面、粘贴类地面、涂料类地面。

1. 整体类地面

地面面层没有缝隙，整体效果好，一般是整片施工，也可分区分块施工。按材料不同有水泥砂浆地面、细石混凝土地面、水磨石地面及菱苦土地面等。

1）水泥砂浆地面

它具有构造简单、施工方便、造价低等特点，但易起尘、易结露。适用于标准较低的建筑物中。常见做法有普通水泥地面、干硬性水泥地面、防滑水泥地面、磨光水泥地面、水泥石屑地面和彩色水泥地面等，如图 4.20 所示。

水泥砂浆地面有单层与双层构造之分，当前以双层水泥砂浆地面居多。

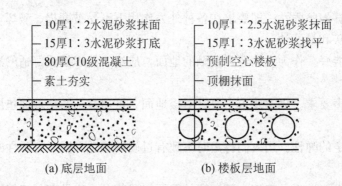

(a) 底层地面　　　　　(b) 楼板层地面

图 4.20　水泥砂浆地面

2）细石混凝土地面

这种地面刚性好、强度高且不易起尘。其做法是在基层上浇筑 30～40mm 厚 C20 细石混凝土随打随压光。为提高整体性、满足抗震要求可内配 $\phi 4@200$ 的钢筋网。也可用沥青代替水泥做胶结剂，做成沥青砂浆和沥青混凝土地面，增强地面的防潮、耐水性。

3）水磨石地面

水磨石地面是将水泥作胶结材料、大理石或白云石等中等硬度的石屑做骨料而形成的水泥石屑面层，经磨光打蜡而成。这种地面坚硬、耐磨、光洁、不透水、装饰效果好，常用于较高要求的地面。

水磨石地面一般分为两层施工。先在刚性垫层或结构层上用 10～20mm 厚的 1:3 水泥砂浆找平，然后在找平层上按设计图案嵌 10mm 高分格条（玻璃条、钢条、铝条等），并用 1:1 水泥砂浆固定，最后，将拌和好的水泥石屑浆铺入压实，经浇水养护后磨光、打蜡，如图 4.21 所示。

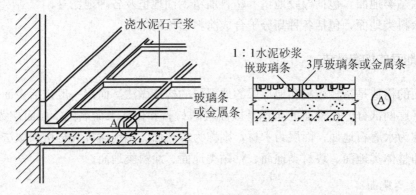

图 4.21　水磨石地面

4）菱苦土地面

菱苦土面层是用菱苦土、锯木屑和氯化镁溶液等拌和铺设而成。菱苦土地面保温性能好，有一定的弹性，且美观。缺点是不耐水，易产生裂缝。因氯化镁溶液遇水溶解，木屑遇水膨胀之故。其构造做法有单面层和双面层两种。

2. 块材类地面

利用各种人造或天然的预制板材、块材镶铺在基层上的地面。

按材料不同有黏土砖、水泥砖、石板、陶瓷锦砖、塑料板和木地板等。

1）黏土砖、水泥砖及预制混凝土砖地面

其铺设方法有两种：干铺和湿铺。

（1）干铺是指在基层上铺一层 20～40mm 厚的砂子，将砖块直接铺在砂上，校正平整后用砂或砂浆填缝。

（2）湿铺是在基层上抹 1：3 水泥砂浆 12～20mm 厚，再将砖块铺平压实，最后用 1：1 水泥砂浆灌缝。

2）缸砖、陶瓷地砖及陶瓷锦砖地面

缸砖是用陶土焙烧而成的一种无釉砖块，形状有正方形（尺寸为 100mm×100mm 和 150mm×150mm，厚 10～19mm）、六边形、八角形等。颜色也有多种，由不同形状和色彩可以组成各种图案。缸砖背面有凹槽，使砖块和基层粘接牢固。铺贴时一般用 15～20mm 厚 1：3 水泥砂浆做结合材料，要求平整，横平竖直，如图 4.22。缸砖具有质地坚硬、耐磨、耐水、耐酸碱、易清洁等优点。

陶瓷地砖又称墙地砖，其类型有釉面地砖、无光釉面砖和无釉防滑地砖及抛光同质地砖。陶瓷地砖有红、浅红、白、浅黄、浅绿、蓝等各种颜色。地砖色调均匀，砖面平整，抗腐耐磨，施工方便，且块大缝少，装饰效果好，特别是防滑地砖和抛光地砖又能防滑，因而越来越多地用于办公、商店、旅馆和住宅中。

陶瓷地砖一般厚 6～10mm，其规格有 400mm×400mm，300mm×300mm，250mm×250mm，200mm×200mm，一般来说，块越大价格越高，装饰效果越好。

陶瓷锦砖又称马赛克，其特点与面砖相似。陶瓷锦砖有不同大小、形状和颜色并由此而可以组合成各种图案，使饰面能达到一定艺术效果。

陶瓷锦砖主要用于防滑、卫生要求较高的卫生间、浴室等房间的地面，也可用于外墙面。

陶瓷锦砖同玻璃锦砖一样，出厂前已按各种图案反贴在牛皮纸上，以便于施工，如图 4.22 所示。

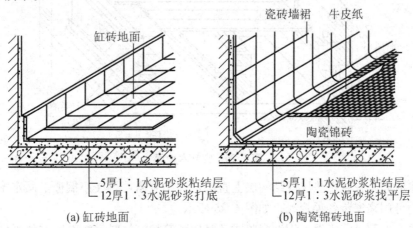

(a) 缸砖地面　　　　　　　　　(b) 陶瓷锦砖地面

图 4.22　缸砖、陶瓷锦砖地面构造做法

3）天然石板地面

常用的天然石板有大理石和花岗石板，天然石板具有质地坚硬、色泽艳丽的特点，多用于高标准的建筑中。

其构造做法是，先在基层上刷一道素水泥浆，抹 1∶3 干硬性水泥砂浆找平 30mm 厚，再撒 2mm 厚素水泥（洒适量清水），后粘贴 20mm 厚大理石板（花岗石）。另外，再用素水泥浆擦缝，如图 4.23 所示。

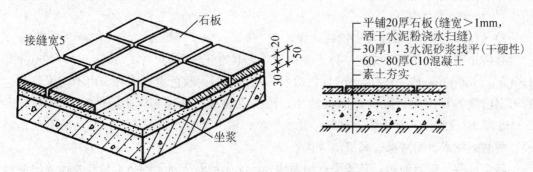

图 4.23　大理石和花岗石地面构造做法

4）木地面

木地面按其所用木板规格不同有普通木地面、硬木条地面和拼花木地面三种。按其构造形式不同有空铺、实铺和粘贴三种。

空铺木地面常用于底层地面，其做法是砌筑地垄墙，将木地板架空，以防止木地板受潮腐烂，如图 4.24 所示。

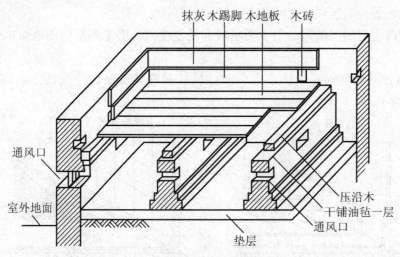

图 4.24　空铺木地面

实铺木地面是在刚性垫层或结构层上直接钉铺小搁栅，再在小搁栅上固定木板。其搁栅间的空当可用来安装各种管线，如图 4.25 所示。

粘贴式木地面是将木地板用沥青胶或环氧树脂等粘接材料直接粘贴在找平层上，若为底层地面时，找平层上应做防潮处理。

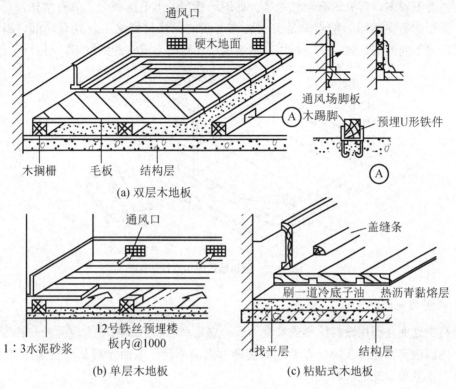

图 4.25 实铺木地面

3. 粘贴类地面

粘贴类地面以粘贴卷材为主，常见的有塑料地毡、橡胶地毡及各种地毯等。这些材料表面美观、干净，装饰效果好，具有良好的保温、消声性能，适用于公共建筑和居住建筑。

随着石油化工业的发展，塑料地面的应用日益广泛。塑料地面材料的种类很多，目前聚氯乙烯塑料地面材料应用最广泛。有块材、卷材之分。其材质有软质和半硬质两种，目前在我国应用较多的是半硬质聚氯乙烯块材，其规格尺寸一般为 100mm×100mm～500mm×500mm，厚度为 1.5～2.0mm。塑料板块地面的构造做法是先用 15～20mm 厚1：2 水泥砂浆找平，干燥后再用胶粘剂粘贴塑料板。

塑料地毡以聚乙烯树脂为基料，加入增塑剂、稳定剂、石棉绒等经塑化热压而成。有卷材和片材，卷材可干铺，也可用粘接剂粘贴在水泥砂浆找平层上，如图 4.26 所示，拼接时将板缝切割成 V 形，然后用三角形塑料焊条、电热焊枪焊接。它具有步感舒适、有弹性、防滑、防火、耐磨、绝缘、防腐、消声、阻燃、易清洁等特点，且价格低廉。

橡胶地毡是以橡胶粉为基料，掺入填充料、防老化剂、硫化剂等制成的卷材，具有耐磨、柔软、防滑、消声及富有弹性等特点，且价格低廉，铺贴简便，可以干铺，也可用粘接剂粘贴在水泥砂浆找平层上。

地毯类型较多，常见的有化纤地毯、棉织地毯和纯羊毛地毯等，具有柔软舒适、清洁吸声、保温、美观适用等特点，是美化装饰房间的最佳材料之一。其有局部、满铺和干铺、固定等不同铺法。固定式一般用粘接剂满贴在地面上或将四周钉牢。

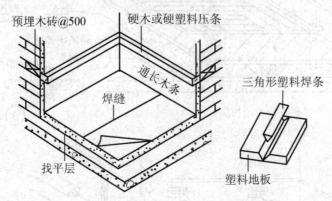

图 4.26　塑料地面的构造做法

4. 涂料类地面

涂料类地面是利用涂料涂刷或涂刮而成。它是水泥砂浆或混凝土地面的一种表面处理形式，用以改善水泥砂浆地面在使用和装饰方面的不足。地面涂料品种较多，有溶剂型、水溶型和水乳型等地面涂料。

涂料地面对解决水泥地面易起灰和美观问题起到了重要作用，涂料与水泥表面的粘接力强，具有良好的耐磨、抗冲击、耐酸、耐碱等性能，水乳型和溶剂型涂料还具有良好的防水性能。

● 特 别 提 示 ▪▪

引例(2)的解答：引例图 4-3 和引例图 4-4 所示的地面材料不相同。引例图 4-3 所示的地面使用的是水磨石，引例图 4-4 所示的地面使用的是石材类地砖；引例图 4-3 是整体类地面，引例图 4-4 是块材类地面，两图构造做法不同。

4.3.3　楼地面的细部构造

1. 踢脚线与墙裙

为保护墙面，防止外界碰撞损坏墙面，或擦洗地面时弄脏墙面，通常在墙面靠近地面处设踢脚线(又称踢脚板)。踢脚线的材料一般与地面相同，故可看作是地面的一部分，即地面在墙面上的延伸部分。踢脚线通常凸出墙面，也可与墙面平齐或凹进墙面，其高度一般为 100～150mm。

踢脚板是楼地面与内墙面相交处的一个重要构造节点。它的主要作用是遮盖楼地面与墙面的接缝；保护墙面，以防搬运东西、行走或做清洁卫生时将墙面弄脏，如图 4.27 所示。

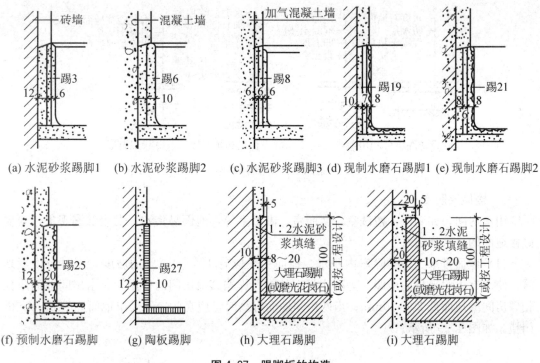

(a) 水泥砂浆踢脚1　(b) 水泥砂浆踢脚2　(c) 水泥砂浆踢脚3 (d) 现制水磨石踢脚1 (e) 现制水磨石踢脚2

(f) 预制水磨石踢脚　(g) 陶板踢脚　　(h) 大理石踢脚　　　(i) 大理石踢脚

图 4.27　踢脚板的构造

　　墙裙是踢脚线沿墙面往上的继续延伸，做法与踢脚类似，常用不透水材料做成，如油漆、水泥砂浆、瓷砖、木材等，通常为贴瓷砖的做法。墙裙的高度和房间的用途有关，一般为 900～1200mm，对于受水影响的房间，高度为 900～2000mm。其主要作用是防止人们在建筑物内活动时碰撞或污染墙面，并起一定的装饰作用。

2. 楼地层的防潮、防水

1）地层防潮

　　由于地下水位升高、室内通风不畅，房间湿度增大，引起地面受潮，使室内人员感觉不适，造成地面、墙面甚至家具霉变，还会影响结构的耐久性、美观和人体健康。因此，应对可能受潮的房屋进行必要的防潮处理，处理方法有设防潮层、设保温层等。

　　（1）设防潮层。具体做法是在混凝土垫层上，刚性整体面层下，先刷一道冷底子油，然后铺热沥青或防水涂料，形成防潮层，以防止潮气上升到地面。也可在垫层下铺一层粒径均匀的卵石或碎石、粗砂等，以切断毛细水的上升通路，如图 4.28(a)、(b)所示。

　　（2）设保温层。室内潮气大多是因室内与地层温差引起，设保温层可以降低温差。设保温层有两种做法：一种是在地下水位低、土壤较干燥的地面，可在垫层下铺一层 1:3 水泥炉渣或其他工业废料做保温层；第二种是在地下水位较高的地区，可在面层与混凝土垫层间设保温层，并在保温层下做防水层，如图 4.28(c)、(d)所示。

　　另外，也可将地层底板搁置在地垄墙上，将地层架空，使地层与土壤之间形成通风层，以带走地下潮气。

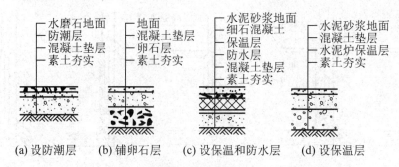

图 4.28　地层的防潮

2）楼地层防水

用水房间，如厕所、盥洗室、实验室、淋浴室等，地面易集水，发生渗漏现象，要做好楼地面的排水和防水。

（1）地面排水。为排除室内积水，地面一般应有 1%～1.5% 的坡度，同时应设置地漏，使水有组织地排向地漏；为防止积水外溢，影响其他房间的使用，有水房间地面应比相邻房间的地面低 20～30mm；当两房间地面等高时，应在门口做高出地面 20～30mm 的门槛，如图 4.29 所示。

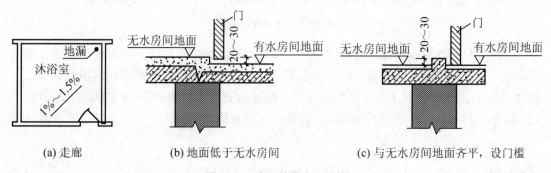

图 4.29　房间的排水、防水

（2）地面防水。常用水房间的楼板以现浇钢筋混凝土楼板为佳，面层材料通常为整体现浇水泥砂浆、水磨石或瓷砖等防水性较好的材料。当防水要求较高时，还应在楼板与面层之间设置防水层。常见的防水材料有卷材、防水砂浆和防水涂料。为防止房间四周墙脚受水，应将防水层沿周边向上泛起至少 150mm，如图 4.30（a）所示。当遇到门洞时，应将防水层向外延伸 250mm 以上，如图 4.30（b）所示。

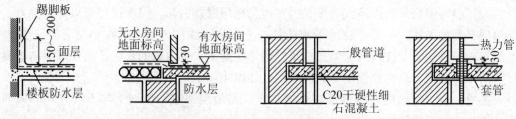

图 4.30　楼地面的防水构造

当楼地面有竖向管道穿越时，也容易产生渗透，一般有两种处理方法：对于冷水管道，可在穿越竖管的四周用 C20 干硬性细石混凝土填实，再以卷材或涂料做密封处理，如图 4.30(c)所示；对于热水管道，为防止温度变化引起的热胀冷缩现象，常在穿管位置预埋比竖管管径稍大的套管，高出地面 30mm 左右，并在缝隙内填塞弹性防水材料，如图 4.30(d)所示。

4.4 顶 棚 构 造

顶棚是指建筑物屋顶和楼层下表面的装饰构件，又称天棚、天花板。顶棚是室内空间的顶界面，同墙面、楼地面一样，是建筑物主要装修部位之一。当悬挂在承重结构下表面时，又称吊顶。顶棚的构造设计与选择应从建筑功能、建筑声学、建筑照明、建筑热工、设备安装、管线敷设、维护检修、防火安全及美观要求等多方面综合考虑。顶棚要求光洁、美观，能通过反射光照来改善室内采光及卫生状况，对某些特殊要求的房间，还要求顶棚具有隔声、防水、保温、隔热等功能。

一般顶棚多为水平式，但根据房间用途的不同，顶棚可做成弧形、凹凸形、高低形、折线型等。

4.4.1 顶棚的作用

1. 改善室内环境，满足使用要求

顶棚的处理首先要考虑室内使用功能对建筑技术的要求。照明、通风、保温、隔热、吸声或反射、音响、防火等技术性能，直接影响室内的环境与使用。如剧场的顶棚，要综合考虑光学、声学两个方面的设计问题。在表演区，多采用综合照明，面光、耳光、追光、顶光甚至脚光一并采用；观众厅的顶棚则应以声学为主，结合光学的要求，做成多种形式的造型，以满足声音反射、漫射、吸收和混响等方面的需要。

2. 装饰室内空间

顶棚是室内装饰的一个重要组成部分，除满足使用要求外，还要考虑室内的装饰效果、艺术风格的要求。即从空间造型、光影、材质等方面，来渲染环境，烘托气氛。

不同功能的建筑和建筑空间对顶棚装饰的要求不一样，装饰构造的处理手法也有区别。顶棚选用不同的处理方法，可以取得不同的空间感觉。有的可以延伸和扩大空间感，对人的视觉起导向作用；有的可使人感到亲切、温暖、舒适，以满足人们生理和心理对环境的需要。如建筑物的大厅、门厅，是建筑物的出入口、人流进出的集散场所，它们的装饰效果往往极大地影响人的视觉对该建筑物及其空间的第一印象。所以，入口常常是重点装饰的部位。它们的顶棚，在造型上多运用高低错落的手法，以求得富有生机的变化；在材料选择上，多选用一些不同色彩、不同纹理和富于质感的材料；在灯具选择上，多选用高雅、华丽的吊灯，以增加豪华气氛。

4.4.2 顶棚的分类

顶棚按饰面与基层的关系可归纳为直接式顶棚与悬吊式顶棚两大类。

1. 直接式顶棚

直接在结构层底面进行喷浆、抹灰、粘贴壁纸、粘贴面砖、粘贴或钉接石膏板条与其他板材等饰面材料或铺设固定搁栅所做成的顶棚。

1) 饰面特点

直接式顶棚一般具有构造简单，构造层厚度小，可以充分利用空间的特点；采用适当的处理手法，可获得多种装饰效果；材料用量少，施工方便，造价也较低。但这类顶棚没有供隐藏管线等设备、设施的内部空间，故小口径的管线应预埋在楼、屋盖结构及其构造层内，大口径的管道，则无法隐蔽。它适用于普通建筑及室内建筑高度空间受到限制的场所。

2) 材料选用

直接式顶棚常用的材料如下。

(1) 各类抹灰：纸筋灰抹灰、石灰砂浆抹灰、水泥砂浆抹灰等。普通抹灰用于一般房间，装饰抹灰用于要求较高的房间。

(2) 涂刷材料：石灰浆、大白浆、彩色水泥浆、可赛银等。用于一般房间。

(3) 壁纸等各类卷材：墙纸、墙布、其他织物等。用于装饰要求较高的房间。

(4) 面砖等块材：常用釉面砖。用于有防潮、防腐、防霉或清洁要求较高的房间。

(5) 各类板材：胶合板、石膏板、各种装饰面板等。用于装饰要求较高的房间。

还有石膏线条、木线条、金属线条等。

3) 基本构造

(1) 直接喷刷顶棚。直接喷刷顶棚是在楼板底面填缝刮平后直接喷或刷大白浆、石灰浆等涂料，以增加顶棚的反射光照作用，通常用于观瞻要求不高的房间。

(2) 抹灰顶棚。抹灰顶棚是在楼板底面勾缝或刷素水泥浆后进行抹灰装修，抹灰表面可喷刷涂料，适用于一般装修标准的房间。

抹灰顶棚一般有麻刀灰(或纸筋灰)顶棚、水泥砂浆顶棚和混合砂浆顶棚等，其中麻刀灰顶棚应用最普遍。麻刀灰顶棚的做法是先用混合砂浆打底，再用麻刀灰罩面，如图4.31(a)和图4.31(b)所示。

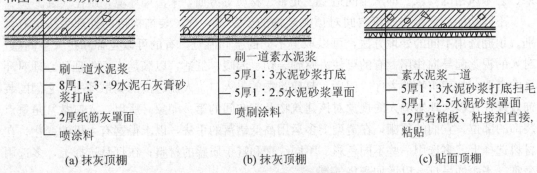

(a) 抹灰顶棚　　　　　　　　(b) 抹灰顶棚　　　　　　　　(c) 贴面顶棚

图 4.31　直接式顶棚构造做法

（3）贴面顶棚。贴面顶棚是在楼板底面用砂浆打底找平后，用胶粘剂粘贴墙纸、泡沫塑胶板或装饰吸声板等，一般用于楼板底部平整、不需要顶棚敷设管线而装修要求又较高的房间，或有吸声、保温隔热等要求的房间，如图 4.31(c)所示。

4）装饰线脚

直接式顶棚装饰线脚是安装在顶棚与墙顶交界部位的线材，简称装饰线，如图 4.32 所示。其作用是满足室内的艺术装饰效果和接缝处理的构造要求。直接式顶棚的装饰线可采用粘贴法或直接钉固法与顶棚固定。

（1）木线。木线采用质硬、木质较细的木料经定型加工而成。其安装方法是在墙内预埋木砖，再用直钉固定，要求线条挺直、接缝严密。

（2）石膏线。石膏线采用石膏为主的材料经定型加工而成，其正面具有各种花纹图案，要用粘贴法固定。在墙面与顶棚交接处要联系紧密，避免产生缝隙，影响美观。

（3）金属线。金属线包括不锈钢线条、铜线条、铝合金线条，常用于办公室、会议室、电梯间、楼梯间、走道及过厅等场所，其装饰效果给人以轻松之感。金属线的断面形状很多，在选用时要与墙面与顶棚的规格及尺寸配合好，其构造方法是用木衬条镶嵌，万能胶粘固。

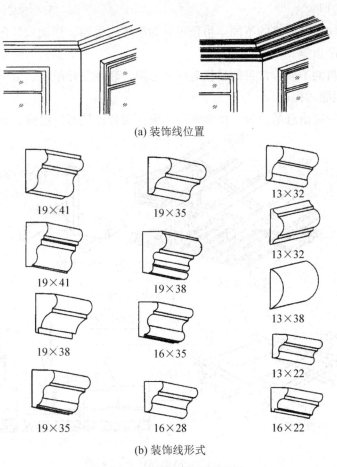

(a) 装饰线位置

19×41　19×35　13×32

19×41　19×38　13×32

19×38　16×35　13×38

　　　　　　　　13×22

19×35　16×28　16×22

(b) 装饰线形式

图 4.32　直接式顶棚的装饰线

2. 吊顶棚

吊顶棚（悬吊式顶棚）又称吊顶，是将饰面层悬吊在楼板结构上而形成的顶棚，如图 4.33 所示。

吊顶棚应具有足够的净空高度，以便于照明、空调、灭火喷淋、感应器、广播设备等管线及其装置各种设备管线的敷设；合理地安排灯具、通风口的位置，以符合照明、通风要求；选择合适的材料和构造做法，使其燃烧性能和耐火极限符合防火规范的规定；吊顶棚应便于制作、安装和维修，自重宜轻，以减少结构负荷。同时，吊顶棚还应满足美观和经济等方面的要求。对有些房间，吊顶棚应满足隔声、音质等特殊要求。

1）饰面特点

可埋设各种管线，可镶嵌灯具，可灵活调节顶棚高度，可丰富顶棚空间层次和形式等。或对建筑起到保温隔热、隔声的作用，同时，悬吊式顶棚的形式不必与结构形式相对应。但要注意：若无特殊要求，悬挂空间越小越利于节约材料和造价；必要时应留检修孔、铺设走道以便检修，防止破坏面层；饰面应根据设计留出相应灯具、空调等电器设备安装和送风口、回风口的位置。这类顶棚多适用于中、高档次的建筑顶棚装饰。

2）吊顶的类型

（1）根据结构构造形式的不同，吊顶可分为整体式吊顶、活动式装配吊顶、隐蔽式装配吊顶和开敞式吊顶等。

（2）根据材料的不同，常见的吊顶有板材吊顶、轻钢龙骨吊顶、金属吊顶等。

3）悬吊式顶棚的构造

悬吊式顶棚一般由悬吊部分、顶棚骨架、饰面层和连接部分组成，如图 4.33 所示。

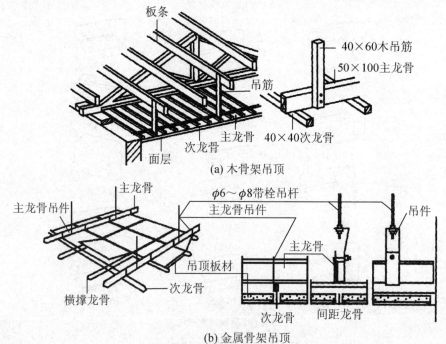

(a) 木骨架吊顶

(b) 金属骨架吊顶

图 4.33　吊顶的组成

(1) 悬吊部分。悬吊部分包括吊点、吊杆和连接杆。

① 吊点。吊杆与楼板或屋面板连接的节点为吊点。在荷载变化处和龙骨被截断处要增设吊点。

② 吊杆(吊筋)。吊杆(吊筋)是连接龙骨和承重结构的承重传力构件。吊杆的作用是承受整个悬吊式顶棚的重量(如饰面层、龙骨及检修人员),并将这些重量传递给屋面板、楼板、屋架或屋面梁,同时还可调整、确定悬吊式顶棚的空间高度。

吊杆按材料分有钢筋吊杆、型钢吊杆、木吊杆。钢筋吊杆的直径一般为6~8mm,用于一般悬吊式顶棚;型钢吊杆用于重型悬吊式顶棚或整体刚度要求高的悬吊式顶棚,其规格尺寸要通过结构计算确定;木吊杆用40mm×40mm或50mm×50mm的方木制作,一般用于木龙骨悬吊式顶棚。

(2) 顶棚骨架。顶棚骨架又叫顶棚基层,是由主龙骨、次龙骨、小龙骨(或称主搁栅、次搁栅)所形成的网格骨架体系。其作用是承受饰面层的重量并通过吊杆传递到楼板或屋面板上。

悬吊式顶棚的龙骨按材料分有木龙骨、型钢龙骨、轻钢龙骨、铝合金龙骨。

(3) 饰面层。饰面层又叫面层,其主要作用是装饰室内空间,并且还兼有吸声、反射、隔热等特定的功能。

饰面层一般有抹灰类、板材类、开敞类。饰面常用板材性能及适用范围见表4-1。

表4-1 常用板材性能及适用范围

名　　称	材料性能	适用范围
纸面石膏板、石膏吸声板	质量轻、强度高、阻燃防火、保温隔热,可锯、钉、刨、粘贴,加工性能好,施工方便	适用于各类公共建筑的顶棚
矿棉吸声板	质量轻、吸声、防火、保温隔热、美观、施工方便	适用于公共建筑的顶棚
珍珠岩吸声板	质量轻、防火、防潮、防蛀、耐酸,装饰效果好,可锯、可割,施工方便	适用于各类公共建筑的顶棚
钙塑泡沫吸声板	质量轻、吸声、隔热、耐水,施工方便	适用于公共建筑的顶棚
金属穿孔吸声板	质量轻、强度高、耐高温、耐压、耐腐蚀、防火、防潮、化学稳定性好、组装方便	适用于各类公共建筑的顶棚
石棉水泥穿孔吸声板	质量大,耐腐蚀,防火,吸声效果好	适用于地下建筑、降低噪声的公共建筑和工业厂房的顶棚
金属面吸声板	质量轻、吸声、防火、保温隔热、美观、施工方便	适用于各类公共建筑的顶棚
贴塑吸声板	导热系数低、不燃、吸声效果好	适用于各类公共建筑的顶棚
珍珠岩织物复合板	防火、防水、防霉、防蛀、吸声、隔热、可锯、可钉、加工方便	适用于公共建筑的顶棚

（4）连接部分。连接部分是指悬吊式顶棚龙骨之间、悬吊式顶棚龙骨与饰面层、龙骨与吊杆之间的连接件、紧固件。一般有吊挂件、插挂件、自攻螺钉、木螺钉、圆钢钉、特制卡具、胶粘剂等。

4）吊杆、吊点连接构造

（1）空心板、槽形板缝中吊杆的安装。板缝中预埋ϕ10连接钢筋，伸出板底100mm，与吊杆焊接，并用细石混凝土灌缝，如图4.34所示。

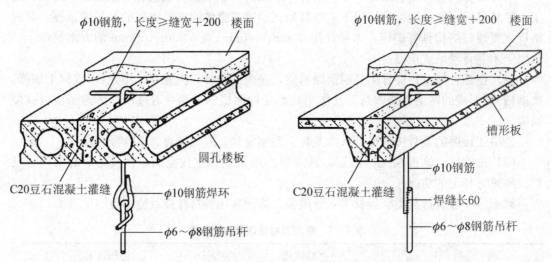

图 4.34　吊杆与空心板、槽形板的连接

（2）现浇钢筋混凝土板上吊杆的安装。

① 将吊杆绕于现浇钢筋混凝土板底预埋件焊接的半圆环上，如图4.35(a)所示。

② 在现浇钢筋混凝土板底预埋件、预埋钢板上焊ϕ10连接钢筋，并将吊杆焊于连接钢筋上，如图4.35(b)所示。

③ 将吊杆绕于焊有半圆环的钢板上，并将此钢板用射钉固定于板底，如图4.35(c)所示。

④ 将吊杆绕于板底附加的∟50mm×70mm×5mm角钢上，角钢用射钉固定于板底，如图4.35(d)所示。

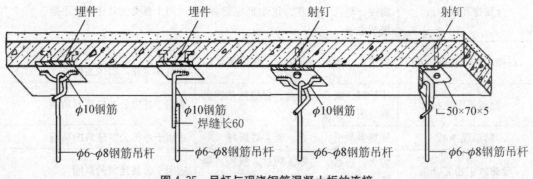

图 4.35　吊杆与现浇钢筋混凝土板的连接

（3）梁上设吊杆的安装。

① 木梁或木楼上设吊杆，可采用木吊杆，用铁钉固定，如图4.36(a)所示。

② 钢筋混凝土梁上设吊杆，可在梁侧面合适的部位钻孔（注意避开钢筋），设横向螺栓固定吊杆。如果是钢筋吊杆，可用角钢钻孔用射钉固定，射钉固定点距梁底应大于或等于100mm，如图4.36(b)所示。

③ 钢梁上设吊杆，可用 $\phi 6 \sim \phi 8$ 钢筋吊杆，上端弯钩，下端套螺纹，固定在钢梁上，如图4.36(c)所示。

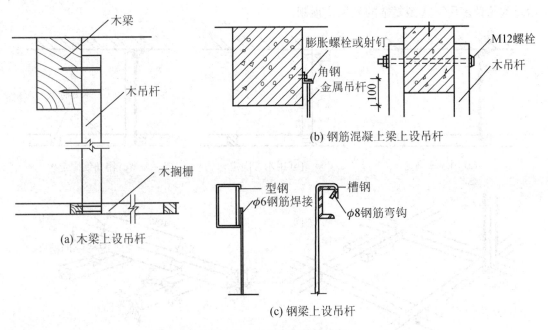

图4.36 梁上设吊杆的构造

（4）吊杆安装应注意的问题。

① 吊杆距主龙骨端部距离不得大于300mm，当大于300mm时，应增加吊杆。吊杆间距一般为900～1200mm。

② 吊杆长度大于1.5m时，应设置反支撑。

③ 当预埋的吊杆需接长时，必须搭接焊牢。

5）龙骨的布置与连接构造

（1）龙骨的布置要求。

① 主龙骨。主龙骨是悬吊式顶棚的承重结构，又称承载龙骨、大龙骨。主龙骨吊点间距应按设计选择。当顶棚跨度较大时，为保证顶棚的水平度，顶棚的中部应适当起拱，一般7～10m的跨度，按3/1000高度起拱；10～15m的跨度，按5/1000高度起拱。

② 次龙骨。次龙骨也叫中龙骨、覆面龙骨，主要用于固定面板。次龙骨与主龙骨垂直布置，并紧贴主龙骨安装。

③ 小龙骨。小龙骨也叫间距龙骨、横撑龙骨，一般与次龙骨垂直布置，个别情况也可平行。小龙骨底面与次龙骨底面相平，其间距和断面形状应配合次龙骨并利于面板的安装。

（2）龙骨的连接构造。

① 木龙骨连接构造。木龙骨的断面一般为方形或矩形。主龙骨为 50mm×70mm，钉接或栓接在吊杆上，间距一般为 1～1.5m；主龙骨的底部钉装次龙骨，其间距由面板规格而定。次龙骨一般双向布置，其中一个方向的次龙骨为 50mm×50mm 断面，垂直钉于主龙骨上，另一个方向的次龙骨断面尺寸一般为 30mm×50mm，可直接钉在 50mm×50mm 的次龙骨上。木龙骨使用前必须进行防火、防腐处理，处理的基本方法是，先涂 1～2 道氟化钠防腐剂，然后再涂 3 道防火涂料，龙骨之间用榫接、粘钉方式连接，如图 4.37 所示。木龙骨多用于造型复杂的悬吊式顶棚。

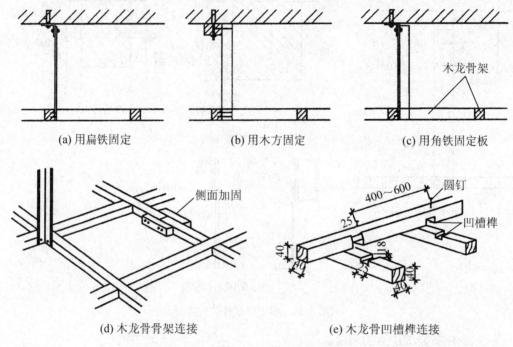

(a) 用扁铁固定　　　　　　(b) 用木方固定　　　　　　(c) 用角铁固定板

(d) 木龙骨骨架连接　　　　　　(e) 木龙骨凹槽榫连接

图 4.37　木龙骨构造示意图

② 型钢龙骨。型钢龙骨的主龙骨间距为 1～2m，其规格应根据荷载的大小确定。主龙骨与吊杆常用螺栓连接，主次龙骨之间采用铁卡子、弯钩螺栓连接或焊接。当荷载较大、吊点间距很大或在特殊环境下时，必须采用角钢、槽钢、工字钢等型钢龙骨。

③ 轻钢龙骨。轻钢龙骨由主龙骨、中龙骨、横撑小龙骨、次龙骨、吊件、接插件和挂插件组成。主龙骨一般用特制的型材，断面有 U 形、C 形，一般多为 U 形。主龙骨按其承载能力分为 38、50、60 三个系列，38 系列龙骨适用于吊点距离 0.9～1.2m 的不上人悬吊式顶棚；50 系列龙骨适用于吊点距离 0.9～1.2m 的上人悬吊式顶棚，主龙骨可承受 80kg 的检修荷载；60 系列龙骨适用于吊点距离 1.5m 的上人悬吊式顶棚，可承受 80～100kg 检修荷载。注意龙骨的承载能力还与型材的厚度有关，荷载大时必须采用厚形材料。中龙骨、小龙骨断面有 C 形和 T 形两种。吊杆与主龙骨、主龙骨与中龙骨、中龙骨与小龙骨之间是通过吊挂件、接插件连接的，如图 4.38 所示。

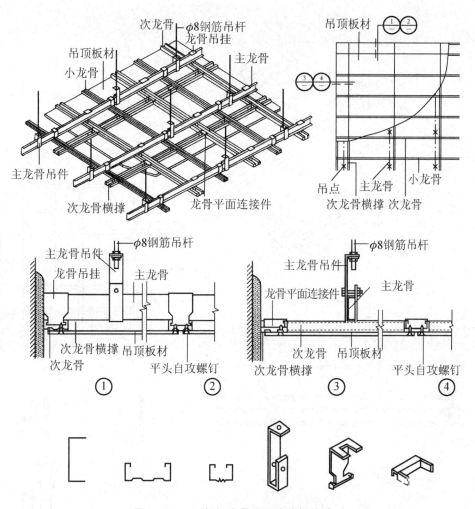

图 4.38　U 形轻钢龙骨悬吊式顶棚构造

U 形轻钢龙骨悬吊式顶棚构造方式有单层和双层两种。中龙骨、横撑小龙骨、次龙骨紧贴主龙骨底面的吊挂方式(不在同一水平)称为双层构造;主龙骨与次龙骨在同一水平面的吊挂方式称为单层构造,单层轻钢龙骨悬吊式顶棚仅用于不上人悬吊式顶棚。当悬吊式顶棚面积大于 120m² 或长度方向大于 12m 时,必须设置控制缝,当悬吊式顶棚面积小于 120m² 时,可考虑在龙骨与墙体连接处设置柔性节点,以控制悬吊式顶棚整体的变形量。

④ 铝合金龙骨。铝合金龙骨断面有 T 形、U 形、LT 形及各种特制龙骨断面,应用最多的是 LT 形龙骨。LT 形龙骨的主龙骨断面为 U 形,次龙骨、小龙骨断面为倒 T 形,边龙骨断面为 L 形。吊杆与主龙骨、主龙骨与次龙骨之间的连接如图 4.39 所示。

6) 顶棚饰面层连接构造

吊顶面层分为抹灰面层和板材面层两大类。

(1)抹灰类饰面层。在龙骨上钉木板条、钢丝网或钢板网,然后再做抹灰饰面层,抹灰面层为湿作业施工,费工费时。目前这种做法已不多见。

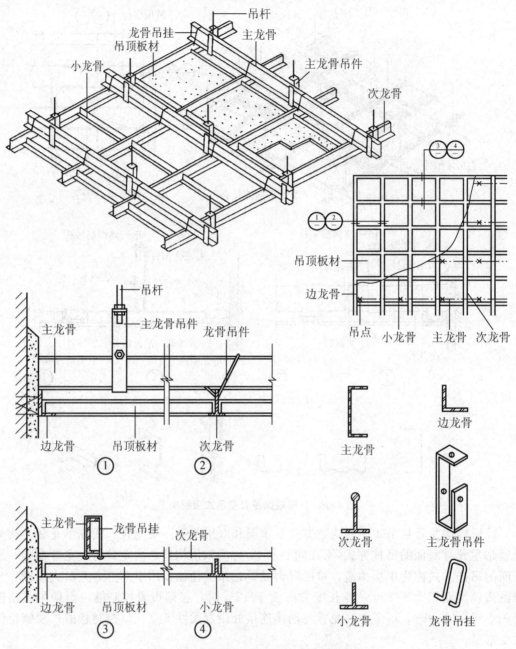

图4.39 T形铝合金龙骨悬吊式顶棚构造

（2）板材类饰面层。板材类饰面层也可称悬吊式顶棚饰面板。最常用的饰面板有植物板材（木材、胶合板、纤维板、装饰吸声板、木丝板）、矿物板（各类石膏板、矿棉板）、金属板（铝板、铝合金板、薄钢板），板材类饰面层既可加快施工速度，又容易保证施工质量。

各类饰面板与龙骨的连接，有以下几种方式。

① 钉接。用铁钉、螺钉将饰面板固定在龙骨上。木龙骨一般用铁钉，轻钢、型钢龙

骨用螺钉，钉距视板材材质而定，要求钉帽要埋入板内，并作防锈处理，如图 4.40(a)所示。适用于钉接的板材有植物板、矿物板、铝板等。

② 粘接。用各种胶粘剂将板材粘贴于龙骨底面或其他基层板上，如图 4.40(b)所示。也可采用粘、钉结合的方式，连接更牢靠。

③ 搁置。将饰面板直接搁置在倒 T 形断面的轻钢龙骨或铝合金龙骨上，如图 4.40(c)所示。有些轻质板材采用此方式固定，遇风易被掀起，应用物件夹住。

④ 卡接。用特制龙骨或卡具将饰面板卡在龙骨上，这种方式多用于轻钢龙骨、金属类饰面板，如图 4.40(d)所示。

⑤ 吊挂。利用金属挂钩龙骨将饰面板按排列次序组成的单体构件挂于其下，组成开敞式悬吊式顶棚，如图 4.40(e)所示。

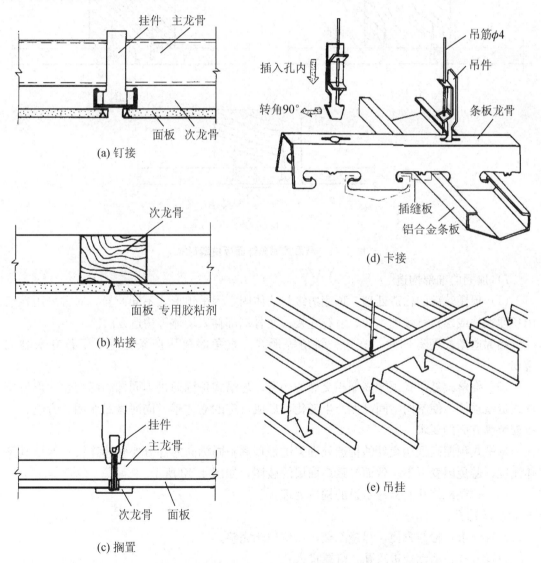

图 4.40　悬吊式顶棚饰面板与龙骨的连接构造

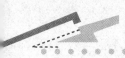

（3）饰面板的拼缝。

① 对缝。对缝也称密缝，是板与板在龙骨处对接，如图 4.41（a）所示。粘、钉固定饰面板时可采用对缝。对缝适用于裱糊、涂饰的饰面板。

② 凹缝。凹缝是利用饰面板的形状、厚度所形成的拼接缝，也称离缝，凹缝的宽度不应小于 10mm，如图 4.41（b）所示。凹缝有 V 形和矩形两种，纤维板、细木工板等可刨破口，一般做成 V 形缝。石膏板做矩形缝，镶金属护角。

③ 盖缝。盖缝是利用装饰压条将板缝盖起来，如图 4.41（c）所示，这样可克服缝隙宽窄不均、线条不顺直等施工质量问题。

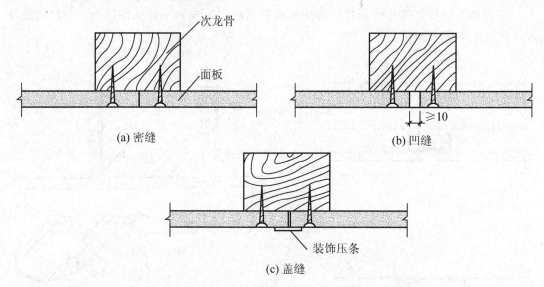

图 4.41 悬吊式顶棚饰面板拼缝形式

7）顶棚的细部构造

（1）顶棚端部的构造处理。顶棚边缘与墙体固定因吊顶形式不同而异，通常采用在墙内预埋铁件或螺栓、预埋木砖、射钉连接、龙骨端部伸入墙体等构造方法。

端部造型处理有凹角、直角、斜角等形式。直角时要用压条处理，压条有木制和金属。

（2）叠落式悬吊式顶棚高低相交处的构造。悬吊式顶棚通过不同标高的变化，形成叠落式造型顶棚，使室内空间高度产生变化，形成一定的立体感，同时满足照明、音响、设备安装等方面的要求。

悬吊式顶棚高低相交处的构造处理关键是顶棚不同标高的部分要整体连接，保证其整体刚度，避免因变形不一致而导致饰面层的破坏，如图 4.42 所示。

（3）顶棚检修孔及检修走道的构造处理。

① 检修孔。

设置要求：检修方便，尽量隐蔽，保持顶棚完整。

设置方式：活动板进入孔、灯罩进入孔。

对大厅式房间，一般设不少于两个的检修孔，位置尽量隐蔽。

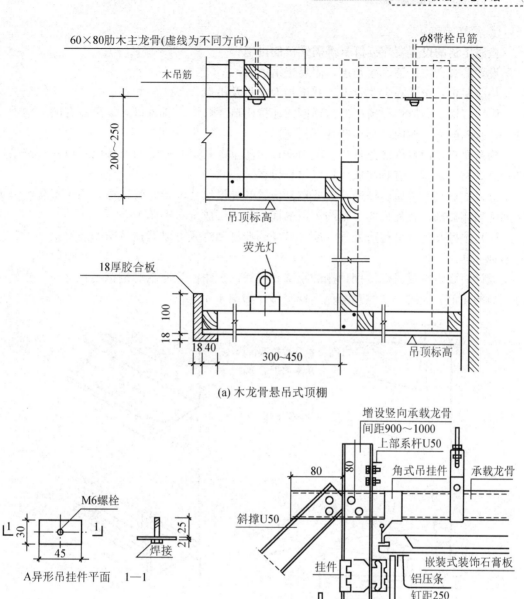

(a) 木龙骨悬吊式顶棚

(b) 轻钢龙骨悬吊式顶棚

图 4.42　悬吊式顶棚高低相交处的构造处理

② 检修走道。

检修走道的设置要靠近灯具等需维修的设施。

设置形式：主走道、次走道、简易走道。

构造要求：设置在大龙骨上，并增加大龙骨及吊点。

（4）灯饰、通风口、扬声器与顶棚的连接构造。灯饰、通风口、扬声器有的悬挂在顶棚下，有的嵌入顶棚内，其构造处理不同。

构造要求：设置附加龙骨或孔洞边框；对超重灯具及有振动的设备应专设龙骨及吊挂件；灯具与扬声器、灯具与通风口可结合设置。

嵌入式灯具及风口、扬声器等要按其位置和外形尺寸设置龙骨边框，用于安装灯具等及加强顶棚局部，且外形要尽量与周围的面板装饰形成统一整体。

（5）顶棚反光灯槽构造处理。反光灯槽的造型和灯光可以营造特殊的环境效果，其形式多种多样。

设计时要考虑反光灯槽到顶棚的距离和视线保护角。且控制灯槽挑出长度与灯槽到顶棚距离的比值。同时还要注意避免出现暗影，如图 4.43 所示。

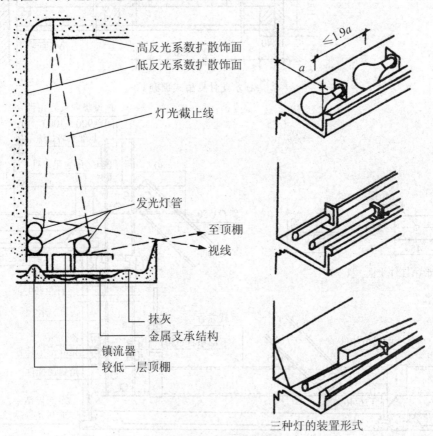

图 4.43　基本结构构造示意

（6）顶棚内管线、管道的敷设构造。

① 管线、管道的安装位置应放线抄平。

② 用膨胀螺栓固定支架、线槽，放置管线、管道及设备，并做水压、电压试验。

③ 在悬吊式顶棚饰面板上，留灯具、送风口、烟感器、自动喷淋头的安装口。喷淋头周围不能有遮挡物。

④ 自动喷淋头必须与自动喷淋系统的水管相接。消防给水管道不能伸出悬吊式顶棚平面，也不能留短了，以至与喷淋头无法连接。应按照设计安装位置准确地用膨胀螺栓固定支架，放置消防给水管道。

8）常见饰面层的悬吊式顶棚

（1）木质（植物）板材吊顶构造。木质顶棚的面层材料是实木条板和各种人造板（胶合板、木丝板、刨花板、填芯板等）。特点是构造简单、施工方便、具有自然、亲切、温暖、舒适的感觉。

① 实木条板顶棚。

实木顶棚基本构造：结构层下间距 1m 左右固定吊杆；吊杆上固定主龙骨；面层条板与主龙骨呈垂直状固定。

实木条板的拼缝形式有企口平铺、离缝平铺、嵌榫平铺、鱼鳞斜铺等。

② 人造木板顶棚。

基本构造：结构层下固定吊杆；龙骨呈格子状固定在吊杆下，分格大小与板材规格协调；面板与龙骨固定。

人造板材的铺设视板材厚度、饰面效果而定。较厚的板材（胶合板、填芯板）直接整张铺钉；较薄的板材宜分割成小块的条板、方板或异形板铺钉，以免凹凸变形。

吊顶龙骨一般用木材制作，分格大小应与板材规格相协调。为了防止植物板材因吸湿而产生凹凸变形，面板宜锯成小块板铺钉在次龙骨上，板块接头必须留 3~6mm 的间隙作为预防板面翘曲的措施。板缝缝形根据设计要求可做成密缝、斜槽缝、立缝等形式，如图 4.44 所示。

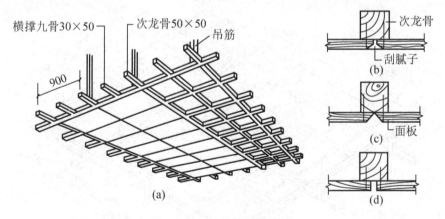

图 4.44　木质板材吊顶构造

（2）矿物板材吊顶构造。矿物板材吊顶常用石膏板、石棉水泥板、矿棉板等板材作面层，轻钢或铝合金型材作龙骨。这类吊顶的优点是自重轻、施工安装快、无湿作业、耐火性能优于植物板材吊顶和抹灰吊顶，故在公共建筑或高级工程中应用较广。

轻钢和铝合金龙骨的布置方式有两种：

① 龙骨外露的布置方式如图 4.45 所示。

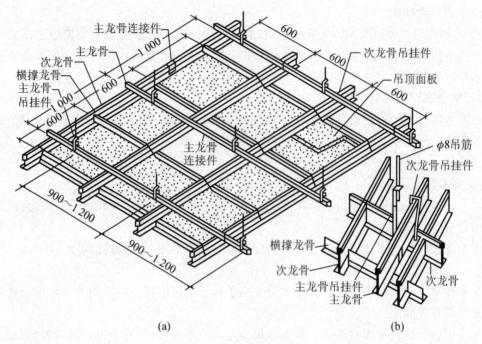

图 4.45　龙骨外露吊顶的构造

② 不露龙骨的布置方式。这种布置方式的主龙骨仍采用槽形断面的轻钢型材，但次龙骨采用 U 形断面轻钢型材，用专门的吊挂件将次龙骨固定在主龙骨上，面板用自攻螺钉固定于次龙骨上，如图 4.46 所示。

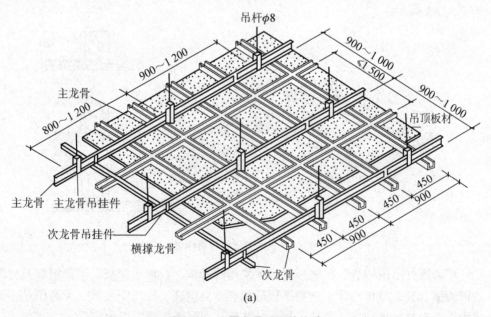

图 4.46　不露龙骨吊顶的构造

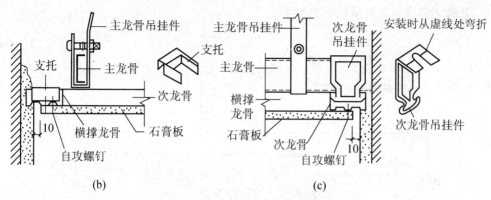

图 4.46   不露龙骨吊顶的构造(续)

(3) 金属板材吊顶构造。采用铝合金板、薄钢板等金属板材面层的顶棚。

铝合金板表面作电化铝饰面处理，薄钢板表面可用镀锌、涂塑、涂漆等防锈饰面处理。金属板有打孔和不打孔的条形、矩形等形材。特点是自重小、色泽美观大方，具有独特的质感，平挺、线条刚劲明快，且构造简单、安装方便、耐火、耐久。

① 金属条板顶棚

条板呈槽形，有窄条、宽条。条板类型不同和龙骨布置方法不同可做成各式各样的变化效果。

按条板的缝隙不同有开放型和封闭型。开放型可做吸声顶棚，封闭型在缝隙处加嵌条或条板边设翼盖。

金属条板与龙骨相连的方式有卡口和螺钉两种。条板断面形式很多，配套龙骨及配件各产家自成系列。条板的端部处理依断面和配件不同而异。

金属条板顶棚一般不上人。若考虑上人维修，则应按上人吊顶的方法处理，加强吊筋和主龙骨来承重。

· 密铺铝合金条板吊顶，如图 4.47 所示。

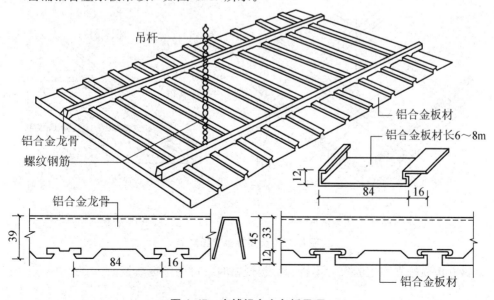

图 4.47   密铺铝合金条板吊顶

• 开敞式铝合金条板吊顶，如图 4.48 所示。

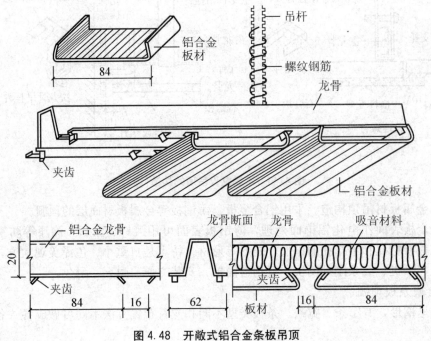

图 4.48 开敞式铝合金条板吊顶

② 金属方板顶棚装饰构造。金属方板装饰效果别具一格，易于同灯具、风口、喇叭等协调一致，与柱边、墙边处理较方便，且可与条板形成组合吊顶，采用开放型，可起通风作用。

安装构造有搁置式和卡入式两种，如图 4.49 所示。搁置式龙骨为 T 形，方板的四边带翼缘搁在龙骨翼缘上。卡入式的方板卷边向上，设有凸出的卡口，卡入有夹翼的龙骨中。方板可打孔，也可压成各种纹饰图案。

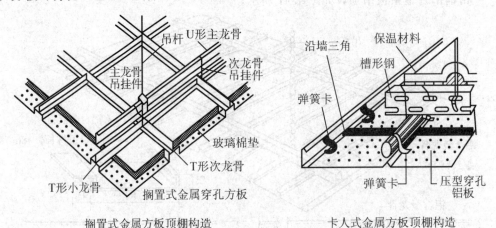

搁置式金属方板顶棚构造   卡人式金属方板顶棚构造

图 4.49 金属方板顶棚构造

金属方板顶棚靠墙边的尺寸不符合方板规格时，可用条板或纸面石膏板处理。

○ 特 别 提 示

引例(3)的解答：引例图4-5和引例图4-6都是悬吊式的顶棚。悬吊式顶棚一般由悬吊部分、顶棚骨架、饰面层和连接部分组成，在构造要求上，顶棚应具有足够的净空高度，合理地安排灯具、通风口的位置，选择合适的材料和构造做法，吊顶棚应便于制作、安装和维修，自重宜轻，以减少结构负荷；同时，吊顶棚还应满足美观和经济等方面的要求。

4.5 阳台与雨篷构造

4.5.1 阳台

阳台是连接室内的室外平台，给居住在建筑里的人们提供一个舒适的室外活动空间，是多层住宅、高层住宅和旅馆等建筑中不可缺少的一部分。

1. 阳台的类型和设计要求

1) 类型

阳台按其与外墙的相对位置分为挑阳台、凹阳台、半挑半凹阳台、转角阳台。按结构处理不同分有挑梁式、挑板式、压梁式及墙承式，如图4.50所示。

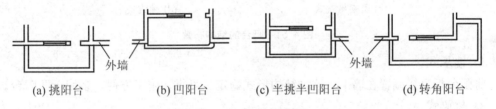

(a) 挑阳台　　　　　(b) 凹阳台　　　　　(c) 半挑半凹阳台　　　　　(d) 转角阳台

图4.50 阳台的类型

阳台按使用功能不同又可分为生活阳台(靠近卧室或客厅)和服务阳台(靠近厨房)。

2) 设计要求

(1) 安全适用。悬挑阳台的挑出长度不宜过大，应保证在荷载作用下不发生倾覆现象，以1.2~1.8m为宜。低层、多层住宅阳台栏杆净高不低于1.05m，中高层住宅阳台栏杆净高不低于1.1m，但也不大于1.2m。阳台栏杆形式应防坠落(垂直栏杆间净距不应大于110mm)，防攀爬(不设水平栏杆)，以免造成恶果。放置花盆处，也应采取防坠落措施。

(2) 坚固耐久。阳台所用材料和构造措施应经久耐用，承重结构宜采用钢筋混凝土，金属构件应做防锈处理，表面装修应注意色彩的耐久性和抗污染性。

(3) 排水顺畅。为防止阳台上的雨水流入室内，设计时要求将阳台地面标高低于室内地面标高30~50mm，并将地面抹出5‰的排水坡将水导入排水孔，使雨水能顺利排出。

此外,阳台在设计时还应考虑地区气候特点。南方地区宜采用有助于空气流通的空透式栏杆,而北方寒冷地区和中高层住宅应采用实体栏杆,并满足立面美观的要求,为建筑物的形象增添风采。

2. 阳台结构布置方式

阳台承重结构通常是楼板的一部分,因此应与楼板的结构布置统一考虑。钢筋混凝土阳台可采用现浇或装配两种施工方式,如图 4.51 所示。

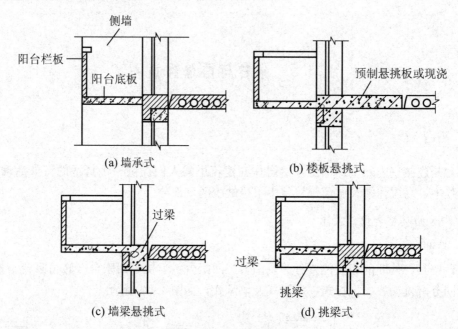

图 4.51　阳台的结构布置

1)墙承式

将阳台板直接搁置在墙上。这种结构形式稳定、可靠、施工方便,多用于凹阳台。

2)挑梁式

从横墙内外伸挑梁,其上搁置预制楼板,这种结构布置简单、传力直接明确,阳台长度与房间开间一致。挑梁根部截面高度 H 为 $(1/6 \sim 1/5)L$,L 为悬挑净长,截面宽度为 $(1/3 \sim 1/2)H$。为美观起见,可在挑梁端头设置面梁,既可以遮挡挑梁头,又可以承受阳台栏杆重量,还可以加强阳台的整体性。

3)挑板式

当楼板为现浇楼板时,可选择挑板式,悬挑长度一般为 1.2m 左右。即从楼板外延挑出平板,板底平整美观而且阳台平面形式可做成半圆形、弧形、梯形、斜三角等各种形状。挑板厚度不小于挑出长度的 1/12,一般有两种做法:一种是将房间楼板直接向墙外悬挑形成阳台板;另一种是将阳台板和墙梁现浇在一起,利用梁上部墙体的重量来防止阳台倾覆。

3. 阳台细部构造

1）阳台栏杆

栏杆是在阳台外围设置的竖向构件，其作用：一方面是承担人们推倚的侧向力，以保证人的安全；另一方面是对建筑物起装饰作用。因而栏杆的构造要求坚固和美观。栏杆的高度应高于人体的重心，一般不宜低于 1.05m，高层建筑不应低于 1.1m，但不宜超过 1.2m。

（1）按阳台栏杆空透的情况不同有实体、空花和混合式，如图 4.52 所示。

（2）按材料可分为砖砌栏板、混凝土栏板、混凝土栏杆和金属栏杆，如图 4.53 所示。

2）栏杆扶手

扶手是供人手扶使用的，有金属扶手和钢筋混凝土扶手两种。金属扶手一般为钢管与金属栏杆焊接。钢筋混凝土扶手应用广泛，形式多样，一般直接用作栏杆压顶，宽度有80mm、120mm、160mm。当扶手上需放置花盆时，需在外侧设保护栏杆，一般高度为180mm 或 200mm，花台净宽为 240mm。

钢筋混凝土扶手用途广泛，形式多样，有不带花台、带花台、带花池等，如图 4.54 所示。

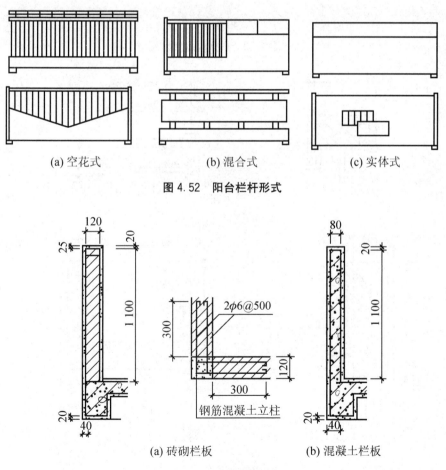

(a) 空花式　　　(b) 混合式　　　(c) 实体式

图 4.52　阳台栏杆形式

钢筋混凝土立柱

(a) 砖砌栏板　　　(b) 混凝土栏板

图 4.53　栏杆构造

房屋建筑构造

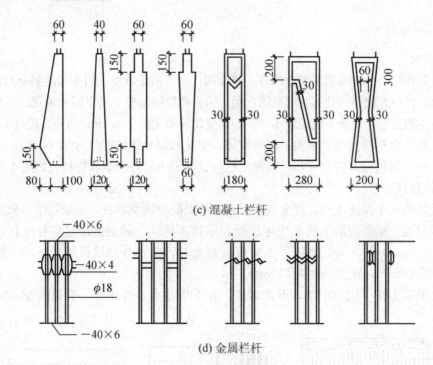

(c) 混凝土栏杆

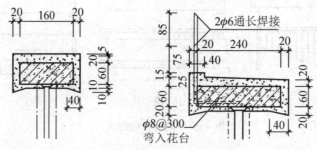

(d) 金属栏杆

图 4.53　栏杆构造(续)

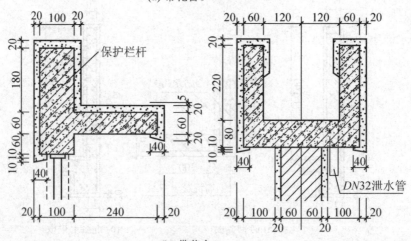

(a) 带花台1

2φ6通长焊接

φ8@300 弯入花台

保护栏杆

DN32泄水管

(b) 带花台2

图 4.54　阳台扶手构造

162

3）细部构造

阳台细部构造主要包括栏杆与扶手的连接、栏杆与面梁（或称止水带）的连接、栏杆与墙体的连接等。

（1）栏杆与扶手的连接方式有焊接、现浇等方式，如图4.55所示。

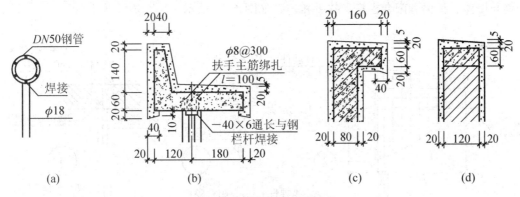

图 4.55　栏杆与扶手的连接

（2）栏杆与面梁或阳台板的连接方式有焊接、榫接坐浆、现浇等，如图4.56所示。

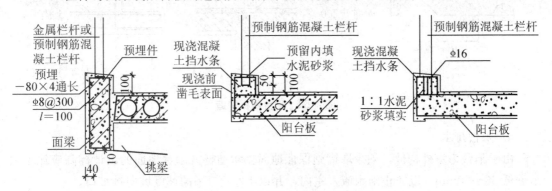

图 4.56　栏杆与面梁或阳台板的连接

（3）扶手与墙的连接，应将扶手或扶手中的钢筋伸入外墙的预留洞中，用细石混凝土或水泥砂浆填实固牢；现浇钢筋混凝土栏杆与墙连接时，应在墙体内预埋 240mm×240mm×120mm C20 细石混凝土块，从中伸出 2ϕ6，长 300mm 的钢筋，与扶手中的钢筋绑扎后再进行现浇，如图4.57所示。

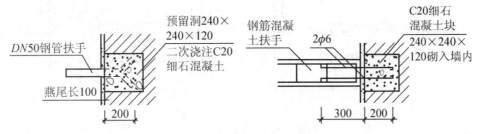

图 4.57　扶手与墙体的连接

4）阳台隔板

阳台隔板用于连接双阳台，有砖砌和钢筋混凝土隔板两种。砖砌隔板一般采用60mm和120mm厚两种，由于荷载较大且整体性较差，所以现多采用钢筋混凝土隔板。隔板采用C20细石混凝土预制60mm厚，下部预埋铁件与阳台预埋铁件焊接，其余各边伸出$\phi 6$钢筋与墙体、挑梁和阳台栏杆、扶手相连，如图4.58所示。

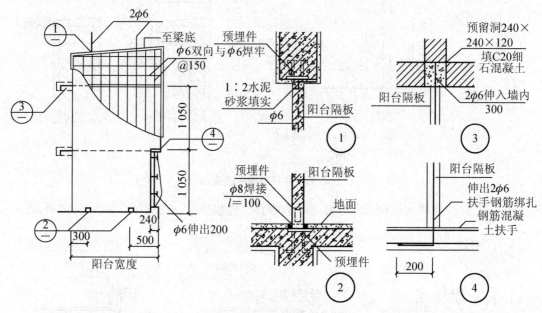

图4.58　阳台隔板构造

5）阳台排水

由于阳台为室外构件，须采取措施保证地面排水通畅。阳台地面的设计标高应比室内地面低30~50mm，以防止雨水流入室内，并以不小于1%的坡度坡向排水口。

阳台排水有外排水和内排水两种。外排水是在阳台外侧设置泄水管将水排出，泄水管设置40~50镀锌铁管或塑料管水舌，外挑长度不少于80mm，以防雨水溅到下层阳台，如图4.59(a)所示，外排水适用于低层和多层建筑；内排水是在阳台内侧设置排水立管和地漏，将雨水直接排入地下管网，内排水适用于高层建筑和高标准建筑，如图4.59(b)所示。

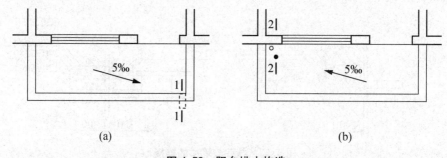

图4.59　阳台排水构造

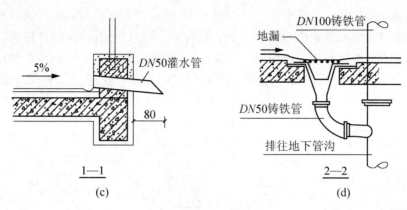

(c)　　　　　　　　　　　　　　(d)

图 4.59　阳台排水构造(续)

4.5.2　雨篷

雨篷是指设置在建筑物外墙出入口的上方用以挡雨并有一定装饰作用的水平构件，位于建筑物出入口的上方，用来遮挡雨雪，保护外门免受侵蚀，给人们提供一个从室外到室内的过渡空间，并起到保护门和丰富建筑立面的作用。

根据雨篷板的支承方式不同，有悬板式和梁板式两种。

1. 悬板式

悬板式雨篷外挑长度一般为 0.9～1.5m，板根部厚度不小于挑出长度的 1/12，雨篷宽度比门洞每边宽 250mm，雨篷排水方式可采用无组织排水和有组织排水两种。雨篷顶面距过梁顶面 250mm 高，板底抹灰可抹 1∶2 水泥砂浆内掺 5％防水剂的防水砂浆 15mm 厚，多用于次要出入口。悬板式雨篷构造如图 4.60(a)所示。

2. 梁板式

当门洞口尺寸较大，雨篷挑出尺寸也较大时，雨篷应采用梁板式结构。即雨篷由梁和板组成，为使雨篷底面平整，梁一般翻在板的上面成翻梁，如图 4.60(b)所示。当雨篷尺寸更大时，可在雨篷下面设柱支撑。

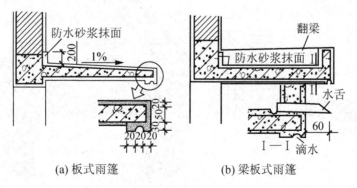

(a) 板式雨篷　　　　　　　(b) 梁板式雨篷

图 4.60　雨篷

雨篷顶面应做好防水和排水处理，如图 4.61 所示，一般采用 20mm 厚的防水砂浆抹面进行防水处理，防水砂浆应沿墙面上升，高度不小于 250mm，同时在板的下部边缘做滴水，防止雨水沿板底漫流。雨篷顶面需设置 1‰ 的排水坡，并在一侧或双侧设排水管将雨水排除。为了立面需要，可将雨水由雨水管集中排除，这时雨篷外缘上部需做挡水边坎。

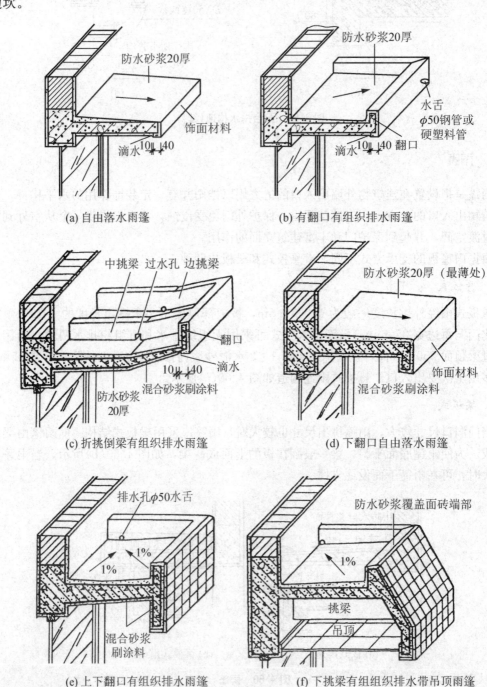

(a) 自由落水雨篷

(b) 有翻口有组织排水雨篷

(c) 折挑倒梁有组织排水雨篷

(d) 下翻口自由落水雨篷

(e) 上下翻口有组织排水雨篷

(f) 下挑梁有组织排水带吊顶雨篷

图 4.61 雨篷防水和排水处理

● 特 别 提 示

引例(4)的解答：引例图4-7所示阳台按其与外墙位置来分属于挑阳台，按其结构布置方式来分属于现浇挑板式；引例图4-8所示的雨篷是与门上过梁一起现浇的悬板式雨篷。

● 知 识 链 接

随着建筑技术、建筑材料和结构理论的进步，悬挂的雨篷应用越来越多。悬挂雨篷多采用钢材做拉杆，因为这可以充分发挥材料的力学性能，使得杆件可选择较小截面，显得较为轻巧。悬挂构件与主体结构的连接节点宜采取铰接。图4.62是悬挂雨篷的连接节点。

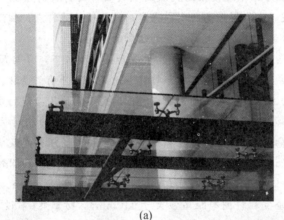

(a)

(b)   (c)

图4.62 悬挂雨篷的连接节点

小 结

(1) 楼板层、地坪层是建筑物的水平承重构件。楼板层由面层、结构层、顶棚三部分组成；地坪层由面层、结构层(垫层)和基层组成。为满足使用功能设有附加层，以解决隔声、保温、隔热、防水、防火等问题。

（2）楼板层按结构层所用材料的不同，可分为木楼板、砖拱楼板、钢筋混凝土楼板、钢楼板及压型钢板与混凝土组合楼板等，其中现浇式钢筋混凝土楼板分为板式楼板、梁板式楼板、无梁楼板、井字梁楼板、压型钢板组合楼板等，其整体性能好。预制装配式钢筋混凝土楼板可分为实心板平板、空心板、槽形板等，其整体性相对较差，故应采用一定构造措施来加强。装配整体式钢筋混凝土楼板整合了现浇式楼板整体性好和装配式楼板施工简单、工期短的优点。装配整体式钢筋混凝土楼板按结构及构造方式可分为密肋填充块楼板和预制薄板叠合楼板。

（3）楼地面的构造是指楼板层和地坪层的地面层的构造做法。楼地面按其材料和做法可分为四大类型，即：整体类地面、块材类地面、粘贴类地面、涂料类地面。

（4）顶棚按饰面与基层的关系可归纳为直接式顶棚与悬吊式顶棚两大类。

① 直接式顶棚是在屋面板或楼板结构底面直接做饰面材料的顶棚。它具有构造简单、构造层厚度小，施工方便，可取得较高的室内净空，造价较低等特点，但没有供隐蔽管线、设备的内部空间，故用于普通建筑或空间高度受到限制的房间。

② 悬吊式顶棚是指顶棚的装饰表面悬吊于屋面板或楼板下，并与屋面板或楼板留有一定距离的顶棚，俗称吊顶。悬吊式顶棚可结合灯具、通风口、音响、喷淋、消防设施等进行整体设计，形成变化丰富的立体造型，改善室内环境，满足不同使用功能的要求。

（5）阳台是楼房各层与房间相连的室外平台，按其与外墙的相对位置分为挑阳台、凹阳台、半挑半凹阳台、转角阳台。结构处理有挑梁式、挑板式、压梁式及墙承式。悬挑阳台的挑出长度不宜过大，应保证在荷载作用下不发生倾覆现象，以 1.2～1.8m 为宜。低层、多层住宅阳台栏杆净高不低于 1.05m，中高层住宅阳台栏杆净高不低于 1.1m，但也不大于 1.2m。阳台栏杆形式应防坠落(垂直栏杆间净距不应大于 110mm)，防攀爬(不设水平栏杆)，以免造成恶果。放置花盆处，也应采取防坠落措施。

（6）雨篷是指在建筑物外墙出入口的上方用以挡雨并有一定装饰作用的水平构件，根据雨篷板的支承方式不同，有悬板式和梁板式两种。

思 考 题

1. 楼板层、地坪层的相同与不同之处有哪些？其基本组成有哪些？
2. 现浇钢筋混凝土楼板的种类及其传力特点是什么？
3. 预制空心板的常用尺寸有哪些？
4. 楼地层的防水构造有哪些要点？
5. 简述压型钢板组合楼板的构造组成。
6. 简述阳台的种类及其作用。
7. 雨篷的作用是什么？其构造要点有哪些？

第 5 章

楼梯与电梯

⚙ 教学目标

通过学习楼梯的组成及类型、楼梯的设计、楼梯的构造、台阶与坡道构造及电梯与自动扶梯的构造，让学生掌握楼梯的组成及其功能，常见的楼梯的形式，楼梯的相关尺度，熟练掌握现浇钢筋混凝土楼梯的构造特点和结构形式，掌握中小型预制装配式钢筋混凝土楼梯的构造特点与要求，熟练掌握楼梯的细部构造，熟悉台阶、坡道的构造要求，了解电梯与自动扶梯的组成及构造要求。

⚙ 教学要求

能力目标	知识要点	权重
掌握楼梯的设计要求、梯段的相关尺度	楼梯的设计要求，梯段宽度、坡度等尺度	20%
掌握楼梯的常见形式及组成、功能	楼梯的组成、楼梯的类型	10%
熟练掌握现浇钢筋混凝土楼梯的构造特点及结构形式	现浇钢筋混凝土楼梯的构造要求，结构传力方式	20%
掌握中小型预制装配式钢筋混凝土楼梯的构造特点与要求	中小型预制装配式钢筋混凝土楼梯的构造要求，结构支撑方式	10%
熟练掌握楼梯的细部构造	踏步及防滑条、栏杆、栏板、扶手、楼梯基础等的构造要求	20%
熟悉台阶、坡道的构造要求	台阶、坡道的形式与构造要求	10%
了解电梯与自动扶梯的组成及构造	电梯、自动扶梯的组成及构造要求	10%

章 节 导 读

建筑物各个不同楼层之间的联系，需要有垂直交通设施，该项设施有楼梯、电梯、自动扶梯、台阶、坡道等。

楼梯作为垂直交通和人员紧急疏散的主要交通设施，使用最为广泛。楼梯设计要求：坚固、耐久、安全、防火；做到上下通行方便，能搬运必要的家具物品，有足够的通行和疏散能力。另外，楼梯尚应有一定的美观要求。电梯用于层数较多或有特殊需要的建筑物中。即使以电梯或自动扶梯为主要交通设施的建筑物，也必须同时设置楼梯，以便紧急疏散时使用。在建筑物入口处，因室内外地面的高差而设置的踏步段，称为台阶。为方便车辆和轮椅通行，也可增设坡道。坡道也可用于多层车库及医疗建筑中的无障碍交通设施。

本章关于楼梯的相关知识，既是全书的重点也是难点，主要帮助我们掌握楼梯的设计要求、尺度、组成、类型和熟悉钢筋混凝土楼梯、室外台阶、坡道、电梯及自动扶梯的构造原理和构造方法。

引 例

引例图 5-1～引例图 5-6 是我们搜集的一些典型图片，分别是不同建筑中的不同的楼梯，它们的存在为我们的生产、生活提供了很大的方便。针对以下这些图片，我们来思考这个问题：

以下这些楼梯形式相同吗？它们分别属于什么类型的楼梯？

引例图 5-1

引例图 5-2

引例图 5-3

引例图 5-4

引例图5-5　　　　　　　　　　　　　引例图5-6

5.1　楼梯概述

中国战国时期铜器上的重屋形象中已经镌刻有楼梯。15～16世纪的意大利，将室内楼梯从传统的封闭空间中解放出来，使之成为形体富于变化带有装饰性的建筑组成部分。现代建筑中结合具体环境设计的楼梯，既有实用价值，又收到富有动态感的空间艺术效果。

5.1.1　楼梯的组成

楼梯一般由楼梯段、平台及栏杆(或栏板)三部分组成，如图5.1所示。

1. 楼梯段

楼梯段又称楼梯跑，是楼梯的主要使用和承重部分。它由若干个踏步组成。为减少人们上下楼梯时的疲劳和适应人们行走的习惯，一个楼梯段的踏步数要求最多不超过18级，最少不少于3级。

2. 平台

平台是指两楼梯段之间的水平板，有楼层平台、中间平台之分。其主要作用在于缓解疲劳，让人们在连续上楼时可在平台上稍加休息，故又称休息平台。同时，平台还是梯段之间转换方向的连接处。

3. 栏杆

栏杆(或栏板)是楼梯段的安全设施，一般设置在梯段的边缘和平台临空的一边，要求它必须坚固可靠，并保证有足够的安全高度。

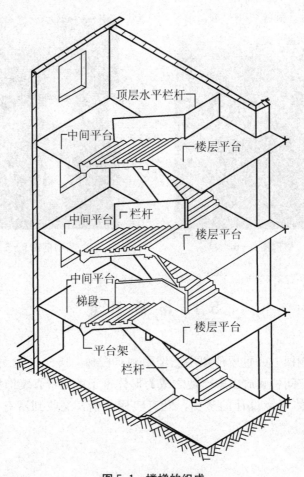

图 5.1 楼梯的组成

5.1.2 楼梯的设计要求

（1）作为主要楼梯，应与主要出入口邻近，且位置明显；同时还应避免垂直交通与水平交通在交接处拥挤、堵塞等问题的出现。

（2）必须满足防火要求，楼梯间除允许直接对外开窗采光外，不得向室内任何房间开窗；楼梯间四周墙壁必须为防火墙；对防火要求高的建筑物特别是高层建筑，应设计成封闭式楼梯或防烟楼梯。

（3）楼梯间必须有良好的自然采光。

5.1.3 楼梯的类型

按位置不同分，楼梯有室内与室外两种。

按使用性质分，室内有主要楼梯、辅助楼梯；室外有安全楼梯、防火楼梯等。

按材料分有木质、钢筋混凝土、钢质、混合式及金属楼梯。

按楼梯的平面形式不同，可分为如下几种：①单跑直楼梯、②双跑直楼梯、③曲尺楼梯、④双跑平行楼梯、⑤双分转角楼梯、⑥双分平行楼梯、⑦三跑楼梯、⑧三角形三跑楼梯、⑨圆形楼梯、⑩中柱螺旋楼梯、⑪无中柱螺旋楼梯、⑫单跑弧形楼梯、⑬双跑弧形楼梯、⑭交叉楼梯、⑮剪刀楼梯，如图 5.2 所示。

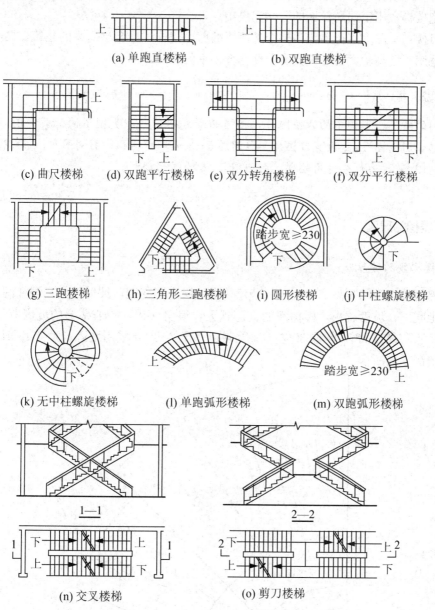

图 5.2 楼梯的平面类型

楼梯类型的选择取决于所处位置、楼梯间的平面形状与大小、楼层高低与层数、人流多少与缓急等因素。常用的主要形式列举如下。

单跑直楼梯：仅用于层高不大的建筑。

多跑直楼梯：用于层高较大的建筑。

双跑平行楼梯：是最常用的楼梯形式之一。

双分双合平行楼梯：常用作办公类建筑的主要楼梯。

折行多跑楼梯：折行双跑楼梯常用于仅上一层楼的影剧院、体育馆等建筑的门厅中；折行三跑楼梯常用于层高较大的公共建筑中。

剪刀楼梯：两个直行单跑楼梯交叉而成的剪刀楼梯，适合层高小的建筑。两个直行多跑楼梯适用于层高较大且有人流多向性选择要求的建筑。

● 特 别 提 示 ....

引例的解答：引例中的六幅图片，楼梯的形式不同，即类型不同。引例图 5-1 为多跑直楼梯，引例图 5-2 为剪刀楼梯，引例图 5-3 为螺旋楼梯，引例图 5-4 为双跑平行楼梯，引例图 5-5 为双分转角楼梯，引例图 5-6 为弧形楼梯。

5.1.4 楼梯的尺度

1. 楼梯段的坡度

楼梯的坡度由踏步高宽比决定。若建筑物的层高不变则，坡度越大，楼梯间的进深越小，行走吃力；坡度越小，楼梯间的进深越大，浪费面积，一般楼梯的坡度取 25°～45°，最大坡度不宜超过 38°，常取 30°左右；当坡度小于 20°时，采用坡道；大于 45°时，则采用爬梯，如图 5.3 所示。

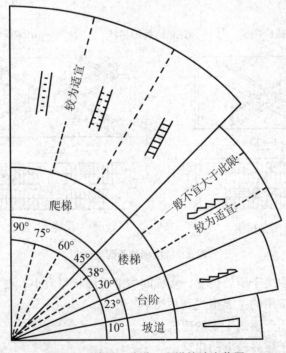

图 5.3　楼梯、坡道、爬梯的坡度范围

一般而言，公共建筑中的楼梯使用人数较多，坡度应平缓些；住宅建筑中的楼梯，使用人数较少，坡度应稍陡些；专供老年或幼儿使用的楼梯，坡度须平缓些。

2. 楼梯踏步尺寸

楼梯段是由若干踏步组成，每个踏步又是由踏面和踢面组成的，即踏面——踏步的宽度 b，踢面——踏步的高度 h。楼梯段是供人通行的，因此踏步尺寸要与人行走有关，即踏步宽度与人的脚长和上下楼梯时脚与踏面接触状态有关。踏面宽 300mm 时，人的脚可以完全落在踏面上，行走舒适。当踏面宽减少时，人行走时脚跟部分可能悬空，行走就不方便。一般踏步面宽不宜小于 240mm。

踏步高度一般宜为 140～175mm，各级踏步高度均应相同。在通常情况下踏步尺寸可根据经验公式：$b+2h=600\sim620$mm，这为成人的平均步距，室内楼梯选用低值，室外台阶选用高值。

民用建筑中，楼梯踏步的最小宽度与最大高度的限制值见表 5-1。

表 5-1 楼梯踏步最小宽度和最大宽度

单位：mm

楼梯类别	最小宽度 b	最大高度 h
住宅公用楼梯	260(260～300)	175(150～175)
幼儿园、小学楼楼梯	260(260～280)	150(120～150)
医院、疗养院等楼梯	280(300～350)	160(120～150)
学校、办公楼等楼梯	260(280～340)	170(140～160)
剧院、会堂等楼梯	220(300～350)	200(120～150)

注：无中柱螺旋楼梯和弧形楼梯离内侧扶手中心 0.25m 处的踏步宽度不应小于 0.22m。

当踏步尺寸较小时，可以采取加做踏口或使踢面倾斜的方式加宽踏面，踏口的挑出尺寸为 20～25mm，如图 5.4 所示。这个尺寸过大时行走不方便。

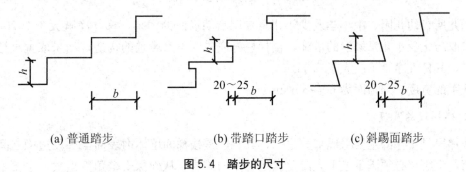

(a) 普通踏步　　　　(b) 带踏口踏步　　　　(c) 斜踢面踏步

图 5.4 踏步的尺寸

3. 楼梯栏杆扶手的高度

栏杆(或栏板)是梯段的安全设施，一般设在梯段的边缘和平台临空的一边，要求其坚固可靠，并具有足够的安全高度。梯段净宽达三股人流时应两侧设扶手，达四股人流时宜加设中间扶手。扶手主要是供人们依扶着上下楼梯，扶手的高度，指踏面前缘至扶手顶面的垂直距离。楼梯扶手的高度与楼梯的坡度、楼梯的使用要求有关，很陡的楼梯，扶手的高度矮些，坡度平缓时高度可稍大。

室内楼梯扶手高度自踏步前缘线量起不宜小于 0.90m，如图 5.5 所示。顶层平台的水平安全栏杆扶手高度应适当加高一些，一般不宜小于 1000mm，为防止儿童穿过栏杆空挡而发生危险，栏杆之间的水平距离不应大于 120mm。靠楼梯井一侧水平扶手长度超过 0.50m 时，其高度不应小于 1.05m。儿童使用的楼梯一般为 600mm。对一般室内楼梯大于或等于 900mm，靠梯井一侧水平栏杆长度大于 500mm，其高度大于或等于 1000mm，室外楼梯栏杆高大于或等于 1050mm。

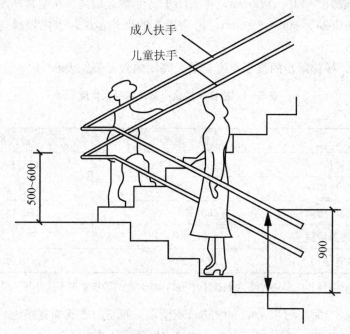

图 5.5　楼梯栏杆扶手尺度

托儿所、幼儿园、中小学及少年儿童专用活动场所的楼梯，梯井净宽大于 0.20m 时，必须采取防止少年儿童攀滑的措施，楼梯栏杆应采取不易攀登的构造，当采取垂直杆件做栏杆时，其杆件净距不应大于 0.11m。

扶手的宽度，即顶面为 60～85mm。

4. 楼梯段的宽度

楼梯段是楼梯的主要组成部分之一，其宽度是楼梯间墙体内表面至梯段边缘之间的水平距离，该距离必须满足上下人流及搬运物品的需要。从确保安全角度出发，主要是为了防火疏散，因此楼梯段宽度是由通过该梯段的人流数确定的。根据人体尺度，每股人流宽可考虑取 550mm＋(0～150mm)，这里 0～150mm 是人流在行进中人体的摆幅。楼梯段宽度和人流股数关系要处理恰当。

5. 楼梯的净空高度

楼梯的净空高度包括楼梯段的净高和平台过道处的净高。梯段的净高是指自踏步前缘线(包括最低和最高一级踏步前缘线以外0.3m范围内)量至正上方突出物下缘间的垂直距离。平台过道处净高是指平台梁底至平台梁正下方踏步或楼地面上边缘的垂直距离。为保证人流通行和家具搬运,楼梯平台上部及下部过道处的净高不应小于2m,梯段净高不宜小于2.20m,如图5.6所示。

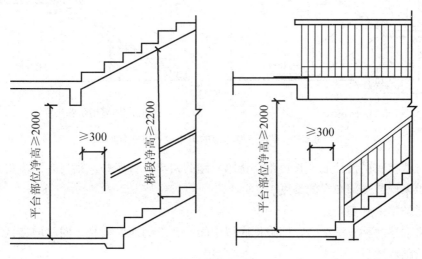

图5.6 楼梯的净空高度

当楼梯底层中间平台下做通道时,为求得下面空间净高大于或等于2000mm,常采用以下几种处理方法,如图5.7所示。

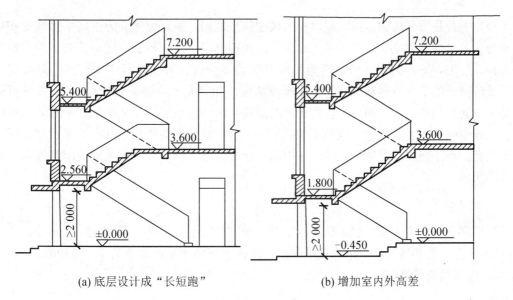

(a) 底层设计成"长短跑"　　　(b) 增加室内外高差

图5.7 平台下做通道的集中设计方式

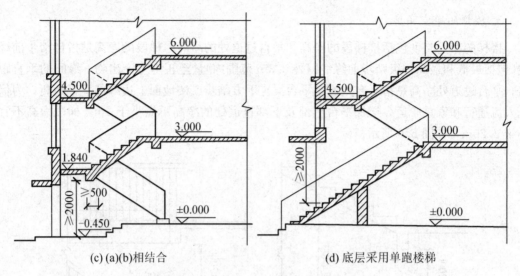

(c) (a)(b)相结合   (d) 底层采用单跑楼梯

图 5.7　平台下做通道的集中设计方式(续)

(1) 将楼梯底层设计成"长短跑"让第一跑的踏步数目多些,第二跑踏步少些,利用踏步的多少来调节下部净空的高度。

(2) 增加室内外高差。

(3) 将上述两种方法结合,即降低底层中间平台下的地面标高,同时增加楼梯底层第一个梯段的踏步数量。

(4) 将底层采用单跑楼梯,这种方式多用于少雨地区的住宅建筑。

(5) 取消平台梁,即平台板和梯段组合成一块折形板。

6. 平台的宽度

楼梯平台是楼梯段的连接,也供行人稍加休息之用。平台宽度分为中间平台宽度和楼层平台宽度,平台宽度应大于或等于梯段宽度,即规定了楼梯平台宽度取值的下限。在实际楼梯设计中,平台的宽度确定还要具体情况具体分析。对于平行或折行多跑等类型楼梯,其转向后的中间平台宽度应不小于梯段宽度,并应大于或等于 1200mm,以保证可通行与梯段同股数的人流。同时,应便于家具搬运,医院建筑还应保证担架在平台处能转向通行,其中间平台宽度应大于或等于 1800mm。对于直行多跑楼梯,其中间平台宽度可等于梯段宽。对于楼层平台宽度,则应比中间平台更宽松一点,以利于人流分配和停留,如图 5.8 所示。

7. 梯井的宽度

所谓梯井,是指梯段之间形成的空当,此空挡从顶层到底层贯通,一般以 60～200mm 为宜。公共建筑的室内疏散楼梯两梯段扶手间的水平净距不宜小于 150mm,超过 200mm 应采取防护措施。

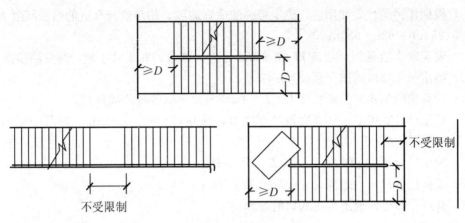

图 5.8　平台的宽度

5.1.5　楼梯的设计

设计楼梯主要是解决楼梯梯段和平台的设计，而梯段和平台的尺寸与楼梯间的开间、进深和层高有关。

1. 设计步骤

如图 5.9 所示，设计步骤如下。

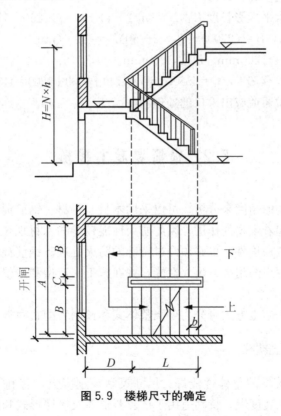

图 5.9　楼梯尺寸的确定

（1）根据楼梯的性质和用途，确定楼梯的适宜坡度，初步选择合适的踏步高度 h 和踏步宽度 $b(2h+b=600\sim630\text{mm})$。

（2）确定踏步数量 $N=$ 层高 H /踏步高 h，应为整数，如果是小数，调整踏步高 h 值。

（3）确定每个梯段的踏步数($3<n<18$)。

（4）计算梯段的水平投影长度 L，$L=(n/2-1)\times b$(等梯段双跑)。

（5）确定梯井宽度 C，计算梯段净宽度 B，梯井 $C=60\sim200\text{mm}$，梯段净宽 $B(A-C)/2(A$ 为开间净宽)。

（6）确定平台宽 D_1 和 D_2，$D_1>B$、$D_2>B$。

（7）校核进深尺寸，进深尺寸 $\geqslant D_1+L+D_2$。

（8）首层平台下作通道或出入口的处理。

2. 设计实例分析

多层住宅楼梯设计，楼梯间开间尺寸为 2.7m，进深尺寸为 4.8m，层高 2.8m，室内外高差 0.6m。

（1）据表 5-1，住宅 $h=150\sim175\text{mm}$，$b=260\sim300\text{mm}$，初选 $h=170\text{mm}$，则 $b=600-2\times170=260(\text{mm})$。

（2）踏步数量 $n=H/h=2800/170\approx16.5$，取整数 $n=16$，则 $h=2800/16=175(\text{mm})$，$b=600-2\times175=250(\text{mm})$。

（3）每个梯段的踏步数：16/2=8。

（4）计算梯段的水平投影长度 L：$L=(n/2-1)\times b=7\times250=1750(\text{mm})$。

（5）取 $C=60\text{mm}$，$B=(2700-120\times2-60)/2=1200(\text{mm})$。

（6）平台宽度 $D_1\geqslant1200\text{mm}$、$D_2\geqslant1200\text{mm}$。

（7）校核进深尺寸：$4800-240=4560(\text{mm})$，$1750+1200+1200=4150(\text{mm})$，满足要求。

（8）首层平台下做通道或出入口的处理。

5.2 钢筋混凝土楼梯

楼梯的形式从材料的角度来分析，可以采用木材、钢材、钢筋混凝土或多种材料混合制作。楼梯在疏散时起着重要的作用，因此防火性能较差的木材现今已经很少用于楼梯的结构部分。钢材作为楼梯构件，也必须经过特殊的防火处理。钢筋混凝土楼梯具有较好的结构刚度和强度，较理想的耐久、耐火性能，并在施工、造型和造价等方面也有较多的优势，故应用最为普遍。

钢筋混凝土楼梯按施工方式可分为现浇整体式和预制装配式两类。

5.2.1 现浇钢筋混凝土楼梯

现浇钢筋混凝土楼梯的整体性能好，尺寸灵活，刚度大，有利于抗震。但模板耗费大，施工周期长，施工速度慢。特别适用于抗震要求高及楼梯形式和尺寸变化多的建筑物或施工现场无起重设备的情况，现浇钢筋混凝土楼梯的施工现场如图 5.10 所示。现浇楼梯根据梯段的传力方式不同，有板式梯段和梁板式梯段之分。

(a)   (b)

图 5.10　现浇钢筋混凝土楼梯施工现场

1. 板式楼梯

板式梯段通常由梯段板、平台梁和平台板组成，是指楼梯段作为一块带踏步的倾斜整板，斜搁在楼梯的平台梁上，承受着梯段的全部荷载，并通过平台梁将荷载传给墙体或柱子。平台梁之间的距离便是这块板的跨度，如图 5.11 和图 5.12 所示。或者也可取消梯段板一端或两端的平台梁，使平台板与梯段板联为一体，形成折线形的板，直接支承于墙或梁上。

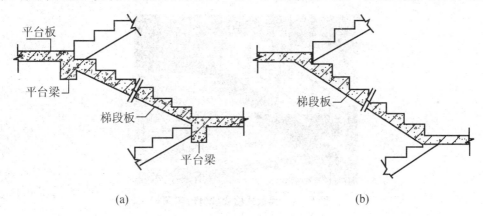

(a)   (b)

图 5.11　现浇钢筋混凝土板式梯段

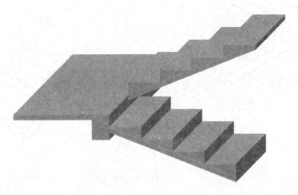

图 5.12　现浇钢筋混凝土板式梯段立体图

板式楼梯结构简单、底面平整、便于装修，但板厚度大，自重大，如图5.13所示。

图5.13 板式楼梯实例

2. 梁板式楼梯

当梯段较宽或楼梯负载较大时，采用板式梯段往往不经济，须增加梯段斜梁（简称梯梁）以承受板的荷载，并将荷载传给平台梁，这种梯段称梁板式梯段。

梁板式梯段在结构布置上有双梁布置和单梁布置之分。梯梁在板下部的称正梁式梯段，也叫"明步"；将梯梁反向上面称反梁式梯段，也叫做"暗步"，其实例如图5.14所示。现浇钢筋混凝土梁板式梯段如图5.15所示。

图5.14 梁板式楼梯（暗步）实例

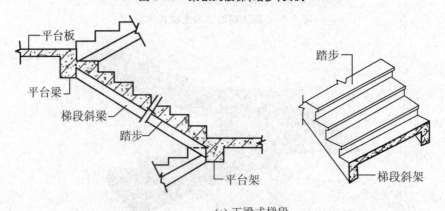

(a) 正梁式梯段

图5.15 现浇钢筋混凝土梁板式梯段

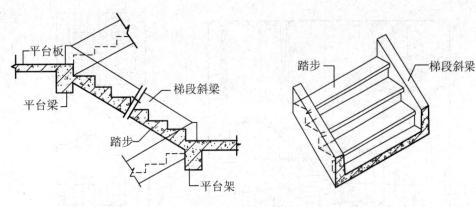

(b) 反梁式梯段

图 5.15　现浇钢筋混凝土梁板式梯段(续)

在梁板式结构中,单梁式楼梯是近年来公共建筑中采用较多的一种结构形式,如图 5.16 和图 5.17 所示。这种楼梯的每个梯段由一根梯梁支承踏步。梯梁布置有两种方式:一种是单梁悬臂式楼梯,另一种是单梁挑板式楼梯。单梁楼梯受力复杂,梯梁不仅受弯,而且受扭。但这种楼梯外形轻巧、美观,常为建筑空间造型所采用。其特点有板跨减小,板厚减小、施工复杂,且明步——受力合理,底不平整,暗步——底平整,易积灰。

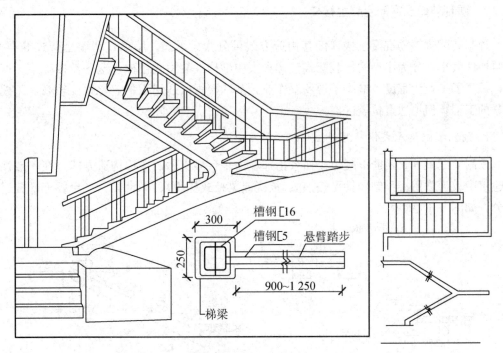

图 5.16　单梁悬臂式楼梯

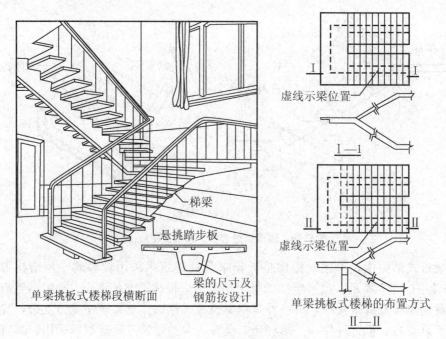

虚线示梁位置

I—1

虚线示梁位置

单梁挑板式楼梯的布置方式

II—II

梯梁

悬挑踏步板

梁的尺寸及
钢筋按设计

单梁挑板式楼梯段横断面

图 5.17 单梁挑板式楼梯

5.2.2 预制装配式钢筋混凝土楼梯

预制装配式钢筋混凝土楼梯按其构造方式可分为梁承式、墙承式和墙悬臂式等类型；按照构件大小可分为小型构件装配式楼梯和大中型构件装配式楼梯。这一类楼梯施工速度快，提高了工业化程度，减少了现场湿作业，节约模板。适用于工业化程度较高，工期要求紧的工程，但不适宜抗震区。

1. 预制装配梁承式钢筋混凝土楼梯

预制装配梁承式钢筋混凝土楼梯系指梯段由平台梁支承的楼梯构造方式，在一般性民用建筑中较为常用。预制构件可按梯段(板式或梁板式梯段)、平台梁、平台板三部分进行划分，如图 5.18 所示。

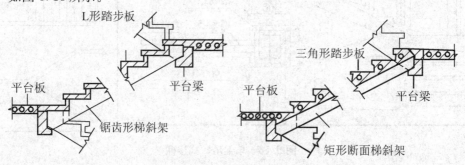

L形踏步板

三角形踏步板

平台板

平台梁

平台板

平台梁

锯齿形梯斜架

矩形断面梯斜架

(a) 梁板式梯段

图 5.18 预制装配梁承式楼梯

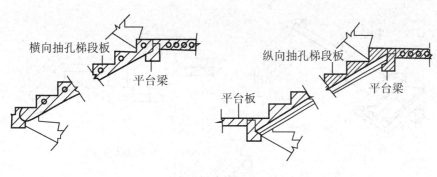

(b) 板式梯段

图 5.18　预制装配梁承式楼梯(续)

1) 梯段

(1) 梁板式梯段。梁板式梯段由梯斜梁和踏步板组成。一般在踏步板两端各设一根梯斜梁，踏步板支承在梯斜梁上。由于构件小型化，不需大型起重设备即可安装，施工简便。

① 踏步板：踏步板断面形式有一字形、L形、三角形等，如图 5.19 所示。

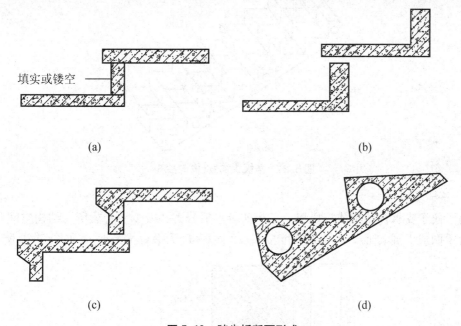

图 5.19　踏步板断面形式

② 梯斜梁：用于搁置一字形、L形断面踏步板的梯斜梁为锯齿形变断面构件。用于搁置三角形断面踏步板的梯斜梁为等断面构件，如图 5.20 所示。

(2) 板式梯段。板式梯段为整块或数块带踏步条板，没有梯斜梁，梯段底面平整，结构厚度小，其上下端直接支承在平台梁上，如图 5.16 所示。使平台梁位置相应抬高，增大了平台下净空高度。

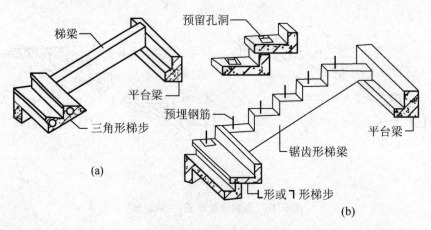

(a)

(b)

图 5.20　预制梯段斜梁的形式

为了减轻梯段板的自重，也可做成空心构件，有横向抽孔和纵向抽孔两种方式。横向抽孔较纵向抽孔合理易行，较为常用，如图 5.21 所示。

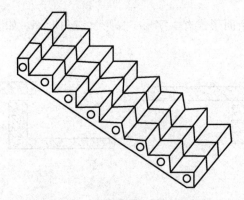

图 5.21　条板式梯段(横向抽孔)

2) 平台梁

为了便于支承梯斜梁或梯段板，平衡梯段水平分力并减少平台梁所占结构空间，一般将平台梁做成 L 形断面，其构造高度按 $L/12$ 估算(L 为平台梁跨度)，如图 5.22 所示。

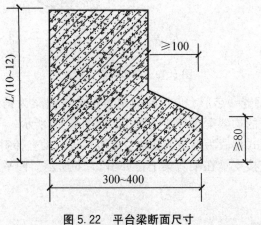

图 5.22　平台梁断面尺寸

3）平台板

平台板可根据需要采用钢筋混凝土空心板、槽板或平板。平台板一般平行于平台梁布置，以利于加强楼梯间整体刚度。当垂直平台梁布置时，常用实心的小平板，如图 5.23 所示。

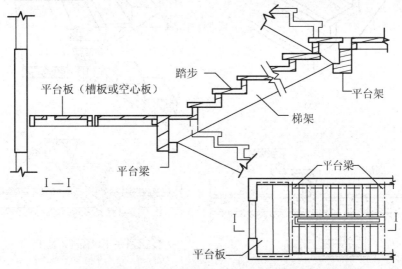

(a) 平台板两端支承在楼梯间侧墙上，与平台梁平行布置

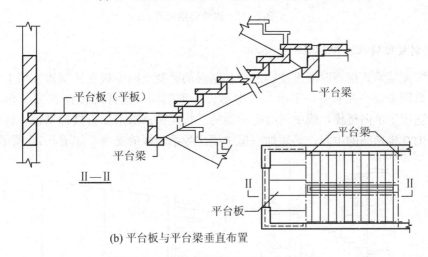

(b) 平台板与平台梁垂直布置

图 5.23 梁承式梯段与平台的结构布置

4）构件连接构造

（1）踏步板与梯斜梁连接。一般在梯斜梁支承踏步板处用水泥砂浆坐浆连接。如需加强，可在梯斜梁上预埋插筋，与踏步板支承端预留孔插接，用高标号水泥砂装填实。

（2）梯斜梁或梯段板与平台梁连接。在支座处除了用水泥砂浆坐浆外，应在连接端预埋钢板进行焊接。

（3）梯斜梁或梯段板与梯基连接。在楼梯底层起步处，梯斜梁或梯段板下应作梯基，梯基常用砖或混凝土，也可用平台梁代替梯基。但需注意该平台梁无梯段处与地坪的关系，如图 5.24 所示。

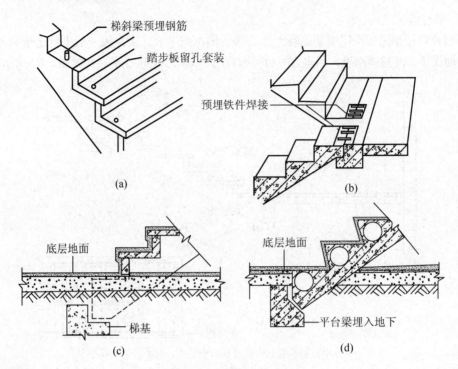

图 5.24　构件连接构造

2. 预制装配墙承式钢筋混凝土楼梯

预制装配墙承式钢筋混凝土楼梯系指预制钢筋混凝土踏步板直接搁置在墙上的一种楼梯形式，其踏步板一般采用一字形、匚形形、冖形断面。这样的楼梯省去了梯段上的斜梁，一般适用于单向楼梯，或中间有电梯间的三折楼梯。对于二折楼梯来说，梯段采用两面搁墙，则在楼梯间的中间，必须加一道中墙作为踏步板的支座，如图 5.25 所示。

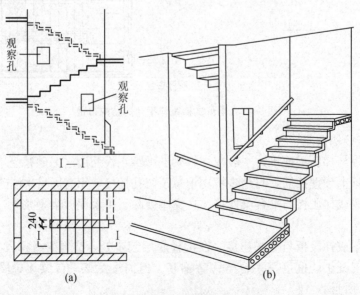

图 5.25　墙承式钢筋混凝土楼梯

这种楼梯由于在梯段之间有墙，搬运家具不方便，也阻挡视线，上下人流易相撞。通常在中间墙上开设观察口，以使上下人流视线流通。也可将中间墙两端靠平台部分局部收进，以使空间通透，有利于改善视线和搬运家具物品。但这种方式对抗震不利，施工也较麻烦。梯段与墙的交接处理如图 5.26 所示和图 5.27 所示。

图 5.26　墙与梯段底部的交接处

图 5.27　墙与梯段面的交接处

3. 预制装配墙悬臂式钢筋混凝土楼梯

预制装配墙悬臂式钢筋混凝土楼梯系指预制钢筋混凝土踏步板一端嵌固于楼梯间侧墙上，另一端凌空悬挑的楼梯形式。

这种楼梯构造简单，空间轻巧空透，只要预制一种悬挑的踏步构件，按楼梯的尺寸要求，依次砌入砖墙内即可，在住宅建筑中使用较多，但其楼梯间整体刚度差，不能用于有抗震设防要求的地区。

预制装配墙悬臂式钢筋混凝土楼梯用于嵌固踏步板的墙体厚度不应小于 240mm，踏步板悬挑长度一般小于或等于 1800mm。踏步板一般采用∟形带肋断面形式，其入墙嵌固端一般做成矩形断面，嵌入深度 240mm，预制装配墙悬臂式楼梯实例如图 5.28 所示。

图 5.28　预制装配墙悬臂式楼梯实例

5.3　楼梯的细部构造

5.3.1　踏步及防滑处理

1. 踏步踏面

楼梯踏步的踏面应光洁、耐磨，易于清扫。面层常采用水泥砂浆、水磨石等，亦可采用铺缸砖、贴油地毡或铺大理石板。前两种多用于一般工业与民用建筑中，后几种多用于有特殊要求或较高级的公共建筑中。大致与楼板面层做法相同，但要注意防滑。楼梯踏面防滑实例如图 5.29 所示。

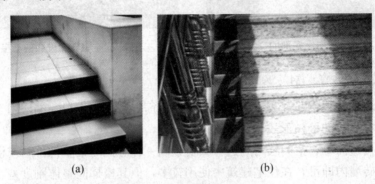

(a)　　　　　　　　　(b)

图 5.29　楼梯踏面防滑实例

2. 防滑处理

楼梯作为垂直交通工具，在火灾等灾害发生时往往是疏散人流的唯一通道，所以踏步面层一定要防滑。既防止行人在上下楼梯时滑跌，并起到保护踏步阳角的作用。特别是水磨石面层及其他表面光滑的面层，常在踏步近踏口处，用不同于面层的材料做出略高于踏面的防滑条；或用带有槽口的陶土块或金属板包住踏口。如果面层系采用水泥砂浆抹面，由于表面粗糙，可不做防滑条，如图 5.30 所示。

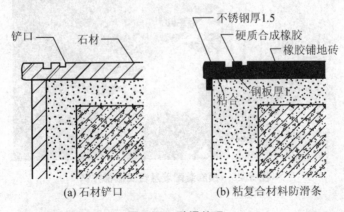

(a) 石材铲口　　　　(b) 粘复合材料防滑条

图 5.30　防滑处理

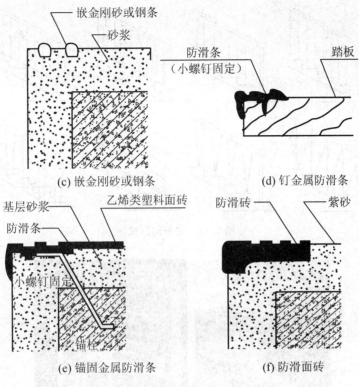

(c) 嵌金刚砂或钢条   (d) 钉金属防滑条

(e) 锚固金属防滑条   (f) 防滑面砖

图 5.30　防滑处理(续)

常用的防滑条材料有水泥铁屑、金刚砂、金属条(铸铁、铝条、铜条)、马赛克及带防滑条缸砖等。

5.3.2　栏杆、栏板构造

栏杆和栏板位于梯段或平台临空的一侧,是重要的安全设施,也是装饰性较强的构件。

1. 栏杆

栏杆多采用方钢、圆钢、钢管或扁钢等材料,并可焊接或铆接成各种图案,既起防护作用,又起装饰作用。也叫空花栏杆,其杆件形成的空花尺寸不宜过大,通常控制在120～150mm,不应采用易于攀爬的花饰,特别是供少年儿童使用的楼梯尤为注意。当竖杆间距较密时,其杆件断面可小一些;反之则应大一些。常用的钢竖杆断面为圆形和方形,并分为实心和空心两种,如图5.31所示。楼梯栏杆实例如图5.32所示。

栏杆与踏步的连接方式有锚接、焊接和栓接三种。

锚接是在踏步上预留孔洞,然后将钢条插入孔内,预留孔一般为50mm×50mm,插入洞内至少80mm,洞内浇注水泥砂浆或细石混凝土嵌固。焊接则是在浇注楼梯踏步时,在需要设置栏杆的部位,沿踏面预埋钢板或在踏步内埋套管,然后将钢条焊接在预埋钢板或套管上。栓接系指利用螺栓将栏杆固定在踏步上,方式可有多种,如图5.33所示。

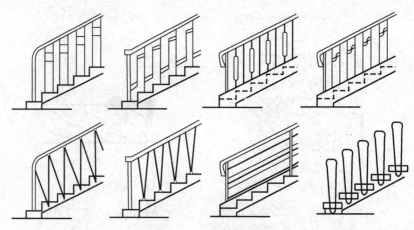

图 5.31　栏杆的形式

图 5.32　栏杆实例

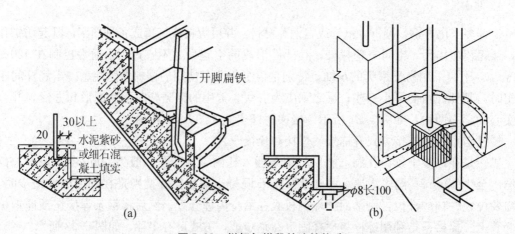

图 5.33　栏杆与梯段的连接构造

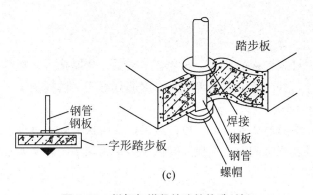

图 5.33　栏杆与梯段的连接构造(续)

2. 栏板

栏板多用钢筋混凝土或加筋砖砌体制作,也有用钢丝网水泥板的。钢筋混凝土栏板有预制和现浇两种。这种栏板取消了杆件,免去了栏杆的不安全因素,节约了钢材,无锈蚀问题,且能承受侧向推力。多用于室外楼梯或受到经济限制、采用栏板的室内楼梯。

3. 混合式

混合式是指空花式和栏板式两种栏杆形式的组合,栏杆竖杆作为主要抗侧力构件,栏板则作为防护和美观装饰构件,其栏杆竖杆常采用钢材或不锈钢等材料,其栏板部分常采用轻质美观材料制作,如木板、塑料贴面板、铝板、有机玻璃板和钢化玻璃板等,如图 5.34 所示。

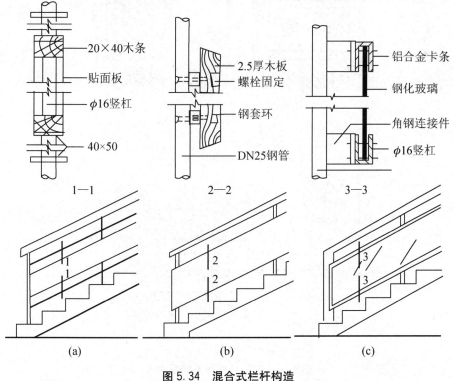

图 5.34　混合式栏杆构造

5.3.3 扶手构造

楼梯扶手位于栏杆或栏板的顶部，通常有木扶手、金属扶手、塑料扶手等，其断面应该考虑人的手掌尺寸，并注意断面的美观。以构造分有镂空栏杆扶手、栏板扶手和靠墙扶手等。

木扶手、塑料扶手通过扁铁与镂空栏杆连接；金属扶手则通过焊接或螺钉连接；靠墙扶手则由预埋铁脚的扁钢来固定。栏板上的扶手多采用抹水泥砂浆或水磨石粉面的处理方式，如图5.35所示。

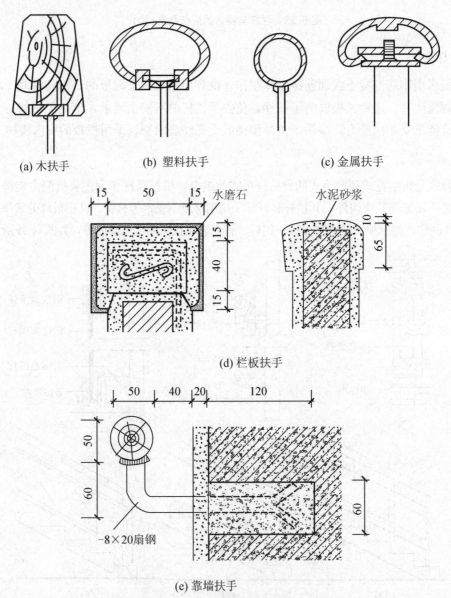

图 5.35 栏杆及栏板的扶手构造

在底层第一跑梯段起步处，为增强栏杆刚度和美观，可以对第一级踏步和栏杆扶手进行特殊处理，如图 5.36 所示。

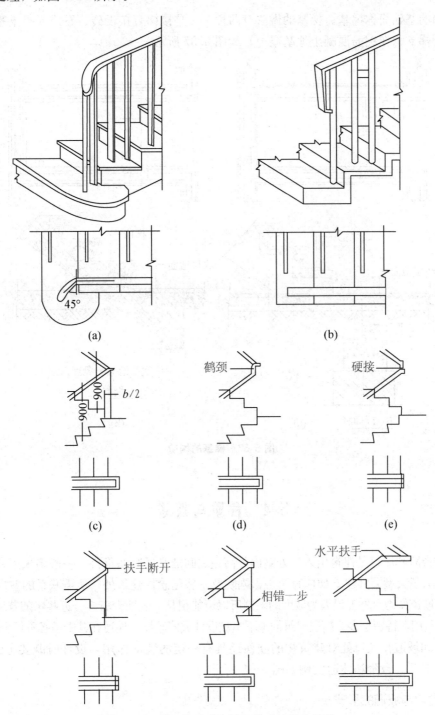

图 5.36　第一级踏步和栏杆扶手的特殊处理

5.3.4 楼梯的基础

楼梯的基础简称梯基。梯基的做法有两种：一是楼梯直接设砖、石或混凝土基础；另一种是楼梯支承在钢筋混凝土地基梁上，如图 5.37 所示。

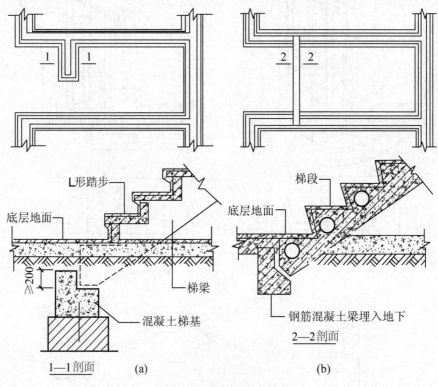

图 5.37 梯基的构造

5.4 台阶与坡道

室外台阶和坡道是建筑出入口处室内外高差之间的交通联系部件，一般多采用台阶。通常情况下除了大型公共建筑如体育馆、影剧院及一些纪念性建筑外，所需联系的室内外高差都不大。坡道作为室外工程因为坡度的限制所以可能很长，占地会较多。近些年随着地下空间的开发与利用，特别是多、高层建筑的地下室被设计成停车场，坡道在其中是必不可少的。

台阶和坡道在入口处对建筑物的立面还具有一定的装饰作用，设计时既要考虑实用，还要注意美观。台阶和坡道实例如图 5.38 所示。

5.4.1 台阶与坡道的形式

台阶坡度较楼梯平缓，每级踏步高为 100～150mm，踏面宽为 300～400mm。人流密集的场所台阶高度超过 0.70m 并侧面临空时，应有防护设施。坡道坡度应以有利车量通

图 5.38 台阶与坡道实例

行为佳，一般为 1∶6～1∶12，坡度大于 1∶10 的坡道应设防滑措施，锯齿形坡道坡度可加大到 1∶4，如图 5.39 所示。

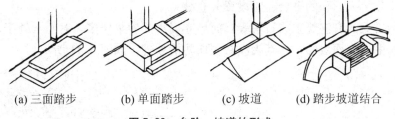

(a) 三面踏步 　(b) 单面踏步 　(c) 坡道 　(d) 踏步坡道结合

图 5.39 台阶、坡道的形式

5.4.2 台阶的构造

台阶构造与地坪构造相似，由面层和结构层构成。结构层材料应采用抗冻、抗水性能好且质地坚实的材料，常见的台阶基础有就地砌造、勒脚挑出、桥式三种。台阶踏步有砖砌踏步、混凝土踏步、钢筋混凝土踏步、石踏步四种，如图 5.40 所示。

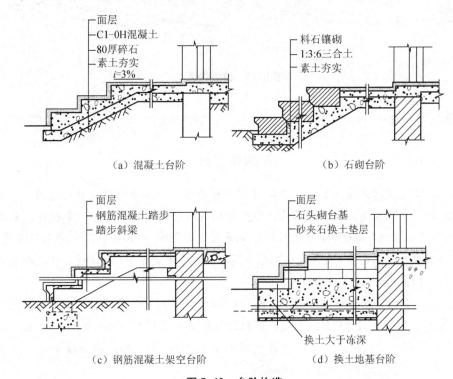

（a）混凝土台阶　　　　（b）石砌台阶

（c）钢筋混凝土架空台阶　　　（d）换土地基台阶

图 5.40 台阶构造

5.4.3 坡道的构造

坡道与台阶在构造上的要点是对变形的处理。由于房屋主体沉降、热胀冷缩、冰冻等因素，都有可能造成台阶与坡道的变形。常见的情况有平台向房屋主体方向倾斜，造成倒泛水；坡道与台阶的某些部位开裂等。解决方法有两种：一是加强房屋主体与台阶及坡道之间的联系，以形成整体沉降；二是将二者完全断开，加强节点处理，一般预留 20mm 宽变形缝，在缝内填油膏或沥青砂浆。在严寒地区，实铺的台阶与坡道可以采用换土法将冰冻线以下至所需标高的土换上保水性差的混砂垫层，以减小冰冻的影响。此外，配筋对防止开裂也很有效。大面积的平台还应设置分仓缝。

坡道材料常见的有混凝土或石块等，面层亦以水泥砂浆居多，对经常处于潮湿、坡度较陡或采用水磨石作面层的，在其表面必须作防滑处理，如图 5.41 所示。

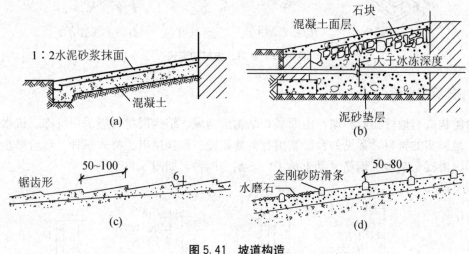

图 5.41 坡道构造

知 识 链 接

无障碍设计

20 世纪初期，由于人道主义的呼唤，建筑学界产生了一种新的建筑设计方法——无障碍设计。它运用现代技术建设和改造环境，为广大残疾人提供行动方便和安全控件，创造一个"平等参与"的环境。中国最早提出无障碍设施建设是在 1985 年 3 月，1986 年 7 月原建设部、民政部、中国残疾人福利基金会共同编制了我国第一部《方便残疾人使用的城市道路和建筑物设计规范(试行)》，1989 年颁布实施。

残疾人通行的坡道叫无障碍通道，如图 5.42 所示。我国对便于残疾人通行的坡道的坡度标准定为不大于 1/12，同时还规定与之相匹配的每段坡道的最大高度为 750mm，最大坡段水平长度为 9000mm，室内坡道的最小宽度应不小于 1000mm，室外坡道的最小宽度应不小于 1200mm，休息平台宽度不应小于 1500mm。

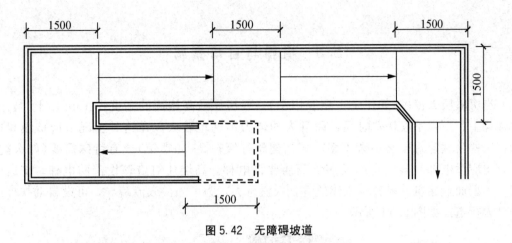

图 5.42　无障碍坡道

供借助拐杖者及视力残疾者使用的楼梯，应采用直行形式，如直跑楼梯、对折的双跑楼梯或成直角折行的楼梯等，不宜采用弧形梯段或在休息平台上设置扇步。楼梯的梯段宽度不宜小于 1200mm。

另外，踏步在设计时还应注意：无直角凸缘；注意表面不滑，不得积水，防滑条不得高出踏面 5mm 以上，如图 5.43 所示。

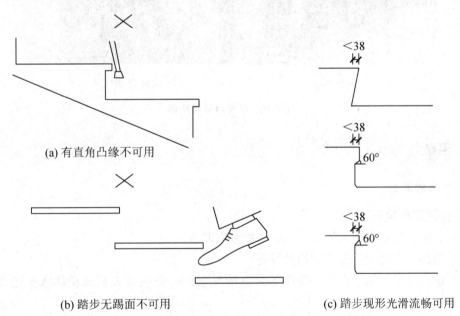

(a) 有直角凸缘不可用

(b) 踏步无踢面不可用　　　　(c) 踏步现形光滑流畅可用

图 5.43　踏步的构造形式

楼梯、坡道的扶手栏杆应坚固适用，且应在两侧都设有扶手。公共楼梯可设上下双层扶手。在楼梯的梯段（或坡道的坡段）的起始及终结处，扶手应自梯段或坡段前缘向前伸出 300mm 以上，两个相邻梯段的扶手应该连通；扶手末端应向下或伸向墙面。扶手的断面形式应便于抓握。

5.5 电梯与自动扶梯

当房屋层数较多(如住宅 7 层及以上),或房屋最高楼面的高度在 16m 以上时,通过楼梯上、下楼不仅耗费时间,而且人的体力消耗也较大。在这种情况下应该设置电梯。一些公共建筑虽然层数不多,但当建筑等级较高(如宾馆)或有特殊需要(如医院)时,也应设电梯。多层仓库及多层商店要设电梯。高层建筑应该设消防电梯。交通建筑、大型商业建筑、科教展览建筑等,人流量大,为了加快人流疏导,可设自动扶梯或自动人行道,如图 5.44 所示。

(a) 电梯   (b) 自动扶梯

图 5.44　电梯与自动扶梯

5.5.1　电梯

1. 电梯的类型

1) 按使用性质分

(1) 客梯:主要用于人们在建筑物中的垂直联系。

(2) 货梯:主要用于运送货物及设备。

(3) 消防电梯:用于火灾、爆炸等紧急情况下作安全疏散人员和消防人员紧急救援使用。

2) 按电梯行驶速度分

(1) 高速电梯:速度大于 2m/s,梯速随层数增加而提高,消防电梯常用高速。

(2) 中速电梯:速度在 2m/s 之内,一般货梯,按中速考虑。

(3) 低速电梯:运送食物电梯常用低速,速度在 1.5m/s 以内。

3) 其他分类

有按单台、双台分;按交流电梯、直流电梯分;按轿厢容量分;按电梯门开启方向分等。

4）观光电梯

观光电梯是把竖向交通工具和登高流动观景相结合的电梯，透明的轿厢使电梯内外景观相互沟通。

2. 电梯的组成

电梯由机房、井道和地坑三部分组成，如图 5.45 所示，在电梯井道内有轿厢和保证平衡的平衡锤，通过机房内的曳引机和控制屏进行操纵来运送人员和货物。

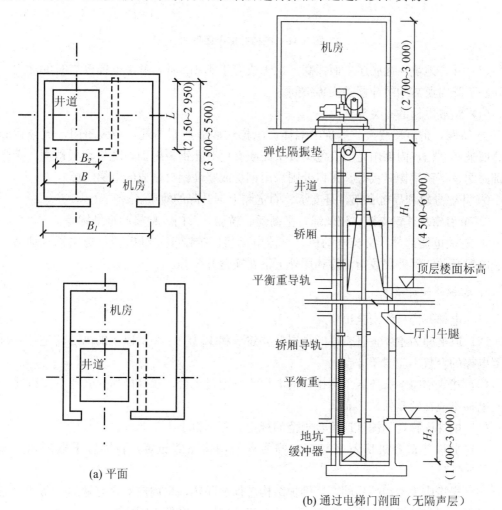

(a) 平面

(b) 通过电梯门剖面（无隔声层）

图 5.45　电梯构造

（1）电梯井道是电梯运行的通道，井道内包括出入口、电梯轿厢、导轨、导轨撑架、平衡锤及缓冲器等。不同用途的电梯，井道的平面形式不同，如图 5.46 所示。

（2）电梯机房一般设在井道的顶部。机房和井道的平面相对位置允许机房向任意一个或两个相邻方向伸出，并满足机房有关设备安装的要求。机房楼板应按机器设备要求的部位预留孔洞。

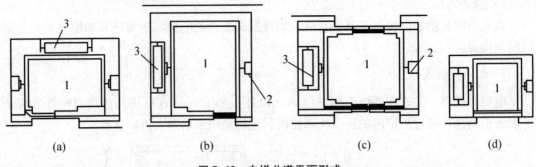

图 5.46　电梯井道平面形式

（3）井道地坑在最底层平面标高下大于或等于 1.4m 时，考虑电梯停靠时的冲力，作为轿厢下降时所需的缓冲器的安装空间。

（4）组成电梯的有关部件。

① 轿厢，是直接载人、运货的厢体。电梯轿厢应造型美观，经久耐用，当今轿厢采用金属框架结构，内部用光洁有色钢板壁面或有色有孔钢板壁面，花格钢板地面，荧光灯局部照明及不锈钢操纵板等。入口处则采用钢材或坚硬铝材制成的电梯门槛。

② 井壁导轨和导轨支架，是支承、固定厢上下升降的轨道。

③ 牵引轮及其钢支架、钢丝绳、平衡锤、轿厢开关门、检修起重吊钩等。

④ 有关电器部件。交流电动机、直流电动机、控制柜、继电器、选层器、动力、照明、电源开关、厅外层数指示灯和厅外上下召唤盒开关等。

3. 电梯的设计要求

（1）电梯不得计作安全出口。

（2）以电梯为主要垂直交通的高层公共建筑和 12 层及 12 层以上的高层住宅，每栋楼设置电梯的台数不应少于 2 台。

（3）建筑物每个服务区单侧排列的电梯不宜超过 4 台，双侧排列的电梯不宜超过 2×4 台；电梯不应在转角处贴邻布置。

（4）电梯候梯厅的深度应符合规范的规定，并不得小于 1.50m。

（5）电梯井道和机房不宜与有安静要求的用房贴邻布置，否则应采取隔振、隔声措施。

（6）机房应为专用的房间，其围护结构应保温隔热，室内应有良好通风、防尘，宜有自然采光，不得将机房顶板作水箱底板及在机房内直接穿越水管或蒸汽管。

（7）消防电梯的布置应符合防火规范的有关规定。

4. 电梯的构造

（1）电梯井道可以用砖砌筑或用钢筋混凝土浇注而成。

（2）在每层楼面应留出门洞，并设置专用门，在升降过程中，轿厢门和每层专用门全部封闭，以保证安全。

（3）门的开启方式一般为中分推拉式或旁开的双折推拉式。

（4）设置电梯的建筑，楼梯还应照常规做法设置。

（5）高层民用建筑除了设普通客梯以外，有时还要设置消防电梯。

（6）由于厅门系人流或货流频繁经过的部位，故不仅要求做到坚固适用，而且还要满足一定的美观要求。具体的措施是在厅门洞口上部和两侧装上门套。门套装修可采用多种做法，如水泥砂浆抹面、贴水磨石板、大理石板及硬木板或金属板贴面。除金属板为电梯厂定型产品外，其余材料均系现场制作或预制。

5.5.2 自动扶梯

自动扶梯是一种在一定方向上能大量、连续输送流动客流的装置。它具有结构紧凑、重量轻、耗电省、安装维修方便等优点，多用于人流较大的公共场所，如车站、超市、商场、地铁车站等，并可用于室外。自动扶梯可正、逆两个方向运行，可作提升及下降使用，机器停转时可作普通楼梯使用。自动扶梯实例如图 5.47 所示。

(a)   (b)

图 5.47 自动扶梯

自动扶梯是电动机械牵动梯段踏步连同栏杆扶手带一起运转。机房悬挂在楼板下面。自动扶梯基本尺寸如图 5.48 所示。

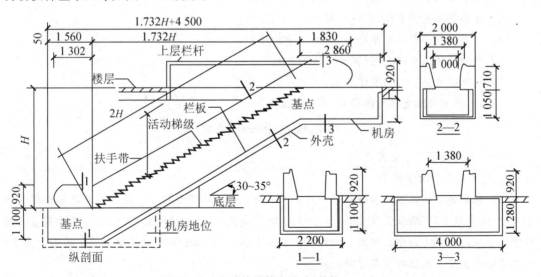

图 5.48 自动扶梯基本尺寸(单位：mm)

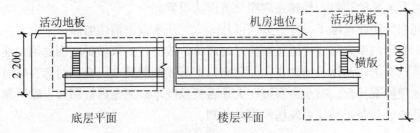

图 5.48 自动扶梯基本尺寸(单位:mm)(续)

自动扶梯的坡道比较平缓,一般采用 30°,运行速度为 0.5~0.7m/s,宽度按输送能力有单人和双人两种,其型号规格见表 5-2。

表 5-2 自动扶梯型号规格

梯型	输送能力 /(人/h)	提升高度 H	速度/(m/s)	扶梯宽度	
				净宽 B/mm	外宽 B_1/mm
单人梯	5 000	3~10	0.5	600	1 350
双人梯	8 000	3~8.5	0.5	1 000	1 750

知 识 链 接 ....

2011 年中国电梯十大品牌榜获奖名单

(1) 上海三菱电梯有限公司(商标:三菱)。

(2) 广州广日电梯工业有限公司(商标:广日)。

(3) 韦伯电梯有限公司(商标:韦伯)。

(4) 日立电梯(中国)有限公司(商标:日立)。

(5) 苏州科达液压电梯有限公司(商标:科达)。

(6) 苏州三立电梯有限公司(商标:三立)。

(7) 江苏斯特郎电梯有限公司(商标:斯特郎)。

(8) 太原捷特达电梯公司(商标:捷特达)。

(9) 曼斯顿电梯(浙江)有限公司(商标:曼斯顿)。

(10) 天津市宏翔电梯有限公司(商标:宏翔)。

楼梯构造设计指导书

(一) 确定楼梯的主要尺寸

1. 踏步尺寸和踏步数量

(1) 根据建筑物的性质和楼梯的使用要求,确定楼梯的踏步尺寸。通常公共建筑楼梯的踏步尺寸(适宜范围):踏步宽度 280~300mm;踏步高度 150~160mm。可先选定踏步宽度,踏步宽度应采用 1/5M 的整数倍数,由经验公式 $b+2h=600$mm(b 为踏步宽度,h 为踏步高度)可求得踏步高度,各级踏步尺寸应相同。

（2）根据建筑物的层高和初步确定的楼梯踏步高度计算楼梯各层的踏步数量，即踏步数量＝层高/踏步高度。若得出的踏步数量不是整数，可调整踏步高度。为使构件统一，以便简化结构和施工，平行双跑楼梯各层的踏步数量宜取偶数。

2. 梯段尺寸

（1）根据楼梯间的开间和楼梯形式，确定梯段宽度，即梯段宽度＝（楼梯间净宽－梯井宽）/2，梯段宽度应采用1M或1/2M的整数倍数。

（2）确定各梯段的踏步数量。对平行双跑楼梯，通常各梯段的踏步数量为各层踏步数量的一半，因底层中间平台下做通道，为满足平台净高要求（平台净高大于或等于2000mm），需调整底层两个梯段的踏步数量。

（3）根据踏步尺寸和各梯段的踏步数量，确定梯段长度和梯段高度。即梯段长度＝（该梯段的踏步数量－1）×踏步宽度，梯段高度＝该梯段的踏步数量×踏步高度。

3. 平台深度和栏杆扶手高度

（1）平台深度不应小于梯段宽度。

（2）栏杆扶手高度不应小于900m。

（二）确定楼梯的结构形式和构造方案

1. 现浇整体式钢筋混凝土楼梯

根据梯段跨度按结构要求，确定楼梯的结构形式。当梯段跨度不大时（一般不超过3m），可采用板式梯段，当梯段跨度或荷载较大时，宜采用梁式楼梯。若选用梁式楼梯，应确定梯梁的布置形式。

2. 预制装配式钢筋混凝土楼梯

选择楼梯预制构件的形式，通常采用小型构件或中型构件。

（1）小型构件装配式楼梯：选择预制踏步的断面形式，确定预制踏步的支承方式。

① 梁承式：根据预制踏步的断面形式。确定梯梁形式。根据平台板的布置方式选择平台板的断面形式。按梯梁的搁置和平台板的布置方式确定平台梁的断面形式，平台梁常用凵形或有缺口（缺口处为凵形断面，以便搁置梯梁）的矩形断面，应注意梯梁在平台梁上的搁置构造，以及底层第一跑梯段的下端在基础或基础梁上的搁置构造。

② 墙承式和悬挑式：通常适用于凵形或一字形预制踏步。这两种支承方式的楼梯不需要设梯梁和平台梁，应对预制踏步和平台板的断面形式进行选择，并注意平台板和预制踏步连接处的构造。对于墙承式平行双跑楼梯，需在楼梯间中部设墙。

（2）中型构件装配式楼梯：根据梯段跨度和荷载大小确定梯段的结构形式，根据梯段的搁置和预制、吊装能力，确定预制平台板和平台梁的形式。注意梯段在平台梁上的搁置，以及底层第一跑梯段下端在基础或基础梁上的搁置构造。

（3）选择栏杆扶手的形式和入口处雨篷的形式，确定室内外台阶或坡道、地坪层、楼板层等的构造做法。

（三）绘制楼梯平面图和剖面图

根据楼梯尺寸和结构、构造方案，绘制楼梯平面图和剖面图。绘图时应注意以下几点：

（1）栏杆扶手在平台转弯处的高差处理。

（2）楼地层、室外台阶或坡道、雨篷等只画出，不标注做法和尺寸。

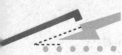

（3）楼梯上行和下行指示线是以各层楼面（或地面）标高为基准进行标注的，所标注的踏步数量分别为上行楼层和下行楼层的楼梯踏步数量。

（四）楼梯细部构造

选择有代表性的构造节点进行楼梯细部设计，如栏杆与梯段的连接、栏杆与扶手的连接、顶层水平栏杆扶手与墙的连接、踏面防滑处理等。

小 结

（1）楼梯是建筑物中重要的部件，由楼梯段、平台和栏杆所构成。楼梯应满足安全疏散的要求和美观要求。

（2）楼梯段和平台的宽度应按人流股数确定，应保证人流和货物的顺利通行。楼梯段应根据建筑物的使用性质和层高确定其坡度，一般最大坡度不超过38°。梯段坡度与楼梯踏步密切相关，而踏步尺寸又与人行步距有关。

（3）钢筋混凝土楼梯有现浇式和预制装配式之分，现浇式楼梯可分为板式梯段和梁板式两种结构形式。

（4）楼梯的细部构造包括踏步面层处理、栏杆与踏步的连接方式及扶手与栏杆的连接方式等。

（5）室外台阶与坡道是建筑物入口处解决室内外地面高差，方便人们进出的辅助构件，其平面布置形式有单面踏步式、三面踏步式、坡道式和踏步、台阶与坡道结合式之分。

（6）电梯是高层建筑的主要交通工具。自动扶梯适用于有大量人流上下的公共场所。

思 考 题

1. 试述建筑中各种类型楼梯的特点。
2. 楼梯的设计要求是什么？主要由哪几部分组成？
3. 栏杆和扶手的作用和设计要求各是什么？
4. 当楼梯底层中间平台下做通道而平台净高不满足要求时，常采取哪些办法解决？
5. 楼梯踏面如何进行防滑处理？
6. 室外台阶的构造要求是什么？通常有哪些做法？
7. 电梯主要由哪几部分组成？电梯、自动扶梯各自有何特点？
8. 试述预制楼梯的构造特点。

第6章

屋 顶

教学目标

通过学习屋顶的作用和类型、平屋顶的组成、平屋顶的排水方式、平屋顶的防水构造、坡屋顶的承重结构、坡屋顶的屋面构造、屋顶的保温与隔热构造等内容，让学生熟练掌握平屋顶的防水构造要求，掌握平屋顶的组成，掌握平屋顶的排水方式，掌握坡屋顶的屋面构造和细部构造，熟悉坡屋顶的承重结构形式，熟悉屋顶的保温与隔热构造要求，了解屋顶的作用和类型及设计要求。

教学要求

能力目标	知识要点	权重
熟练掌握平屋顶的防水构造要求	平屋顶柔性防水屋面和柔性防水屋面构造要求	25%
掌握平屋顶的组成	结构层、防水层及其他层次的位置和要求	20%
掌握平屋顶的排水方式	无组织排水和有组织排水的形式和构造要求	15%
掌握坡屋顶的屋面构造和细部构造	坡屋顶的屋面支承构件、坡屋顶的屋面铺材与构造、坡屋顶的细部构造	15%
熟悉坡屋顶的承重结构形式	山墙承重、屋架承重、梁架承重等形式的特点和适应范围	10%
熟悉屋顶的保温与隔热构造要求	平屋顶和坡屋顶的保温与隔热构造要求	10%
了解屋顶的作用和类型及设计要求	屋顶的作用、屋顶的类型、屋顶的设计要求	5%

章 节 导 读

屋顶是建筑物的承重和围护构件,由防水层、结构层和保温层等组成。屋顶按其外形分为坡屋顶、平屋顶和曲面屋顶等。按屋面防水材料可分为柔性防水屋面、刚性防水屋面、瓦屋面。平屋顶的排水方式主要有无组织排水和有组织排水两大类,有组织排水又分为内排水和外排水。平屋顶的坡度形式主要是材料垫坡的方法,平屋顶的防水按材料性质不同分为刚性防水和柔性防水,刚性防水屋面常做隔离层或分隔缝,柔性防水主要应做好檐口、泛水和雨水口等处的细部构造处理。平屋面的保温材料常用多孔、轻质的材料,其位置一般布置在结构层上、结构层下等做法。平屋顶的隔热措施主要有通风隔热、实体屋面隔热、植被隔热、蓄水隔热、反射屋面隔热等。坡屋顶的屋面坡度是采用结构找坡的方法,它的承重结构系统有山墙承重、屋架承重和屋架梁承重等;屋面防水层常用平瓦、波形瓦、小青瓦等;瓦屋面的檐口、山墙、天沟及泛水等应做好细部构造处理;坡屋顶的保温材料有铺设在望板上和屋架下顶棚吊顶上两种方法;它的隔热常用通风隔热的方式。

引 例

让我们来看看以下9个图形引例图6-1~引例图6-9,分别是屋面类型、屋面组成、屋面防水和屋面保温的图片,针对这9个图形,我们来思考以下问题:

(1)引例图6-1~引例图6-4分别是什么类型的屋面?排水坡度有什么区别?

(2)引例图6-5显示的是平屋顶的构造做法之一,由图可知平屋顶的基本组成有哪几部分?

(3)引例图6-6和引例图6-7是平屋顶的防水构造做法,两图分别用了什么类型的防水材料?

(4)引例图6-8是坡屋顶的构造,坡屋顶的屋脊、天沟和斜沟等处的细部构造有什么要求?

(5)引例图6-9是平屋顶的保温层和防水层的铺设过程,平屋顶的保温构造主要有哪三种形式?

引例图6-1

引例图6-2

引例图 6-3

引例图 6-4

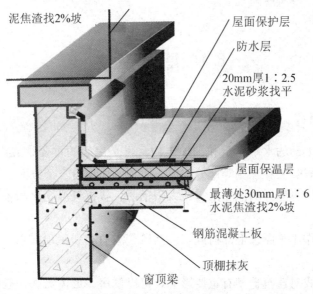

泥焦渣找2%坡

屋面保护层

防水层

20mm厚1：2.5
水泥砂浆找平

屋面保温层

最薄处30mm厚1：6
水泥焦渣找2%坡

钢筋混凝土板

顶棚抹灰

窗顶梁

引例图 6-5

引例图 6-6

引例图 6-7

引例图 6-8   引例图 6-9

6.1 屋顶概述

6.1.1 屋顶的作用

屋顶是房屋最上面的水平承重和围护结构，也是房屋的重要组成部分，屋顶由屋面、承重结构、保温(隔热)层和顶棚等部分组成。屋顶的作用有三个方面：

(1) 屋顶能抵御自然界的风霜雨雪、太阳辐射、昼夜气温变化和各种外界不利因素对建筑物的影响。

(2) 屋顶承受作用于屋顶上部荷载，包括风、雪荷载和屋顶自重，将它们通过墙、柱传递到基础。

(3) 屋顶的形式对建筑造型有重要影响，可以使房屋形体美观、造型协调。

6.1.2 屋顶的类型

(1) 根据屋顶的外形和坡度划分，屋顶可分为平屋顶、坡屋顶、曲面屋顶，如图 6.1 所示。

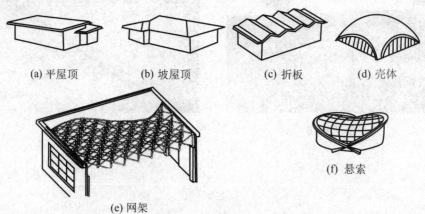

(a) 平屋顶   (b) 坡屋顶   (c) 折板   (d) 壳体

(f) 悬索

(e) 网架

图 6.1 屋顶形式

① 平屋顶的屋面应采用防水性能好的材料，但为了排水也要设置坡度，平屋顶的屋面坡度小于5%，常用的坡度范围为2%～5%，其一般构造是用现浇或预制的钢筋混凝土屋面板作基层，上面铺设卷材防水层或其他类型防水层。

② 坡屋顶是常用的屋顶类型，屋面顶度大于10%，有单坡、双坡、四坡、歇山等多种形式，单坡顶用于小跨度的房屋，双坡顶和四坡顶用于跨度较大的房屋。坡屋顶的屋面多以各种小块瓦为防水材料，所以坡度一般较大，如以波形瓦、镀锌铁皮等为屋面防水材料时，坡度可以较小，坡屋顶排水快，保温、隔热性能好，但是承重结构的自重较大，施工难度也较大。

③ 曲面屋顶是由各种薄壳结构、悬索结构、拱结构和网架结构作为屋顶承重结构的屋顶，如双曲拱屋顶、球形网壳屋顶、扁壳屋顶、鞍形悬索屋顶等，这类结构的内力分布合理，能充分发挥材料的力学性能，因而能节约材料，但是，这类屋顶施工复杂，故常用于大体量的公共建筑。

(2) 根据屋面防水材料划分，屋面可分为柔性防水屋面、刚性防水屋面、瓦屋面、波形瓦屋面、金属薄板屋面、粉剂防水屋面等。

① 柔性防水屋面是用防水卷材或制品做防水层，如沥青油毡、橡胶卷材、合成高分子防水卷材等，这种屋面有一定的柔韧性。

② 刚性防水屋面是用细石混凝土等刚性材料做防水层，构造简单，施工方便，造价低，但这种做法韧性差，屋面易产生裂缝而渗漏水，在寒冷地区应慎用。

③ 瓦屋面使用的瓦有平瓦、小青瓦、筒板瓦、平板瓦、石片瓦等。其中，最常用的是平瓦。瓦屋面的坡度，一般大于10%，瓦屋面都是坡屋面。

④ 波形瓦屋面有石棉水泥瓦、镀锌铁皮波形瓦、钢丝瓦、水泥波形瓦、玻璃钢瓦等，波形瓦的尺寸，一般长为1200～2800mm，宽为660～1000mm，波形瓦重量轻，耐久性能好，是良好的非导体，非燃烧体，不受潮湿与煤烟侵蚀，但易折断破裂，保温、隔热性能差。

⑤ 金属薄板屋面是用镀锌铁皮，涂塑薄钢板，铝合金板和不锈钢板等做屋面，常采用折叠接合，使屋面形成一个密闭的覆盖层。这种屋面的坡度可小些(10%～20%)，可用于曲面屋顶。

⑥ 粉剂防水屋面是用一种惰水，松散粉末状防水材料做防水层的屋面，具有良好的耐久性和应变性。

特 别 提 示

引例(1)的解答：引例图6-1是平屋顶，屋面排水坡度小于5%，引例图6-2是曲面屋顶，常用于公共建筑，引例图6-3和引例图6-4都是坡屋顶，屋面排水坡度大于10%。屋顶形式与房屋的使用功能和当地的降雨量有关系。

6.1.3 屋顶的设计要求

(1) 防水可靠、排水迅速是屋顶首先应当具备的功能。屋顶的防水、排水功能，是用

性能可靠的屋顶防水材料，经过科学的构造组织而形成的。防水性能的好坏，与防水材料性能及其施工方法关系密切，而排水功能的优劣，则与屋顶的构造和材料组织有关。因此，良好的屋面防水、排水性能，必须经过认真选择防水材料，采用合理的屋面构造及材料的组织方式，利用科学的施工手段才能获得。此外，由于屋面直接暴露于大气中，经受日晒时间最长，雨淋面积最大，大气腐蚀最强，所以屋顶面层除应具有防水、排水功能外，还必须具有耐老化、耐腐蚀的性能，才能使屋面经久耐用。

（2）强度和刚度的要求。屋顶首先要有足够的强度以承受作用于其上的各种荷载的作用，其次要有足够的刚度，防止过大的变形导致屋面防水层开裂而渗水。屋顶的承重结构必须具有足够的强度和刚度，其防水、排水、保温、隔热的功能才能实现。

（3）保温隔热的要求。屋顶作为建筑物最上层的外围护结构，应具有良好的保温、隔热性能，在严寒和寒冷地区，屋顶构造设计应主要满足冬季保温的要求，尽量减少室内热量的散失；在温暖和炎热地区，屋顶构造设计应主要满足夏季隔热的要求，避免室外高温及强烈的太阳辐射对室内生活和工作的不利影响。

（4）美观的要求。在建筑技术日益先进的今天，如何应用新型的建筑结构和种类繁多的装修材料来处理好屋顶的形式和细部，提高建筑物的整体美观效果，是建筑设计中不容忽视的问题。总之，屋顶设计时力求做到自重轻，构造简单，施工方便，就地取材，造价经济，抗震性能良好。

6.2 平屋顶的排水

6.2.1 平屋顶排水坡度的形成

屋顶坡度小于5％者称为平屋顶。一般平屋顶的坡度为2％～5％。平屋顶的支承结构常用钢筋混凝土，大跨度常用钢结构屋架、平板屋架、梁板结构布置灵活，较简单，适合各种形状和大小的平面。建筑外观简洁，坡度小，并可利用屋顶作为活动场地，如作为日光浴场。屋顶花园，体育活动或晾晒衣物等用。支承结构设计时要考虑能承受上述活动所增加的荷载。平屋顶坡度小，易产生渗漏现象，故对屋面排水与防水问题的处理更为重要。

1. 屋顶的坡度

1）影响坡度的因素

为了预防屋顶渗漏水，常将屋面做成一定坡度，以排雨水。屋顶的坡度首先取决于建筑物所在地区的降水量大小。利用屋顶的坡度，以最短而直接的途径排除屋面的雨水，减少渗漏的可能。我国南方地区年降雨量较大，屋面坡度较大；北方地区年降雨量较小，屋面平缓些。屋面坡度的大小也取决于屋面防水材料的性能，即采用防水性能好，单块面积大，接缝少的材料，如采用防水卷材、金属钢板、钢筋混凝土板等材料，屋面坡度就可小些，如采用小青瓦、平瓦、琉璃瓦等小块面层的材料，则接缝多，坡度就应大些。

2）坡度的表示方法

屋顶坡度的常用表示方法有斜率法、百分比法和角度法三种。斜率法是以屋顶高度与坡面的水平投影长度之比表示，可用于平屋顶或坡屋顶，如 $1:2$，$1:4$，$1:50$ 等。百分比法是以屋顶高度与坡面的水平投影长度的百分比表示，多用于平屋顶，如 $i=1\%$，$i=2\%\sim3\%$。角度法是以倾斜屋面与水平面的夹角表示，多用于有较大坡度的坡屋面，如 $15°$、$30°$、$45°$ 等，目前在工程中较少采用，如图 6.2 所示。

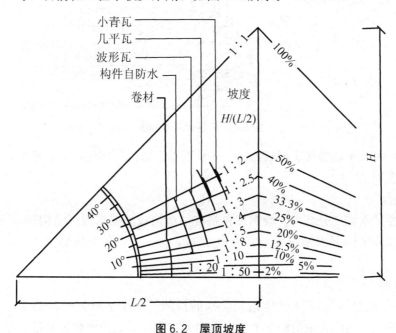

图 6.2 屋顶坡度

注：粗线段为常用坡度。

3）平屋顶坡度的形成方法

屋顶的坡度形成有结构找坡和材料找坡两种方法。

（1）结构找坡是指屋顶结构自身有排水坡度。一般采用上表面呈倾斜的屋面面梁或屋架上安装屋面板，也可采用在顶面倾斜的山墙上搁置屋面板，使结构表面形成坡面，这种做法不需另加找坡材料，构造简单，不增加荷载，其缺点是室内的天棚是倾斜的，空间不够规整，有时需加设吊顶，某些坡屋顶，曲面屋顶常用结构找坡。

（2）材料找坡是指屋顶坡度由垫坡材料形成，一般用于坡度较小的屋面，通常选用炉渣等，找坡保温屋面也可根据情况直接采用保温材料找坡。

2．平屋顶的组成

平屋顶设计中主要解决防水、排水、保温、隔热和结构承载等问题，一般做法是结构层在下，防水层在上，其他层次位置视具体情况而定，如图 6.3 所示。

1）承重结构层

平屋顶的承重结构层，一般采用钢筋混凝土梁板。要求具有足够的承载力和刚度，减少板的挠度和形变，可以在现场浇筑，也可以采用预制装配结构。因屋面防水和防渗漏要

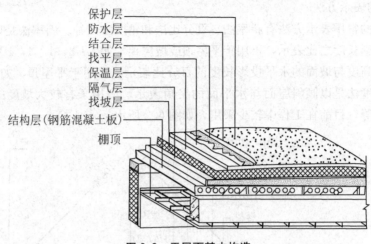

保护层
防水层
结合层
找平层
保温层
隔气层
找坡层
结构层(钢筋混凝土板)
棚顶

图 6.3　平屋面基本构造

求需接缝少,故采用现浇式屋面板为佳,平屋顶承重结构层构造简单,施工方便,适应建筑工业化的发展。

2)找坡层

平屋面的排水坡度分结构找坡和材料找坡,结构找坡要求屋面结构按屋面坡度设置,材料找坡常利用屋面保温铺设厚度的变化完成,如 1∶6 水泥焦渣或 1∶8 水泥膨胀珍珠岩。

3)防水层

屋顶通过面层材料的防水性能达到防水的目的。由于平屋顶的坡度小,排水流动缓慢,是典型的以"阻"为主的防水系统,因而要加强屋面的防水构造处理。平屋顶通常将整个屋面用防水材料覆盖,所有接缝或防水层分仓缝用防水胶结材料严密封闭。平屋顶应选用防水性能好和大片的屋面材料,采取可靠的构造措施来提高屋面的抗渗能力。目前在北方地区,则多采用沥青卷材的屋面面层,称柔性防水层,而在南方地区常采用水泥砂浆或混凝土浇筑的整体屋面面层,称刚性防水层。

(1)柔性防水层指采用有一定韧性的防水材料隔绝雨水,防止雨水渗漏到屋面下层。由于柔性材料允许有一定变形,所以在屋面基层结构变形不大的条件下可以使用。柔性防水层的材料主要有防水卷材和防水涂料两类。

① 防水卷材有沥青防水卷材、高聚物改性沥青防水卷材和合成高分子防水卷材。沥青防水卷材是用原纸、纤维织物、纤维毡等胎基材料浸涂沥青等制成的卷材,又称油毡。高聚物改性沥青防水卷材,防水使用年限可达 15 年,以纤维织物或纤维毡为胎基,以合成高分子聚合物改性沥青为涂盖层,以粉状、粒状、片状或薄膜材料为覆盖材料制成的卷材。合成高分子防水卷材,防水年限长达 25～30 年,是以合成橡胶、合成树脂或它们两者的共混体为基料制成的卷材,合成高分子防水卷材属高档防水涂料,其特点是适应变形能力强,低温柔性好。

② 防水涂料有合成高分子防水涂料和高聚物改性沥青防水涂料。合成高分子防水涂料以合成橡胶或合成树脂为主要成膜物质,配制成的单组分或多组分的防水涂料,如丙烯

酸防水涂料。高聚物改性沥青防水涂料以沥青为基料，用合成高分子聚合物进行改性，配制成的水乳型或溶剂型防水涂料，如 SBS 改性沥青防水涂料。

（2）刚性防水层是采用密实混凝土现浇而成的防水层。刚性防水层的材料有普通细石混凝土防水层、补偿收缩防水混凝土防水层、块体刚性防水层和配筋钢纤维刚性防水层。

① 普通细石混凝土防水层是指 C20 级普通细石混凝土，又称豆石混凝土。混凝土中可掺加膨胀剂或防水剂等，内配 $\phi6$ 中距 $100\sim200$mm 钢筋网片。

② 补偿收缩防水混凝土防水层是在细石混凝土中加入膨胀剂，使之微膨胀，达到补偿混凝土收缩的目的，并使混凝土密实，提高混凝土的抗裂性和抗渗性。

③ 块体刚性防水层是通过底层防水砂浆、块体和面层防水砂浆共同工作，发挥作用而防水的防水层。

④ 配筋钢纤维刚性防水层做法同配筋刚性防水层，但混凝土内掺钢纤维，每立方米细石混凝土掺 50kg 钢纤维。纤维直径 0.3mm，长 30mm。

4）保温（隔热）层

保温层或隔热层应设在屋顶的承重结构层与面层之间，一般采用松散材料、板（块）状材料或现场整浇三种，如膨胀珍珠岩、加气混凝土块、硬质聚氨酯泡沫塑料等，纤维材料容易产生压缩变形，采用较少。选用时应综合考虑材料来源、性能、经济等因素。

5）找平层

找平层是为了使平屋面的基层平整，以保证防水层平整，使排水顺畅，无积水。找平层的材料有水泥砂浆、细石混凝土或沥青砂浆，见表 6-1。找平层宜设分格缝，并嵌填密封材料。分格缝其纵横缝的最大间距：水泥砂浆或细石混凝土找平层，不宜大于 6m；沥青砂浆找平层，不宜大于 4m。

表 6-1　找平层厚度和技术要求

类别	基层种类	厚度/mm	技术要求
水泥砂浆找平层	整体混凝土	15～20	1:2.5～1:3（水泥:砂）体积比，水泥强度等级不低于 32.5 级
	整体或板状材料保温层	20～25	
	装配式混凝土、松散材料保温层	20～30	
细石混凝土找平层	松散材料保温层	30～35	混凝土强度等级不低于 C20
沥青砂浆找平层	整体混凝土	15～20	质量比为 1:8（沥青:砂）
	装配式混凝土板、整体或板状材料保温层	20～25	

6）基层处理剂

基层处理剂是在找平层与防水层之间涂刷的一层粘接材料，以保证防水层与基层更好地结合，故又称结合层。增加基层与防水层之间的粘接力并堵塞基层的毛孔，以减少室内潮气渗透，避免防水层出现鼓泡。

7）隔气层

为了防止室内的水蒸气渗透，进入保温层内，降低保温效果，采暖地区湿度大于75%，屋面应设置隔气层。

8）保护层

当柔性防水层置于最上层时，防止阳光的照射使防水材料日久老化，或上人屋面应在防水层上加保护层。保护层的材料与防水层面层的材料有关，如高分子或高聚物改性沥青防水卷材的保护层可用于保护涂料；沥青防水卷材冷粘时用云母或蛭石，热粘时用绿豆砂或砾石，合成高分子涂膜用保护涂料；高聚物改性沥青防水涂膜的保护层则用细砂、云母或蛭石。对上人的屋面则可铺砌块材，如混凝土板、地砖等作刚性保护层。

● **特 别 提 示** ┈┈┈┈┈┈┈┈┈┈┈┈┈┈┈┈┈┈┈┈┈┈┈┈┈┈┈┈

引例(2)的解答：引例图 6-5 显示了平屋顶的构造组成，其基本层次有结构层、防水层、保温隔热层等，一般做法是结构层在下，防水层在上。其他层次位置视具体情况而定。

6.2.2 平屋顶的排水方式

平屋顶坡度较小，排水较困难，为把雨水尽快排除出去，减少积留时间，需组织好屋面的排水系统，而屋面的排水系统又与排水方式及檐口做法有关，需统一考虑。屋面排水方式有无组织排水和有组织排水两大类。

（1）无组织排水是当平屋顶采用无组织排水时，需把屋顶在外墙四周挑出，形成挑檐，屋面雨水经挑檐自由下落至室外地坪，这种排水方式称为无组织排水，如图 6.4 所示。

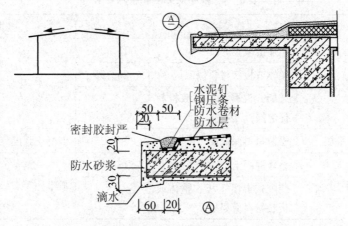

水泥钉
钢压条
防水卷材
防水层
密封胶封严
防水砂浆
滴水

图 6.4 无组织排水方案和檐口构造

无组织排水不需在屋顶上设置排水装置，构造简单，造价低，但沿檐口下落的雨水会溅湿墙脚，有风时雨水还会污染墙面。所以，无组织排水一般适用于低层或次要建筑及降雨量较小地区的建筑。

（2）有组织排水是在屋顶设置与屋面排水方向垂直的纵向天沟，汇集雨水后，将雨水由雨水口、雨水管有组织地排到室外地面或室内地下排水系统，这种排水方式称有组织排水，如图6.5所示。

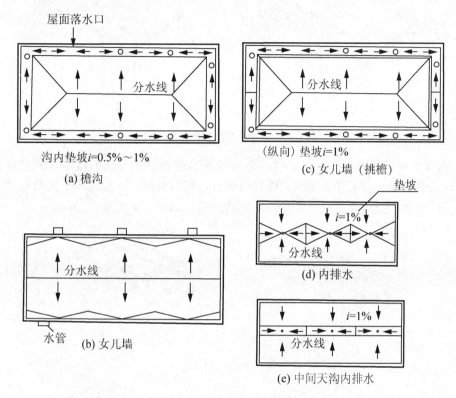

图 6.5　有组织排水屋顶平面

有组织排水的屋顶构造复杂，造价高，但避免了雨水自由下落对墙面和地面的冲刷和污染。按照雨水管的位置，有组织排水可分为外排水和内排水。

① 外排水是屋顶雨水由室外雨水管排到室外的排水方式。这种排水方式构造简单，造价较低，应用最广。按照檐沟在屋顶的位置，外排水的屋顶形式有沿屋顶四周设檐沟、沿纵墙设檐沟、女儿墙外设檐沟、女儿墙内设檐沟等，如图6.6所示。

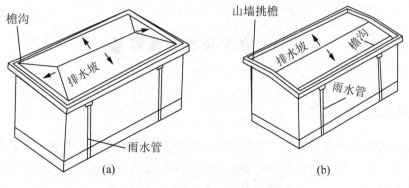

图 6.6　平屋顶有组织外排水

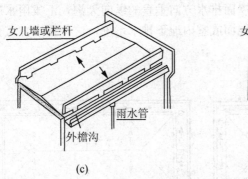

(c)　　　　　　　　　　　　　(d)

图 6.6　平屋顶有组织外排水(续)

② 内排水是屋顶雨水由设在室内的雨水管排到地下排水系统的排水方式。这种排水方式构造复杂，造价及维修费用高，而且雨水管占室内空间，一般适用于大跨度建筑、高层建筑、严寒地区及对建筑立面有特殊要求的建筑，如图 6.7 所示。

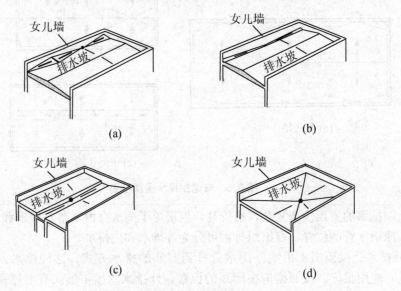

(a)　　　　　　　　　　　　　(b)

(c)　　　　　　　　　　　　　(d)

图 6.7　有组织内排水屋面

6.3　平屋顶的防水构造

6.3.1　平屋顶柔性防水屋面

平屋顶柔性防水屋面是将柔性的防水卷材相互搭接用胶结料粘贴在屋面基层上形成防水能力的，由于卷材有一定的柔性，能适应部分屋面变形，所以称为柔性防水屋面，也称为卷材防水屋面。

1. 卷材防水屋面的基本构造

卷材防水屋面由结构层、找平层、防水层和保护层组成，它适用于防水等级为Ⅰ～Ⅳ级的屋面防水。

（1）结构层为装配式钢筋混凝土板时，应采用细石混凝土灌缝，其强度等级不应小于 C20。

（2）找平层表面应压实平整，一般用 1：3 的水泥砂浆或细石混凝土做，厚度为 20～30mm，排水坡度一般为 2‰～3‰，檐沟处 1‰。构造上需设间距不大于 6m 的分格缝。

（3）防水层主要采用沥青类卷材、高聚物改性沥青防水卷材和合成高分子防水卷材三类，见表 6-2。

表 6-2 卷材防水层

卷材分类	卷材名称举例	卷材粘接剂
沥青类卷材	石油沥青油毡	石油沥青玛琋脂
	焦油沥青油毡	焦油沥青玛琋脂
高聚物改性沥青防水卷材	SBS 改性沥青防水卷材	热熔、自粘、粘贴均有
	APP 改性沥青防水卷材	
合成高分子防水卷材	三元乙丙丁基橡胶防水卷材	丁基胶为主体的双组分 A 与 B 液 1：1 配比搅拌均匀
	三元乙丙橡胶防水卷材	
	氯磺化聚乙烯防水卷材	CX-401 胶
	再生胶防水卷材	氯丁胶粘接剂
	氯丁橡胶防水卷材	CY-409 液
	氯丁聚乙烯橡胶共混防水卷材	BX-12 及 BX-12 乙组分
	聚氯乙烯防水卷材	粘接剂配套供应

（4）保护层分为不上人屋面保护层和上人屋面保护层。

2. 卷材厚度的选择

为了确保防水工程质量，使屋面在防水层合理使用年限内不发生渗漏，除卷材的材质因素外，其厚度也应考虑为最主要的因素，见表 6-3。

表 6-3 卷材厚度选用表

屋面防水等级	设防道数	合成高分子防水卷材	高聚物改性沥青防水卷材	沥青防水卷材和沥青复合胎柔性防水卷材	自粘聚酯胎改性沥青防水卷材	自粘橡胶沥青防水卷材
Ⅰ级	三道或三道以上设防	不应小于 1.5mm	不应小于 3mm	—	不应小于 2mm	不应小于 1.5mm
Ⅱ级	二道设防	不应小于 1.2mm	不应小于 3mm	—	不应小于 2mm	不应小于 1.5mm

续表

屋面防水等级	设防道数	合成高分子防水卷材	高聚物改性沥青防水卷材	沥青防水卷材和沥青复合胎柔性防水卷材	自粘聚酯胎改性沥青防水卷材	自粘橡胶沥青防水卷材
Ⅲ级	一道设防	不应小于1.2mm	不应小于4mm	三毡四油	不应小于3mm	不应小于2mm
Ⅳ级	一道设防	—	—	二毡三油	—	—

3. 卷材防水层的铺贴方法

卷材防水层的铺贴方法包括冷粘法、自粘法、热熔法等常用铺贴方法。

（1）冷粘法铺贴卷材是在基层涂刷基层处理剂后，将胶粘剂涂刷在基层上，然后再把卷材铺贴上去。

（2）自粘法铺贴卷材是在基层涂刷基层处理剂的同时，撕去卷材的隔离纸，立即铺贴卷材，并在搭接部位用热风加热，以保证接缝部位的粘接性能。

（3）热熔法铺贴卷材是在卷材宽幅内用火焰加热器喷火均匀加热，直到卷材表面有光亮黑色即可粘合，并压粘牢，厚度小于3mm的高聚物改性沥青卷材禁止使用。当卷材贴好后还应在接缝口处用10mm宽的密封材料封严。

以上粘贴卷材的方法主要用于高聚物改性沥青防水卷材和合成高分子防水卷材防水屋面，在构造上一般是采用单层铺贴，极少采用双层铺贴。

4. 卷材防水屋面的排水设计

屋面排水设计的主要任务：首先将屋面划分为若干个排水区，然后通过适宜的排水坡和排水沟，分别将雨水引向各自的落水管再排至地面。屋面排水的设计原则是排水通畅、简捷，雨水口负荷均匀。具体步骤：①确定屋面坡度的形成方法和坡度大小；②选择排水方式，划分排水区域；③确定天沟的断面形式及尺寸；④确定落水管所用材料及其大小、间距，绘制屋顶排水平面图。单坡排水的屋面宽度不宜超过12m，矩形天沟净宽不宜小于200mm，天沟纵坡最高处离天沟上口的距离不小于120mm。落水管的内径不宜小于75mm，落水管间距一般为18～24m，每根落水管可排除约200m²的屋面雨水，如图6.8所示。

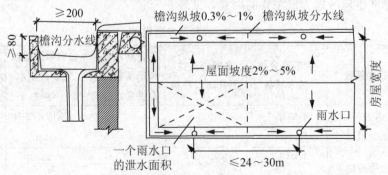

图6.8 屋面排水组织设计

5. 卷材防水屋面的节点构造

卷材防水屋面在檐口，屋面与突出构件之间、变形缝、上人孔等处特别容易产生渗漏，所以应加强这些部位的防水处理。

（1）泛水是指屋面防水层与突出构件之间的防水构造。一般在屋面防水层与女儿墙、上人屋面的楼梯间，突出屋面的电梯机房、水箱间、高低屋面交接处等都需做泛水。泛水高度不应小于 250mm，转角处应将找平层做成半径不小于 20mm 的圆弧或 45°斜面，使防水卷材紧贴其上，贴在墙上的卷材上口易脱离墙面或张口，导致漏水，因此上口要做收口和挡水处理，收口一般采用钉木条、压铁皮、嵌砂浆、嵌配套油膏和盖镀锌铁皮等处理方法。对砖女儿墙，防水卷材收头可直接铺压在女儿墙压顶下，压顶应做防水处理，也可在墙上留凹槽，卷材收头压入凹槽内固定密封，凹槽上部的墙体亦应做防水处理；对混凝土墙，防水卷材的收头可采用金属压条钉压，并用密封材料封固，如图 6.9 所示。进出屋面的门下踏步亦应做泛水收头处理，一般将屋面防水层沿墙向上翻起至门槛踏步下，并覆以踏步盖板，踏步盖板伸出墙外约 60mm。

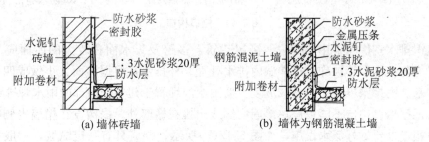

（a）墙体砖墙　　　　　　　　（b）墙体为钢筋混凝土墙

图 6.9　泛水的做法

（2）檐口是屋面防水层的收头处，此处的构造处理方法与檐口的形式有关，檐口的形式由屋面的排水方式和建筑物的立面造型要求确定，一般有无组织排水檐口、挑檐沟檐口、女儿墙檐口和斜板挑檐檐口等。

① 无组织排水檐口是当檐口出挑较大时，常采用预制钢筋混凝土挑檐板，与屋面板焊接，或伸入屋面一定长度，以平衡出挑部分的重量。亦可由屋面板直接出挑，但出挑长度不宜过大，檐口处做滴水线。预制挑檐板与屋面板的接缝要做好嵌缝处理，以防渗漏。目前常用做法是现浇圈梁挑檐，如图 6.10 所示。

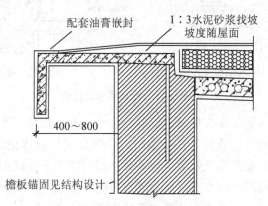

图 6.10　自由落水檐口油膏压顶

　　② 有组织排水檐口是将聚集在檐沟中的雨水分别由雨水口经水斗、雨水管(又称水落管)等装置导致室外明沟内。在有组织的排水中，通常可有两种情况：檐沟排水和女儿墙排水。檐沟可采用钢筋混凝土制作，挑出墙外，挑出长度大时可用挑梁支承檐沟。檐沟内的水经雨水口流入雨水管，如图 6.11(a)所示。在女儿墙的檐口，檐沟也可设于外墙内侧，如图 6.11(b)所示。并在女儿墙上每隔一段距离设雨水口，檐沟内的水经雨水口流入雨水管中。亦有不设檐沟，雨水顺屋面坡度直通至雨水口排出女儿墙外，或借弯头直接通至雨水管中。

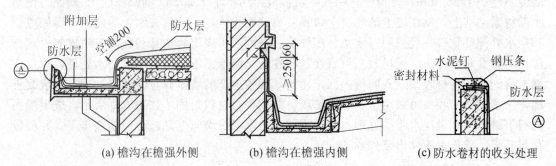

图 6.11　檐口构造

　　有组织排水宜优先采用外排水，高层建筑、多跨及集水面积较大的屋面应采用内排水。北方为防止排水管被冻结也常做内排水处理。外排水系根据屋面大小做成四坡、双坡或单坡排水。内排水也将屋面做成坡度。使雨水经埋置于建筑物内部的雨水管排到室外。

　　檐沟根据檐口构造不同可设在檐墙内侧或出挑在檐墙外。檐沟设在檐墙内侧时，檐沟与女儿墙相连处要做好泛水设施，如图 6.12(a)所示，并应具有一定纵坡，一般不应小于 1%。挑檐檐沟为防止暴雨时积水产生倒灌或排水外泄，沟深(减去起坡高度)不宜小于 150mm。屋面防水层应包入沟内，以防止沟与外檐墙接缝处渗漏，沟壁外口底部要做滴水线，防止雨水顺沟底流至外墙面，如图 6.12(b)所示。

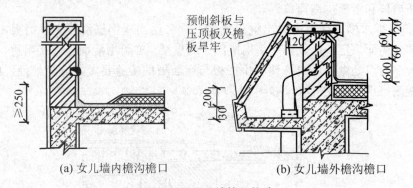

图 6.12　女儿墙檐口构造

　　内排水屋面的水落管往往在室内，依墙或柱子，万一损坏，不易修理。雨水管应选用能抗腐蚀及耐久性好的铸铁管和铸铁排水口，也可以采用镀锌钢管或 PVC 管。由于屋面做出排水坡，在不同的坡面相交处就形成了分水线，将整个屋面明确地划分为一个个排水区。排水坡的底部应设屋面落水口。屋面落水口应布置均匀，其间距决定于排水量，有外檐天沟时不宜大于 24m，无外檐天沟或内排水时不宜大于 15m。

③ 雨水口是屋面雨水排至落水管的连接构件，通常为定型产品，多用铸铁、钢板制作。雨水口分直管式和弯管式两大类。直管式用于内排水中间天沟、外排水挑檐等，弯管式只适用女儿墙外排水天沟。

直管式雨水口是根据降雨量和汇水面积选择型号，套管呈漏斗型，安装在挑檐板上，防水卷材和附加卷材均粘在套管内壁上，再用环形筒嵌入套管内，将卷材压紧，嵌入深度不小于100mm，环形筒与底座的接缝须用油膏嵌缝。雨水口周围直径500mm范围内坡度不小于5％，并用密封材料涂封，其厚度不小于2mm，雨水口套管与基层接触处应留宽20mm，深20mm的凹槽，并嵌填密封材料，如图6.13(a)所示。弯管式雨水口呈90°弯状，由弯曲套管和铸铁两部分组成。弯曲套管置于女儿墙预留的孔洞中，屋面防水卷材和泛水卷材应铺到套管的内壁四周，铺入深度至少100mm，套管口用铸铁遮挡，防止杂物堵塞水口，如图6.13(b)所示。

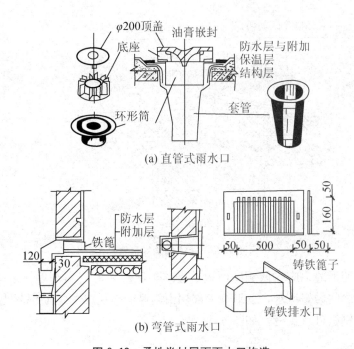

图 6.13　柔性卷材屋面雨水口构造

④ 变形缝是当建筑物设变形缝时，变形缝在屋顶处破坏了屋面防水层的整体性，留下了雨水渗漏的隐患，所以必须加强屋顶变形缝处的处理。屋顶在变形缝处的构造分为等高屋面变形缝和不等高屋面变形缝两种。

等高屋面变形缝的构造又可分为不上人屋面和上人屋面两种做法：

不上人屋面变形缝，屋面上不考虑人的活动，从有利于防水考虑，变形缝两侧应避免因积水导致渗漏。一般构造为在缝两侧的屋面板上砌筑半砖矮墙，高度应高出屋面至少250mm，屋面与矮墙之间按泛水处理，矮墙的顶部用镀锌薄钢板或混凝土压顶进行盖缝，如图6.14所示。

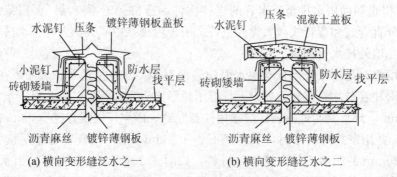

(a) 横向变形缝泛水之一   (b) 横向变形缝泛水之二

图 6.14 不上人屋面变形缝

上人屋面变形缝，屋面上需考虑人的活动的方便，变形缝处在保证不渗漏、满足变形需求时，应保证平整，以有利于行走，如图 6.15 所示。

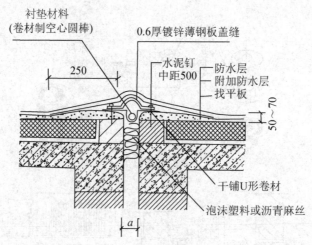

图 6.15 上人屋面变形缝

不等高屋面变形缝，应在低侧屋面板上砌筑半砖矮墙，与高侧墙体之间留出变形缝。矮墙与低侧屋面之间做好泛水，变形缝上部用由高侧墙体挑出的钢筋混凝土板或在高侧墙体上固定镀锌薄钢板进行盖缝，如图 6.16 所示。

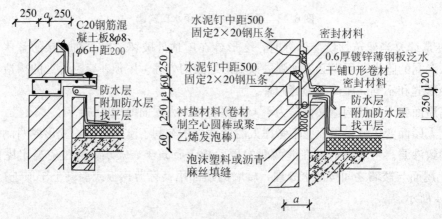

图 6.16 高低屋面变形缝

⑤ 不上人屋面需设屋面上人孔，以方便对屋面进行维修和安装设备。上人孔的平面尺寸不小于 600mm×700mm，且应位于靠墙处，以方便设置爬梯。上人孔的孔壁一般与屋面板整浇，高出屋面至少 250mm，孔壁与屋面之间做成泛水，孔口用木板上加钉 0.6mm 厚的镀锌薄钢板进行盖孔。

6.3.2　平屋顶刚性防水屋面

刚性防水屋面是用刚性防水材料，如防水砂浆、细石混凝土、配筋的细石混凝土等做防水层的屋面，屋面坡度宜为 2%～3%，并应采用结构找坡。这种屋面构造简单，施工方便，造价低廉，但对湿度变化和结构变形较敏感，容易产生裂缝而渗漏。故刚性防水屋面不宜用于湿度变化大，有振动荷载和基础有较大不均匀沉降的建筑。一般用于南方地区的建筑。

1. 刚性防水屋面的基本构造

刚性防水屋面是由结构层、找平层、隔离层和防水层组成。

（1）刚性防水屋面的结构层必须具有足够的强度和刚度，故通常采用现浇或预制的钢筋混凝土屋面板。刚性防水屋面一般为结构找坡。屋面板选型时应考虑施工荷载，且排列方向一致，以平行屋脊为宜。为了适应刚性防水屋面的变形，屋面板的支承处应做成滑动支座，其做法一般为在墙或梁顶上用水泥砂浆找平，再干铺两层中间夹有滑石粉的油毡，然后搁置预制屋面板，并且在屋面板端缝处和屋面板与女儿墙的交接处都要用弹性物嵌填，如屋面为现浇板，也可在支承处做滑动支座。屋面板下如有非承重墙，应在板底脱开 20mm，并在缝内填塞松软材料。

（2）为了保证防水层厚薄均匀，通常应在预制钢筋混凝土屋面板上先做一层找平层，找平层的做法一般为 20mm 厚 1：3 水泥砂浆，若屋面板为现浇时可不设此层。

（3）结构层在荷载作用下产生挠曲变形，在温度变化时产生胀缩变形，结构层较防水层厚，其刚度相应比防水层大，当结构产生变形时必然会将防水层拉裂，所以在结构层和防水层之间设置隔离层，以使防水层和结构层之间有相对的变形，防止防水层开裂。隔离层常采用纸筋灰、低标号砂浆、干铺一层油毡或沥青玛瑞脂等做法。若防水层中加膨胀剂，其抗裂性能有所改善，也可不做隔离层。

（4）防水层是指用防水砂浆抹面防水层。普通细石混凝土防水层、补偿收缩混凝土防水层、块体刚性防水层等铺设的屋面。细石混凝土强度不应低于 C20，厚度不应小于 40mm，在其中双向配置 $\phi 4 \sim \phi 6$ 钢筋，间距为 100～200mm，以控制混凝土收缩后产生的裂缝，保护层厚度不小于 10mm。应在水泥砂浆和细石混凝土防水层中掺入外加剂。这是由于防水层施工时用水量超过水泥在水凝过程中所需的用水量，多余的水在硬化过程中逐渐蒸发形成许多空隙和互相连贯的毛细管网；另外，过多的水分在砂石骨料的表面形成一层游离水，相互之间也会形成毛细通道，这些毛细通道都是造成砂浆或混凝土收水干缩时表面开裂和屋面渗水的主要原因。加入外加剂可改善这些情况，如掺入膨胀剂使防水层在硬结时产生微膨胀效应，抵抗混凝土原有的收缩性以提高抗裂性。加入防水剂使砂浆或混凝土与之生成不溶性物质，堵塞毛细孔道，形成憎水性壁膜，以提高密实性，如图 6.17 所示。

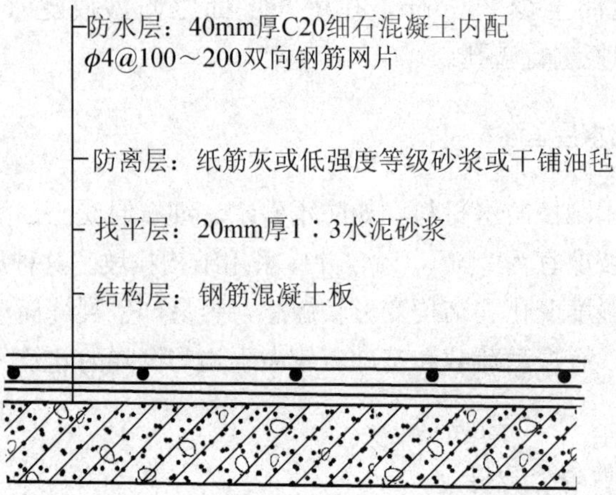

防水层：40mm厚C20细石混凝土内配
φ4@100～200双向钢筋网片
防离层：纸筋灰或低强度等级砂浆或干铺油毡
找平层：20mm厚1∶3水泥砂浆
结构层：钢筋混凝土板

图 6.17　刚性防水屋面构造层次

2. 刚性防水屋面的节点构造

刚性防水屋面的节点构造包括分格缝、泛水构造、檐口和雨水口构造。

(1) 分格缝是为了避免刚性防水层因结构变形、温度变化和混凝土干缩等产生裂缝，所设置的“变形缝”。分格缝的间距应控制在刚性防水层受温度影响产生变形的许可范围内，一般不宜大于 6m，并应位于结构变形的敏感部位，如预制板的支承端，不同屋面板的交接处，屋面与女儿墙的交接处等，并与板缝上下对齐。分格缝的宽度为 20～40mm，有平缝和凸缝两种构造形式。平缝适用于纵向分格缝，凸缝适用于横向分格缝和屋脊处的分格缝。为了有利于伸缩变形，缝的下部用弹性材料，如聚乙烯发泡棒，沥青麻丝等填塞；上部用防水密封材料嵌缝。当防水要求较高时，可再在分格缝的上面加铺一层卷材进行覆盖，如图 6.18 所示。

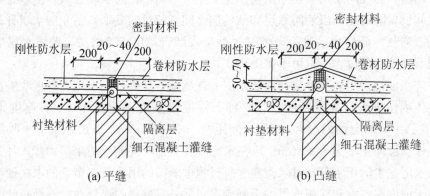

密封材料
刚性防水层
200
20～40
200
卷材防水层
衬垫材料
隔离层
细石混凝土灌缝
(a) 平缝
密封材料
刚性防水层
200
20～40
200
卷材防水层
50~70
衬垫材料
隔离层
细石混凝土灌缝
(b) 凸缝

图 6.18　分格缝构造

(2) 刚性防水屋面泛水构造与柔性防水屋面原理基本相同，一般做法是将细石混凝土防水层直接引申到墙面上，细石混凝土内的钢筋网片也同时上弯。泛水应有足够的高度，转角外做成圆弧或 45°斜面，与屋面防水层应一次浇成，不留施工缝，上端应有挡雨措施，一般做法是将砖墙挑出 1/4 砖，抹水泥砂浆滴水线。刚性屋面泛水与墙之间必须设分格缝，以免两者变形不一致，使泛水开裂漏水，缝内用弹性材料充填，缝口应用油膏嵌缝或铁皮盖缝，如图 6.19 所示。

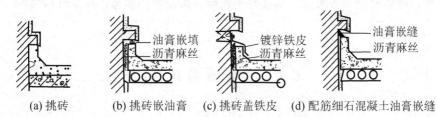

(a) 挑砖 (b) 挑砖嵌油膏 (c) 挑砖盖铁皮 (d) 配筋细石混凝土油膏嵌缝

图 6.19 刚性防水屋面泛水构造

（3）刚性防水屋面的檐口形式分为无组织排水檐口和有组织排水檐口。无组织排水檐口通常直接由刚性防水层挑出形成，挑出尺寸一般不大于 450mm，也可设置挑檐板，刚性防水层伸到挑檐板之外；有组织排水檐口有挑檐沟檐口、女儿墙檐口和斜板挑檐檐口等做法。挑檐沟檐口的檐沟底部应用找坡材料垫置形成纵向排水坡度，铺好隔离层后再做防水层，防水层一般采用 1∶2 的防水砂浆；女儿墙檐口和斜板挑檐檐口与刚性防水层之间按泛水处理，其形式与卷材防水屋面的相同，如图 6.20 所示。

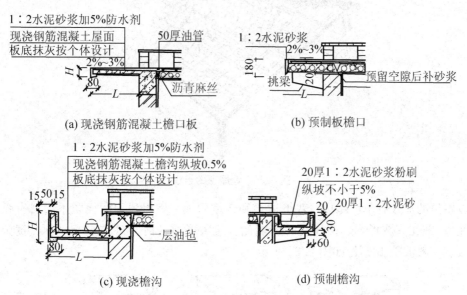

(a) 现浇钢筋混凝土檐口板

(b) 预制板檐口

(c) 现浇檐沟

(d) 预制檐沟

图 6.20 刚性防水屋面檐口构造

（4）刚性防水屋面雨水口的规格和类型与柔性防水屋面所用雨水口相同。安装直管式雨水口为防止雨水从套管与沟底接缝处渗漏，应在雨水口四周加铺柔性卷材，卷材应铺入套管的内壁。檐口内浇筑的混凝土防水层应盖在附加的卷材上，防水层与雨水口相接处用油膏嵌缝。安装弯式雨水口前，下面应铺一层柔性卷材，然后再浇筑屋面防水层，防水层与弯头交接处用油膏嵌缝。

引例(3)的解答：引例图6-6是平屋顶柔性防水屋面，用的是卷材类防水材料；引例图6-7是平屋顶刚性防水屋面，用的是细石混凝土类防水材料。柔性防水屋面施工复杂，防水效果好，防水材料容易老化，刚性防水屋面施工简单，容易产生裂缝而渗漏。

6.4　坡屋顶的构造

坡屋顶建筑为我国传统的建筑形式，主要由屋面构件，支承构件和顶棚等主要部分组成。根据使用功能的不同，有些还需设保温层、隔热层等。坡屋顶的屋面是由一些坡度相同的倾斜面相互交接而成，交线为水平线时称正脊；当斜面相交为凹角时，所构成的倾斜交线称斜天沟；斜面相交为凸角时的交线称斜脊。坡屋顶的坡度随着所采用的支承结构、屋面铺材和铺盖方法不同而异，一般坡度均大于1:10，坡屋面坡度较大，雨水容易排除，如图6.21所示。

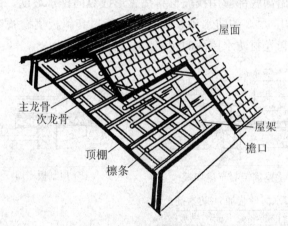

图 6.21　坡屋顶的组成

坡屋顶的形式有单坡屋顶、双坡屋顶和四坡屋顶。坡屋顶的屋面防水材料有弧瓦(称小青瓦)、平瓦、波形瓦、金属瓦、琉璃瓦、琉璃屋顶、构件自防水及草顶、黄土顶等。屋顶坡度一般大于10%，如图6.22所示。

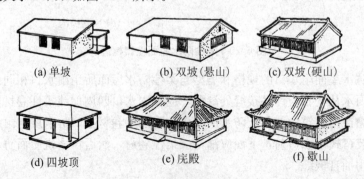

(a) 单坡　　　　　　　(b) 双坡(悬山)　　　　　　(c) 双坡(硬山)

(d) 四坡顶　　　　　　(e) 庑殿　　　　　　(f) 歇山

图 6.22　坡屋顶形式

6.4.1 坡屋顶的承重结构

不同材料和结构可以设计出各种形式的屋顶，同一种形式的屋顶也可采用不同的结构方式。为了满足功能、经济、美观的要求，必须合理地选择支承结构。在坡屋顶中常采用的支承结构有屋架承重和山墙承重、梁架承重等类型，如图 6.23 所示。在低层住宅、宿舍等建筑中，由于房间开间较小，常用山墙承重结构。在食堂、学校、俱乐部等建筑中，开间较大的房间可根据具体情况用山墙和屋架承重。

(a) 屋架承重　　　　(b) 山墙承重　　　　(c) 梁架承重

图 6.23　瓦屋面的承重结构

1. 山墙承重

山墙作为屋顶承重结构，多用于房屋开间较小的建筑。这种建筑是在山墙上搁檩条、檩条上钉椽子，再铺屋面面板；或在山墙上直接搁钢筋混凝土板，然后铺瓦。山墙的间距应尽量一致，一般在 4m 左右。当建筑平面上有纵向走道贯通时，可设砖拱或钢筋混凝土梁，再砌山墙的山尖，以搁置檩条。檩条一般由预应力钢筋混凝土或木檩条。木檩条的跨度在 4m 以内，间距为 500～700mm。如木檩条间采用椽子时，间距可放大 1m 左右。木檩条搁置在山墙部分，应涂防腐剂，檩条下设置混凝土垫块，或经防腐处理的木垫块，使压力均布到山墙上。钢筋混凝土檩条的跨度一般为 4m，其断面有矩形、T 形、L 形等。在房间开间较小时，转角处可采用斜角梁或檩条搭接，如图 6.24 所示。采用木檩条时，山墙端部檩条可出挑，成悬山屋顶，或将山墙砌出屋面做成硬山屋顶。钢筋混凝土檩条一般不宜出挑，如需出挑，出挑长度一般不宜过大。

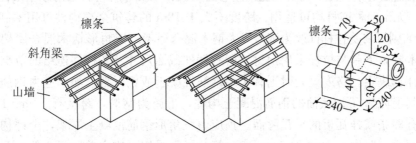

图 6.24　山墙承重的屋顶

山墙承重结构一般用于小型、较简易的建筑。其优点是节约木材和钢材，构造简单，施工方便，隔声性能较好。山墙以往用 240 标准黏土砖砌筑。为节约农田和能源，今可采用水泥煤渣砖或多孔砖等。

2. 屋架承重

屋架承重是指利用建筑物的外纵墙或柱支承屋架，然后在屋架上搁置檩条来承受屋面重量的一种承重方式。屋架一般按房屋的开间等间距排列，其开间的选择与建筑平面及立面设计都有关系。屋架承重体系的主要优点是建筑物内部可以形成较大的空间结构，布置灵活，通用性大。

（1）屋架是由一组杆件在同一平面内互相结合成整体的物件来承受荷载，每个杆件承受拉力或压力，为了避免产生挠曲，各杆件的轴心应会于一点，称为节点。节点的间距称为节间。节间一般依屋弦长划分为若干等分，其间距大小与屋架外形及材料有关，节间多则施工复杂，节间少则每一构件受力大。

屋架由上弦木、下弦木及腹杆组成。上弦木居于屋架的顶部，左右各一组，构成人字形，当屋架承受垂直荷载时是受压构件；下弦为屋架下部构件，是受拉构件。除上、下弦外，其余杆件称腹杆，其中倾斜者为斜杆，垂直者为直杆。斜杆受压、直杆受拉，如图 6.25 所示。

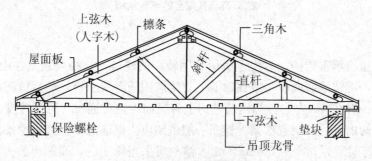

图 6.25　三角形屋架组成

（2）一般中、小跨度的屋架有用木、钢木或钢筋混凝土制作。形式有三角形、梯形、多边形、弧形等。屋架形式的选择应根据房屋跨度、屋顶形式与铺材来考虑。从单梯屋架受均布荷载时所形成的力矩图形来看，弧形屋架用料最经济，多边形次之，三角形最费。但弧形屋架施工复杂，屋面铺材只能采用卷材及镀锌铁皮等材料。三角形屋架构造及施工均较简单，无论何种铺材均可适用，跨度不大于 12m 的建筑全部构件可用木制；跨度不超过 18m 的则可将受拉杆件改为钢料成为钢木混合屋架。三角形钢木混合屋架上弦与斜腹杆常用木制，下弦与拉杆采用钢材。所有杆件截面尺寸及各杆件连结的节点构造均由结构设计计算决定。跨度更大时则宜采用钢筋混凝土或钢屋架，如预应力钢筋混凝土三铰屋架，其上弦为 T 形截面的钢筋混凝土构件，下弦为钢筋，跨度有 12m、15m、18m 等。用于有檩条或挂瓦板的平瓦屋面。预应力三角形钢筋混凝土屋架，全部构件均为钢筋混凝土制成，跨度有 12m、15m、18m 等，屋面采用预应力单肋板、斜槽瓦，或在檩条或挂瓦板上铺平瓦屋面。这类屋架自重大，现有将下弦改用角钢者可减轻自重。此类钢筋混凝土屋架可节约木材，但耗费水泥和钢材，且自重大须一定的吊装设备进行屋架安装，如图 6.26 所示。

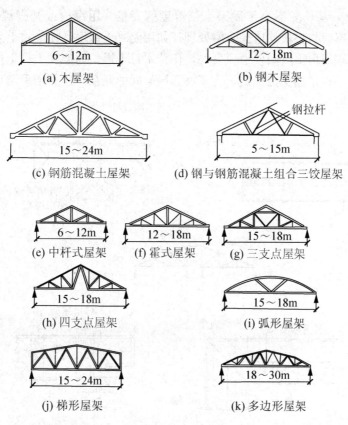

图 6.26 屋架类型

（3）屋架一般按建筑物的开间等距离排列，以便统一屋架类型和檩条尺寸。屋架布置基本原则是排列简单，结构安全，经济合理。常见的平面形状不外乎一字形、T 形、H 形、L 形等。一字形平面屋架沿房屋纵长方向等距排列，屋架两端搁在纵向外墙或柱墩上。如建筑物平面上有一道或两道纵向承重内墙时，则可考虑选用三支点或四支点屋架；或做成两个半屋架中间架设小"人"字架等不同形式，以减小屋架的跨度，节约材料。在 T 形平面中，当平面上凸出部分跨度小时可在转角处放置斜角梁；跨度大时可采用半屋架。屋架一端搁于外墙转角处，另一端搁在房屋内部支座上，如内部无支座则可在转角处放置大跨度的对角屋架等，如图 6.27 所示。

如房屋做成四坡屋顶，在尽端处当跨度较小，屋架的间距恰等于屋顶跨度之半时，这时可在转角处设斜角梁。跨度大时用半屋架，并在前后斜角梁之间增设半屋架式人字木。斜角梁下端支承在转角墙上，并可增设搭角梁加固，斜角梁上端搁于屋架上，以台影承托。当房屋进深较大，而屋架跨度之间距之比超过上述情况时，可采用将半屋架的人字木延长及加设梯形屋架等办法处理。四坡屋顶由于屋架间距和布置不同，也可做成歇山屋顶，如图 6.28 所示。

（4）为了使屋架的荷重均匀地传至墙上，在支承处必须设置木或混凝土制成的垫块。木垫块断面为 70mm×200mm～120mm×200mm，混凝土垫块断面为 120mm×200mm～

160mm×250mm，其长度不小于屋架下弦厚度的三倍，用螺栓或开脚螺栓固定于墙上。如采用木垫块则屋架与垫块均应加防腐处理；如用混凝土垫块，在垫块上须铺设防水卷材一层，并在屋架端部留出空间使通风良好，保持木材干燥。如架在木柱上则应加斜角撑与下弦节点相衔接，以增加支点稳定，为了加强屋架间的联系，还必须采用稳定构件。

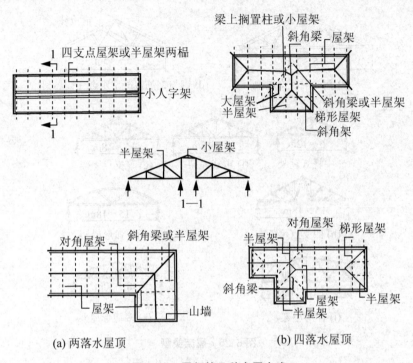

图 6.27　屋架的几种布置方式

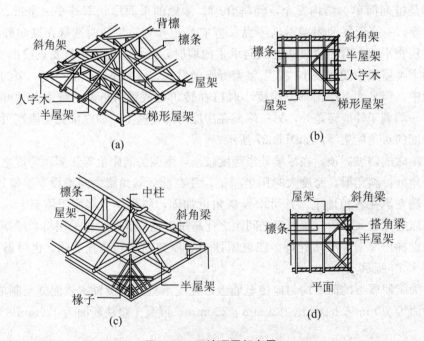

图 6.28　四坡顶屋架布置

屋顶空间稳定方式不外两种，其一是采用水平支撑稳定构件；另一种是竖向支撑稳定构件，以前者更为有效。竖向支撑常用剪刀撑，即沿纵长方向在每两榀屋架之间设一至两道剪刀撑，分别将其上、下端用螺栓固定在屋架受压节点处，并在两成对屋架下弦中间设置通长刚性水平支撑，使风力经剪刀撑传至屋面系统而至墙、柱及基础。从结构传力及现行的屋架构造来看，设置上弦沿横向的水平支撑是加强屋面刚度和抵抗风力的有效措施，其方法有几种：首先是加强檩条与檩条、檩条与屋架上弦或山墙的联系，并将屋面板牢钉在檩条上。当房屋很长，屋架榀数较多时应采取格构式水平支撑，撑牢在两榀屋架的上弦各受压节点处(钢结构常如此)。这种水平支撑一般在房屋端部第二个开间，和每隔 20m 左右设置一道，如图 6.29 所示。

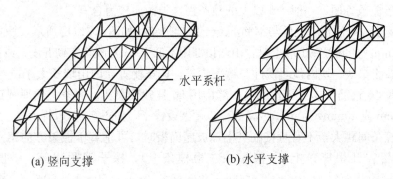

(a) 竖向支撑　　　　　　　　(b) 水平支撑

图 6.29　坡屋顶稳定构件

3. 梁架承重

梁架承重是我国传统的木结构形式。它由柱和梁组成梁架，檩条搁置在梁间，承受屋面荷载，并将各梁架联系为一完整的骨架。内外墙体均填充在梁架之间，起分隔和围护作用，不承受荷载。梁架交接处为齿结合，整体性与抗震性均较好，但耗用木料较多，防火、耐久性均较差。今在一些仿古建筑中常以钢筋混凝土梁柱仿效传统的木梁架。

6.4.2　坡屋顶的屋面构造

坡屋顶屋面由屋面支承构件及防水面层组成。支承构件包括檩条、椽子、屋面板或钢筋混凝土挂瓦板。屋面防水层包括各类瓦，常用的有黏土平瓦、小青瓦、水泥瓦、油毡瓦及石棉瓦等铺材。金属材料中的镀锌钢板彩瓦及彩色镀铝锌压型钢板等多用于大型公共建筑中，耐久性及防水要求高，建筑物自重要求轻的房屋中。在大量民用建筑中的坡屋顶以水泥瓦采用较多，当屋顶坡度较平，对房屋自重要求减轻并防火要求高时常用石棉瓦等。

1. 屋面支承构件

屋面支承构件包括檩条、椽子、屋面板和钢筋混凝土挂瓦板。

(1) 檩条一般搁在山墙或屋架的节点上。屋架节间较大时，为了减少屋面板或椽子的跨度，常在屋架节间增设檩条。檩条可用木、钢筋混凝土或钢制作，如用木屋架则用木檩条；用钢筋混凝土或钢屋架则可用钢筋混凝土檩条或钢檩条。木檩条可用 ϕ100mm 圆木或 50mm $\times$100mm 方木制作，以圆木较为经济，其长度视屋架间距而定，常为 2.6～4m。钢檩条跨度可达到 6m 或更大。断面大小视跨度、间距及屋面荷载大小而定。木檩条搁置在木屋架上以三角木承托,每根檩条的距离必须相等,顶面在同一平面上,以利于铺钉屋面板或椽子。

木檩条可做成悬臂檩条,较为节约,但施工复杂。通常檩条搁于两榀屋架上呈简支状态,悬臂檩条搁置于两榀屋架上,其一端悬出与相邻檩条衔接,接头处离支点不得大于跨度的 1/5。利用其悬臂部分产生负弯矩,以减少檩条中的正弯矩,因此使檩条的截面可以减小。檩条间的接头用高低对开或斜开相接,并用扒钉钉牢,其连接构造如图 6.30(a)所示。

钢筋混凝土檩条截面有矩形、T 形或 L 形等。预应力钢筋混凝土檩条为矩形截面,长度为 2.6~6m,截面尺寸为 60mm×140mm,80mm×200mm 及 80mm×250mm;视跨度与荷载不同分别采用。其中 4~6m 者还可做成抽空,以节约混凝土并减轻自重,但成批生产不及矩形檩条方便,一般 4m 以上的檩条用这类截面较为合宜。

钢筋混凝土檩条用预埋铁件与钢筋混凝土屋架焊接,如图 6.30(b)所示,搁置面长度大于或等于 70mm。如搁置在山墙上时,山墙顶部用不低于 25 号砂浆实砌五皮,或在山墙上放 120~240 混凝土垫块,块内预埋铁件与檩条焊接,檩条搁置在内山墙长大于或等于 70mm。两檩条端头埋 Φ6 钢筋用 4 号铅丝绑扎,缝内用 50 号砂浆灌实。檩条上预埋圆钉固定木条(30mm×40mm 或 40mm×40mm)或留孔,以便架设椽子,如图 6.30(c)所示。

(2) 当檩条间距大,不宜直接在其上铺放屋面板时,可垂直于檩条方向架立椽子。椽子应连续搁置在几根檩条上(一般搁在三根檩条上),椽子间距相等,一般为 360~400mm。木椽子截面常为 40mm×60mm、40mm×50mm,50mm×50mm。椽子上铺钉屋面板,或直接在椽子上钉挂瓦条挂瓦。出檐椽子下端锯齐以便钉封檐板。

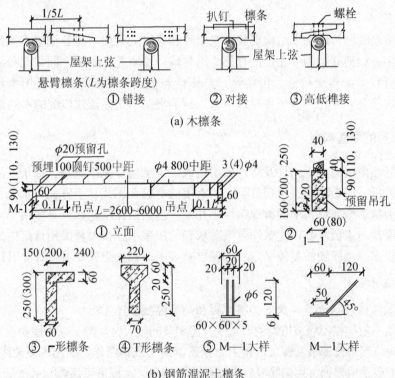

图 6.30　木及钢筋混凝土檩条

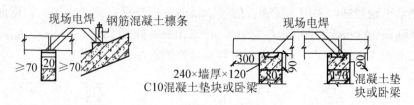

① 檩条与屋架联结 ② 檩条带挑檐与山墙联结 ③ 檩条与内山墙联结

(c) 钢筋混凝土檩条与屋架或山墙联结

图 6.30 木及钢筋混凝土檩条(续)

(3) 檩条间距小于 800mm 时可直接在檩条上钉木屋面板,当檩条间距大于 800mm 时,应先钉椽子再在椽子上钉屋面板。木屋面板用杉木或松木制作,厚 15~25mm,板的长度应搭过三根檩条或椽子。铺放时可以紧密拼合,亦可稀铺,板与板之间留缝,视建筑物的标准而定,一般房屋多为稀铺以节约木材。板面铺一层油毡,这样对屋面防水保温隔热均有好处,为了节约木材可用芦席、加气混凝土块等代替屋面板,在芦席上铺一层油毡防漏。

(4) 钢筋混凝土挂瓦板是将檩条、屋面板、挂瓦条等构件组合成一体的小型预制构件,直接铺放在山墙或混凝土屋架上。

2. 坡屋顶屋面铺材与构造

坡屋顶屋面铺材决定了屋面防水层的构造,屋面防水层包括平瓦屋面、波形瓦屋面、小青瓦屋面、钢筋混凝土大瓦屋面、钢筋混凝土板基层平瓦屋面、玻璃纤维油毡瓦屋面、钢板彩瓦屋面、彩色镀锌压型钢板屋面。

(1) 平瓦屋面适用于防水等级为Ⅱ级、Ⅲ级、Ⅳ级的屋面防水。平瓦由黏土烧成,取材方便,耐燃性与耐久性均好。制作要求薄而轻,吸水率小。其不透水性要求在 150mm 水柱高的压力下经过一小时背面不呈现湿斑,吸水率不超过自重的 16%。瓦的刚度要求在 330mm 跨度上能承受不小于 50kg 的均布荷载,并能在饱和水分的状态下,经受 15 次反复冻结及融解而不破坏。瓦的外形尺寸各地制作者略有出入,大致为 400mm×230mm,有效尺寸为 330mm×220mm,厚 50mm(净厚 20mm),每平方米屋面约为 15 块,每块瓦重 3.5~4.25kg。平瓦屋面在一般民用建筑中应用甚广。缺点是瓦的尺寸小,接缝多,接缝处容易飘进雨雪,产生漏雨。且制瓦时要取土于农田。平瓦屋面构造,根据使用标准与所选用的材料与构造大致可分为以下四类。屋面坡度应不小于 1:4,如图 6.31(a)所示。

① 冷滩瓦屋面,在一般不保温的房屋及简易房屋中常采用,在椽子上直接钉 25mm×30mm 挂瓦条挂瓦的做法。其缺点是雨水可能从瓦缝中渗入室内,且屋顶隔热、保温效果差。但价格比较便宜,如图 6.31(b)所示。

② 木屋面板平瓦屋面是在檩条或椽子上钉木屋面板(15~25mm 厚),板上平行屋脊方向铺一层油毡,上钉顺水条(又称压毡条),再钉挂瓦条挂瓦。当屋顶坡度大于 45° 时用 8 号铅丝将瓦扎于挂瓦条上,以免平瓦下滑。由瓦缝渗漏的雨水可沿顺水条流至屋檐的檐沟中,因有油毡与屋面板,即使有雨水渗入也不致坠入室内。瓦由檐口铺向屋脊,脊瓦应搭盖在两片瓦上不小于 50mm,常用水泥石灰砂浆填实嵌浆,以防雨雪飘入,如图 6.31(c)所示。屋

顶保温隔热效果也较好，采用木屋面板的屋顶目前只用于标准高的房屋，如图 6.31(d)所示。挂瓦条断面为 20mm×20mm，或 20mm×25mm，间距 280～310mm，视瓦的长度而定。顺水条断面为 6mm×24mm，通常用灰板条作顺水条。

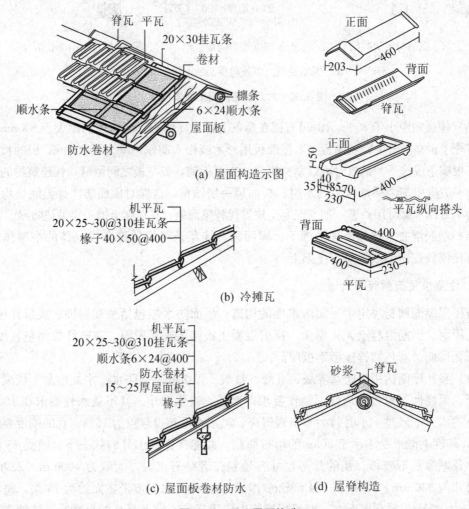

(a) 屋面构造示图

(b) 冷摊瓦

(c) 屋面板卷材防水　　(d) 屋脊构造

图 6.31　平瓦屋面构造

③ 钢筋混凝土挂瓦板的平瓦屋面，一般将挂瓦板套入钢筋混凝土土屋架上弦，或山墙上的混凝土垫块的预埋钢筋或铁箍中，或采用螺栓固定。挂瓦板之间的连接是将两块板的预留孔用 8 号铅丝扎牢，用 1∶2 或 1∶3 水泥砂浆嵌填密实，然后挂瓦。板底用 1∶0.3∶3 水泥纸筋石灰砂浆嵌缝后刷石灰水即可。挂瓦板平屋面坡度不宜小于 1∶2.5。挂瓦板屋面板与板，板与支座的连接对抗地震不利，板在运输中损耗较大，目前采用不多，应对以上问题进一步研究改进。

平瓦屋面屋脊与斜脊处覆盖脊瓦，脊瓦应搭盖在两片瓦上不小于 50mm，常用水泥石灰麻刀砂浆填实嵌紧，以防雨雪飘入。斜角梁处设斜天沟，斜天沟部分则铺 24 号或 26 号镀锌铁皮，两端引入瓦底。檐口瓦应伸出封檐板外 30～50mm，并应铺成直线。

（2）波形瓦屋面。波形瓦中有石棉瓦、木质纤维波形瓦、钢丝网水泥波形瓦、镀锌瓦楞铁皮等。其中波形石棉瓦在大量性民用建筑中运用较多。石棉瓦是由石棉纤维与水泥混合制成，是良好的非导体，非燃烧体；重量轻，耐久性能好；不受潮湿与煤烟侵蚀；但易折断破裂。公共建筑、仓库、工厂常采用。

① 波形石棉瓦的规格各地产品不一，有大波、中波与小波三类。石棉瓦质量要求完整无破裂，光滑无麻面，无折断，棱角及四边须平整，见表6-4。

表6-4 波形瓦规格

类型	规格/mm			横向搭接宽度	上、下搭接长度/mm	屋架最大间距/mm
	长×宽×厚	弧高	弧数			
石棉水泥大波瓦	2800×994×8	50	6	≥1/2波	坡度 ≥ 1/2时，上、下搭接长度 ≥ 120坡度坡度 ＜1/2时，上、下搭接长度150～200	1300
石棉水泥中波瓦	2400×745×6.5	33	7.5	≥1/2波		1100
	1800×745×6	33	7.5			
	1200×745×6	33	7.5			
石棉水泥小波瓦	2134×720×5	14～17	11.5	≥1/2波		900
	1820×720×5	14～17	11.5			
	1820×720×6	14～17	11.5			
	1820×720×8	14～17	11.5			
木质纤维波形瓦	1700×765×6	40	4.5	≥1/2波		1500
琉璃钢波形瓦	1800×700×1.5～2	14				
	1900×700～800×1.2					
	2000×700×1.4	10.2				
	1800×730×1.4					
	1300×730×1.1					
镀锌瓦楞铁皮	1800×660～690 ×0.88～0.63	20.1 14.3				

② 为了节约木材，波形石棉瓦可直接钉在檩条上，或在檩条上铺放一层钢丝网或钢板网再铺瓦。檩条可由木、钢筋混凝土或钢制。一般每块瓦应搭盖三根檩条，瓦的水平接缝应在檩条上，檩条间距视瓦的长度与厚度而定。在有屋面板时，则在屋面板上铺一层油毡，瓦固定在屋面板上，这对防水隔热等均有好处。

铺瓦时应从檐口铺向屋脊，檐口处如无檐沟则第一块瓦应伸出檐口120～300mm。大、中波瓦左右两块叠盖至少半个瓦楞；小波瓦则不小于一个半瓦楞。水平缝搭盖120～200mm，屋顶坡度小时搭接缝宜长些，搭接缝应顺主导风向。屋脊处盖脊瓦，以麻刀灰或纸筋灰嵌缝，或用螺钉固定。瓦的铺法有切角铺法与不切角铺法两种，前者为了免去上、下左右搭接缝均在一条线上，美观整齐，受压时不易折断；不切角铺法应将上、下两排的长边搭接缝错开，这种铺法施工较快，适用于大面积屋面。

石棉瓦用镀锌螺钉固定在木檩条上，先在瓦上钻孔，为了考虑温度变化引起的变形，

孔的直径较钉的直径大2~3mm，钉在瓦楞背钉入。瓦的每边至少用三只钉固定。钉帽下套铁质垫圈，垫圈涂红丹铅油，并衬以油毛毡，或用橡皮垫圈。每张瓦下端亦可用两只扣钉钉牢在檩条或屋面板上。石棉瓦与钢筋混凝土檩条或钢檩条用扁钢或Φ6~Φ8钢筋挂钩固定，在钢筋混凝土挂瓦板上可预留木块，石棉瓦用螺钉钉在木块上，檐口及屋顶处用钢筋固定，每瓦4~6个，如图6.32所示。

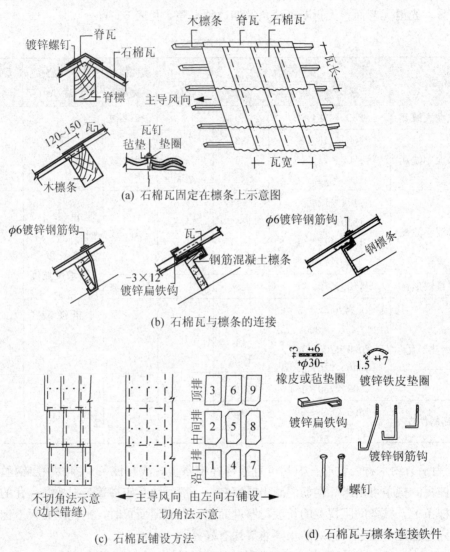

图 6.32　石棉瓦屋面构造

（3）在我国旧民居建筑中常用小青瓦（板瓦、蝴蝶瓦）作屋面。小青瓦断面呈弓形，一头较窄，尺寸规格不一，宽度为165~220mm。铺盖方法是分别将瓦覆、仰铺排，覆盖成陇；仰铺成沟。盖瓦搭设底瓦约1/3，上、下两皮瓦搭叠长度少雨地区为搭六露四；多雨地区搭七露三。露出长度不宜大于1/2瓦长。一般在木望板或芦席上铺灰泥，灰泥上覆盖瓦。在檐口盖瓦尽头处常设有花边瓦；底瓦则铺滴水瓦（即附有尖舌形的底瓦）。屋脊可做成各种形式。小青瓦块小，易漏雨，须经常维修，除旧房维修及少数地区民居外已不使用，如图 6.33 所示。

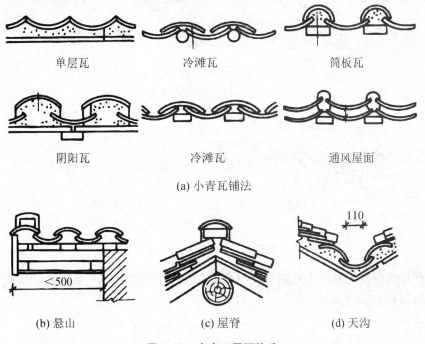

单层瓦   冷滩瓦   筒板瓦

阴阳瓦   冷滩瓦   通风屋面

(a) 小青瓦铺法

(b) 悬山   (c) 屋脊   (d) 天沟

图 6.33　小青瓦屋面构造

此外古代宫殿庙宇中还常用各种颜色的琉璃瓦作屋面。琉璃瓦是上釉的陶土瓦，有盖瓦与底瓦之分，盖瓦为圆筒形，称筒瓦；底瓦弓形。铺法一般将底瓦仰铺，两底瓦之间覆以盖瓦。目前只有在大型公共建筑如纪念堂、大会堂等用作屋面或墙檐装饰，富有民族风格。

（4）钢筋混凝土大瓦屋面中钢筋混凝土的大型屋面板跨度有 6m、12m 等，多用于工业建筑中。大型公共建筑亦有采用者，一般直接搁于钢或钢筋混凝土屋架上。此外在大量性民用建筑中尚有钢筋混凝土槽形瓦及 F 形瓦等。槽形瓦可垂直于屋脊方向单层或双层铺放，支承在檩条上。单层铺放时槽口向上，两块瓦肋间覆以脊瓦，以防板缝漏水；双层铺放时则将槽形瓦正反搁置互相搭盖，板面多采用防水砂浆或涂料防水。正反两块间形成通风口孔道，这样从檐口进风屋脊处设出风口组成通风屋顶。F 形瓦可直接搁于屋架上或檩条上，瓦与瓦上下顺流水方向互相搭接，瓦缝可用砂浆嵌填，以防飘雨与漏水，如图 6.34 所示。

屋面铺材种类很多，选用时应根据支承结构形式、屋顶坡度、建筑外观及耐久、耐火、防水，自重轻，便于就地取材，施工方便，造价经济等综合考虑。

（5）钢筋混凝土板基层平瓦屋面，在住宅、学校、宾馆、医院等民用建筑中，钢筋混凝土屋面板找平层上铺防水卷材、保温层，再做水泥砂浆卧瓦层，最薄处为 20mm，内配 $\phi 6@500mm \times 500mm$ 钢筋网，再铺瓦。也可在保温层上做 C15 细石混凝土找平层，内配 $\phi 6@500mm \times 500mm$ 钢筋网，再做顺水条、挂瓦条挂瓦。这类坡屋面防水等级可为 Ⅱ级。

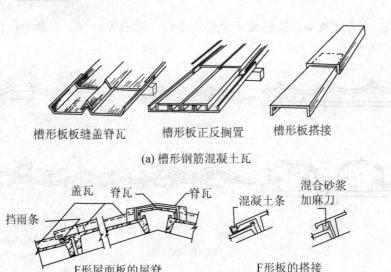

槽形板板缝盖脊瓦　　　槽形板正反搁置　　　槽形板搭接

(a) 槽形钢筋混凝土瓦

F形屋面板的屋脊　　　　　　F形板的搭接

(b) F形屋面板

图 6.34　钢筋混凝土大瓦

　　同样在钢筋混凝土基层上除铺平瓦屋面外，也可改用小青瓦、琉璃瓦，多彩油毡瓦或钢板彩瓦等屋面，如图 6.35 所示。

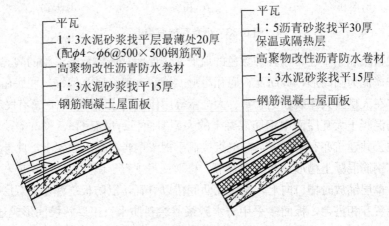

左图标注：
- 平瓦
- 1：3水泥砂浆找平层最薄处20厚 (配ϕ4～ϕ6@500×500钢筋网)
- 高聚物改性沥青防水卷材
- 1：3水泥砂浆找平15厚
- 钢筋混凝土屋面板

右图标注：
- 平瓦
- 1：5沥青砂浆找平30厚 保温或隔热层
- 高聚物改性沥青防水卷材
- 1：3水泥砂浆找平15厚
- 钢筋混凝土屋面板

图 6.35　钢筋混凝土板平瓦屋面

知识链接

　　钢筋混凝土板基层平瓦屋面，是构造防水和材料防水的综合应用，这种综合使用防水卷材和瓦片两种构造方式进行防水处理的坡屋面建筑，在民用建筑特别是别墅类建筑中使用广泛。如图 6.36 所示，这种建筑的屋面板可以看作倾斜的现浇楼板，梁、板的布置与现浇钢筋混凝土楼面基本相同，支模放入钢筋后整体现浇，现浇钢筋混凝土坡屋面找平后先做一道卷材防水，再用顺水条架设挂瓦条铺瓦片做一道构造防水，瓦片的种类和颜色有多种，丰富了建筑造型。

图6.36 别墅类建筑屋面板

（6）玻璃纤维油毡瓦（简称油毡瓦）屋面，油毡瓦为薄而轻的片状瓦材。油毡瓦以玻璃纤维为基架，覆以特别沥青涂层，上附石粉，表面为隔离保护层组成的片材。一般分单层和双层两种，其色彩和重量各异。单层油毡瓦采用较普遍，规格为1000mm×333mm，重$9.76\sim11.23kg/m^2$。油毡瓦一般适用低层住宅、别墅等建筑。通常屋面坡度1：5，适用于防水等级为Ⅱ级、Ⅲ级的屋面防水。

油毡瓦铺设前先安装封檐板、檐沟、滴水板、斜天沟、烟囱、透气管等部位的金属泛水，再进行油毡瓦铺设。铺设时基层必须平整，上、下两排采用错缝搭接，并用钉子固定每片油毡瓦，如图6.37所示。

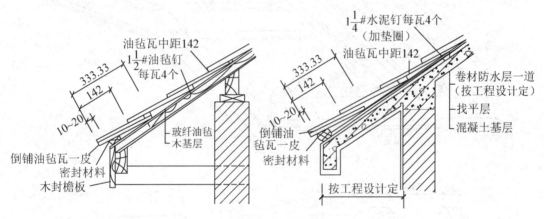

图6.37 油毡瓦屋面

（7）钢板彩瓦屋面，钢板彩瓦用厚度0.5～0.8mm的彩色薄钢板经冷压形成，呈连片块瓦型屋面防水板材。横向搭接后中距768mm，纵向搭接后最大中距为400mm，挂瓦条间距为400mm。用拉铆钉或自攻螺钉连接在钢挂瓦条上。屋脊、天沟、封檐板、压顶板、挡水板及各种连接件、密封件等均由瓦材生产厂配套供应，如图6.38所示。

（8）彩色镀锌压型钢板屋面，压型钢板由于自重轻，强度高，防水性能好，且施工、安装方便，色彩绚丽，质感、外形现代新颖，因而被广泛应用于平直坡屋顶外，还根据建筑造型与结构形式的需要在各曲面屋顶上使用。压型钢板分为单层板和夹心板两种，如图6.39所示。

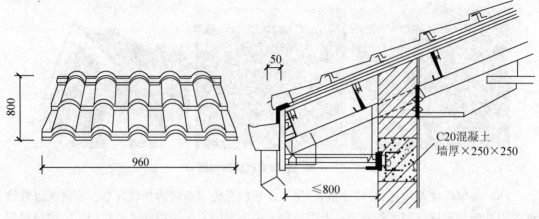

(a) 钢板彩瓦   (b) 钢檩木屋面板钢板彩瓦屋面构造

图 6.38　钢板彩瓦屋面构造

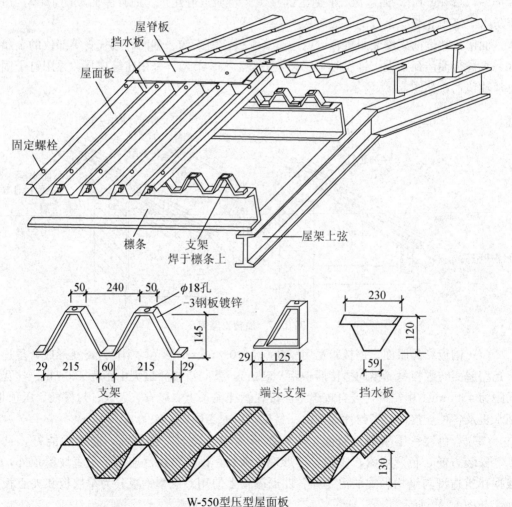

W-550型压型屋面板

图 6.39　梯形压型钢板屋面

① 单层板由厚度为 0.5~1mm 的钢板，经连续式热浸处理后，在钢板两面形成镀铝锌合金层(在同样条件下镀铝锌合金钢板比镀锌钢板使用年限长 4 倍以上)。然后在镀铝锌钢板上先涂一层具有防腐功能的化学皮膜，皮膜上涂覆底漆，最后涂耐候性强的有色化学聚酯，确保使用多年后仍保持原有色彩和光泽。

压型钢板有波形板、梯形板和带肋梯形板多种。波高大于 70mm 的称高波板；而小于或等于 70mm 的称低波板。压型钢板宽度为 750~900mm，长度受吊装、运输条件的限制一般宜在 12m 以内。

压型钢板用各种螺钉、螺栓或拉铆钉等紧固件和连接件固定在檩条上。檩条一般有槽钢、工字钢或轻钢檩条。檩条的间距一般为 1.5~3m。

压型钢板的纵向连接应位于檩条或墙梁处，两块板均应伸至支承件上。搭接长度：高波屋面板为 350mm；屋面坡度小于或等于(1：10)的低波屋面板为 250mm，屋面坡度大于(1：10)时低波屋面板的搭接长度为 200mm。两板的搭接缝间需设通长密封条。

压型钢板的横向连接有搭接式和咬接式两种：搭接式的搭接方向宜与主导风向一致，搭接不少于一个波。搭接部位设通长密封胶带。咬接式是当波高大于 35mm 时采用固定支架，用螺栓(或螺钉)固定在檩条上，固定支架与压型钢板的连接采用专业咬边连接，当屋面受温度变化而产生膨胀和收缩时，采用特制的连接件滑片将板与檩条连接，不致使屋面板拉裂而产生以上渗漏，如图 6.40 所示。

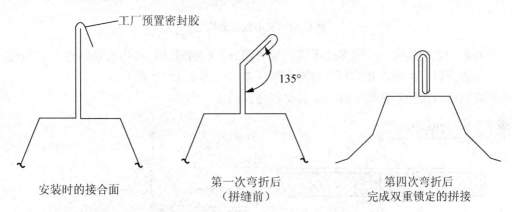

图 6.40　压型钢板屋面咬接及配件紧固构造

② 夹心板，为压型钢板面板及底板与保温芯材通过粘接剂(或发泡)粘接而成的保温隔热复合屋面板材。根据芯材的不同有硬质聚氨酯夹心板、聚苯乙烯夹心板、岩棉夹心板等。

夹心板的规格：厚度为 30~250mm，常用的屋面板为 50~100mm，夹心板面板为压型钢板板厚 0.5mm、0.6mm，底板也可采用 0.4mm 厚的压型钢板，宽度与长度与单层压型钢板相同，如图 6.41 所示。

夹心板的连接方式：一般采用紧固件或连接件将夹心板固定在钢檩条上。夹心板屋面的纵向搭接两块板都应位于檩条处，每块板的支座长度需要大于 50mm，为此搭接处应用双檩或单檩加宽。搭接长度同单层压型钢板。

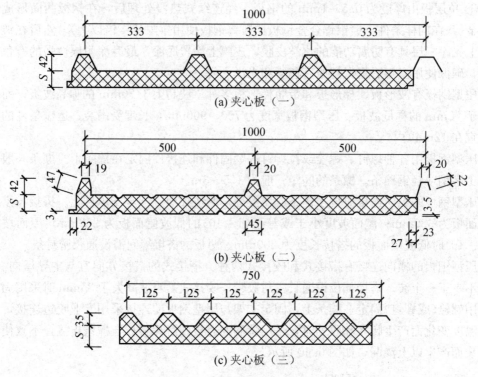

图 6.41　夹心板断面构造

夹心板的横向连接，一般多用搭接，板间用通长密封胶条，并用自攻螺钉将板与檩条固定。为防止以上渗漏，在坡顶另加屋面板压盖，如图 6.42 所示。

夹心板也可采用彩色钢平板与保温材料复合而成。

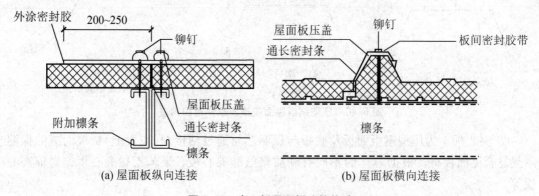

图 6.42　夹心板屋面板连接构造

3. 钢筋混凝土屋面板

用钢筋混凝土技术可塑造坡屋面的任何形式效果，可作直斜面、曲斜面或多折斜面，尤其现浇钢筋混凝土屋面对建筑的整体性、防渗漏、抗震害、防火和耐久性等都有明显的优势。当今，钢筋混凝土坡屋顶已广泛用于住宅、别墅、仿古建筑和高层建筑中。

4. 涂膜防水平屋面

涂膜防水平屋面是板面采用涂料防水，板缝采用嵌缝材料防水的一种防水屋面。这种屋面适用坡度大于 25% 的坡屋面，其优点是不用在屋面板上另铺卷材或混凝土防水层，仅在板缝和板面采取简单的嵌缝和涂膜措施，也称油膏嵌缝涂料屋面。这种做法构造简单，节约材料，降低造价，通常用于不设保温层的预制屋面板结构，在有较大震动的建筑物或寒冷地区不宜采用。

（1）材料的选择，防水涂料是以沥青为基料配制而成的水乳型或溶剂型的防水涂料，和用以石油沥青为基料，用合成高分子聚合物对其改性，加入适量助剂配制的防水涂料，或以合成橡胶或合成树脂为原料，加入适量的活性剂、改性剂、增塑剂、防霉剂及填充料等制成的单组分或双组分防水涂料。

（2）基本构造是由结构层、找平层、防水层和保护层组成。

① 结构层，采用刚度大的预制钢筋混凝土屋面板，减小屋面变形。屋面板的板缝处采用细石混凝土灌缝，留凹槽嵌填油膏并做保护层。油膏常用聚氯乙胶泥和建筑防水油膏，保护层采用贴卷材或油膏上洒绿豆砂。

② 找平层，作为防水层的基层，采用 1∶3 水泥砂浆找平。板端易变形开裂对防水层不利，应设分格缝，间距不宜大于 6m，缝宽度宜为 20mm，内嵌密封材料，并应增设宽 200～300mm 带胎体增强材料的空铺附加层。

③ 防水层，采用在板面上涂刷防水涂料或防水涂料与玻璃纤维布交替铺刷。一般采用一布二油、二布六油或三遍涂料的做法。对容易开裂和渗水的部位，应留凹槽嵌密封材料，并增设一层或一层以上带胎体增强材料的附加层，涂膜深入雨水口不小于 50mm。

④ 保护层，为防止涂膜防水层受到破坏，屋面应设保护层。保护层的材料可采用细砂、云母、蛭石、浅色涂料、水泥砂浆或块材等。采用水泥砂浆或块材时，在涂膜和保护层之间设置隔离层。水泥砂浆保护层厚度不小于 20mm。

（3）细部构造。涂料防水屋面在泛水处、女儿墙檐口、板缝处都需进行特殊的细部构造处理，如图 6.43 所示。

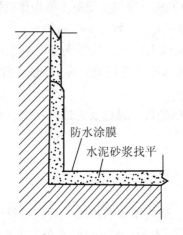
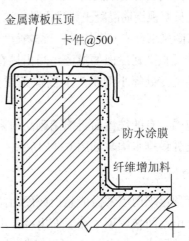

图 6.43 涂膜防水屋面的节点构造

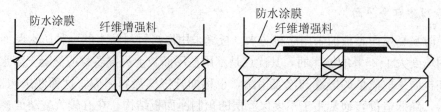

图 6.43　涂膜防水屋面的节点构造(续)

6.4.3　坡屋顶的细部构造

1. 檐口构造

建筑物屋顶在檐墙的顶部称檐口，它对墙身起保护作用，也是建筑物中主要装饰部分。坡屋顶的檐口常做成包檐(北方称为封护檐)，与挑檐两种不同形式。前者将檐口与墙齐平或用女儿墙将檐口封住；后者是将檐口挑出在墙外，做成露檐头或封檐头等形式。

(1) 砖砌挑檐，出檐小时可用砖叠砌几皮托住屋檐。砖叠砌挑出长度视墙身厚度而定，一般不超过墙厚的一半。檐口第一排瓦头应伸出在檐墙之外。

(2) 下弦上加托木挑檐或用挑檐木挑檐，前者在木屋架下弦处加钉 50mm×100mm 或 70mm×150mm 托木承托出挑的屋檐，在托木间钉顶棚搁栅(40mm×40mm 或 40mm×50mm)，下抹出檐顶棚。这种办法檐口出挑长度常为 450～600mm，在山墙承重的屋顶中则可从山墙内伸出挑檐木，一般采用 50mm×150mm 或 100mm×120mm 等截面，其压入墙内的长度应为出挑长的两倍以上，以平衡檐口的重量，挑檐木下可钉顶棚搁栅做顶棚。此法出檐长度一般小于400mm，一般挑檐长度视有无檐檩而定，有檐檩时可挑出长些。

(3) 利用椽子出挑的檐口，有椽子的屋面可用椽子出挑以承托屋面。檐口处可将椽子外露，或在椽子端头钉封檐板封没。出檐部分顶棚可做成斜面，直接在椽子间钉灰板条抹灰，或钉板后油漆。也可将吊顶搁栅做成水平出檐顶棚，出檐长度常为 300～400mm。

(4) 利用钢筋混凝土挑檐梁挑檐，采用挂瓦板的屋面常用钢筋混凝土挑檐梁承托出挑檐口。其出挑长度视钢筋混凝土梁挑出长度而定。亦有利用现浇钢筋混凝土檐沟作挑檐，这种檐沟一般与圈梁结合成一个构件，挑檐长度即檐沟的宽度，一般为 300～400mm。

(5) 挂瓦板平瓦屋面的挑檐，当出挑在 450mm 以上时，如采用钢筋混凝土屋架，则可以从屋架上弦处焊小型钢，上搁檩条或挂瓦板以承托出檐部分；亦可用钢筋混凝土挑檐梁。

(6) 包檐，有的坡屋面将檐墙砌高出屋面以遮挡檐口，通称女儿墙。这时常在女儿墙与屋面相交处设排水沟，如图 6.44 所示。

2. 山墙构造

两坡屋顶尽端山墙常做成悬山或硬山两种形式。

(1) 悬山是两坡屋顶尽端屋面出挑在山墙处，一般常用檩条出挑，有挂瓦板屋面则用挂瓦板出挑的形式。檩条端头用封檐板封没，下面钉 40mm×40mm 木条，上钉灰板条，再做抹灰。瓦与封檐板相交处先将瓦斩齐，然后用水泥麻刀石灰砂浆嵌填；如采用挂瓦板时，则在挂瓦板端头与瓦之间砌侧砖封口，亦可用 20mm×250mm～300mm 的木板封缝，上面再抹水泥麻刀石灰砂浆。当采用预应力钢筋混凝土檩条时，一般在檩条上接悬山挑檐木，但这种办法施工较麻烦，如图 6.45 所示。

（2）硬山是山墙与屋面砌平或高出屋面的形式。一般山墙砌至屋面高度时，顺屋面铺瓦的斜坡方向砌筑。铺瓦时将瓦片盖过山墙，然后用 1∶1∶6 水泥纸筋石灰浆窝瓦，再用 1∶3 水泥砂浆抹瓦出线。当山墙高出屋面时，应在山墙上做压顶，山墙与屋面相交处抹 1∶3 水泥砂浆或钉镀锌铁皮泛水，如图 6.46 所示。

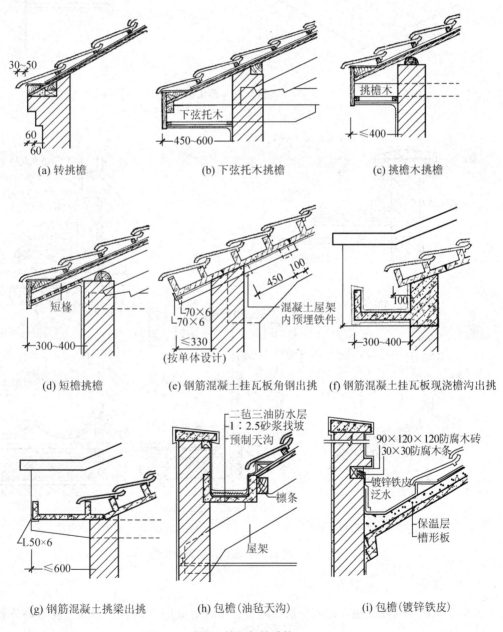

图 6.44　坡屋顶的细部构造檐口

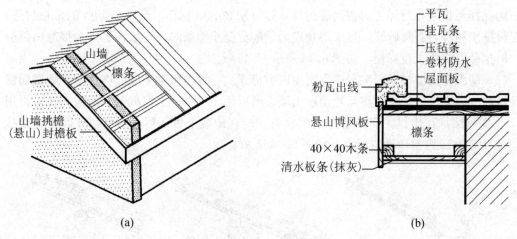

图 6.45　悬山挑檐

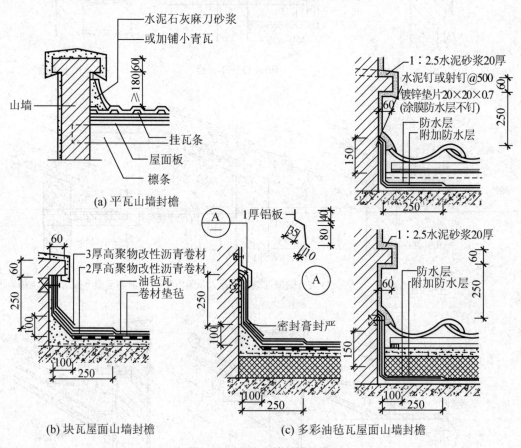

(a) 平瓦山墙封檐

(b) 块瓦屋面山墙封檐　　(c) 多彩油毡瓦屋面山墙封檐

图 6.46　硬山山墙封檐构造

3. 屋脊、天沟和斜沟

互为相反的坡面在高处相交形成屋脊，屋脊处应用 V 形脊瓦盖缝。在等高跨和高低跨屋面互为平行的坡面相交处形成天沟；两个互相垂直的屋面相交处，会形成斜沟。天沟和斜沟应保证有一定的断面尺寸，上口宽度不宜小于500mm，沟底应用整体性好的材料（如防水卷材、镀锌薄钢板等）做防水层，并压入屋面瓦材或油毡下面，如图6.47所示。

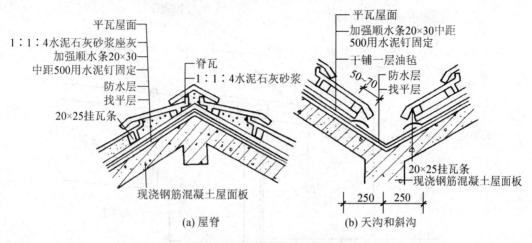

图 6.47　屋脊、天沟和斜沟构造

特 别 提 示

引例（4）的解答：引例图6-8是坡屋顶的构造，普通屋面屋脊处的瓦搭接有困难时加设脊瓦，金属天沟和泛水等处可进行特殊处理，图中采用了镀锌铁皮踏步泛水。

4. 压型钢板屋面的细部构造

（1）无组织排水檐口，当压型钢板屋面采用无组织排水时，挑檐板与墙板之间用封檐板密封，以提高屋面的围护效果，如图6.48所示。

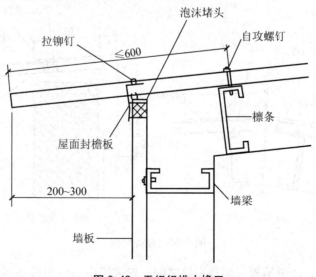

图 6.48　无组织排水檐口

（2）有组织排水檐口，当压型钢板屋面采用有组织排水时，应在檐口处设置檐沟。檐沟可采用彩板檐沟或钢板檐沟，当用彩板檐沟时，压型钢板应伸入檐沟时，其长度一般为150mm，如图6.49所示。

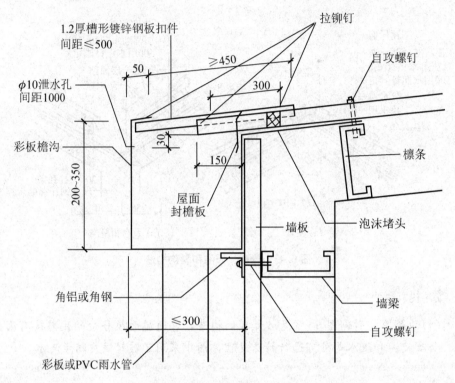

图6.49 有组织排水檐口

（3）屋脊构造，压型钢板屋面屋脊构造分为双坡屋脊和单坡屋脊，双坡屋脊处盖A型屋脊盖板，单坡屋脊处用彩色泛水板包裹，如图6.50所示。

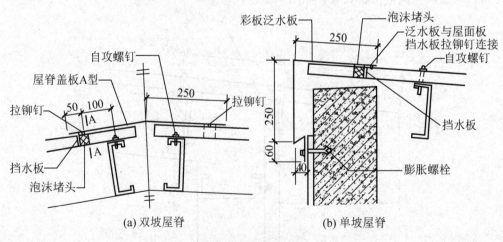

(a) 双坡屋脊   (b) 单坡屋脊

图6.50 屋脊构造

（4）山墙构造，压型钢板屋面与山墙之间一般采用山墙包角板整体包裹，包角板与压型钢板屋面之间用通长密封胶带密封，如图 6.51 所示。

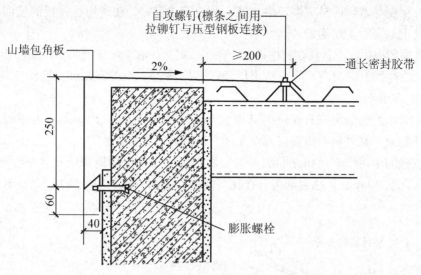

图 6.51 屋面山墙构造

（5）压型钢板屋面高低跨构造，压型钢板屋面高低跨交接处，加铺泛水板进行处理，防水板上部与高侧外墙相连接，高度不小于 250mm，下部与压型钢板屋面连接，宽度不小于 200mm，如图 6.52 所示。

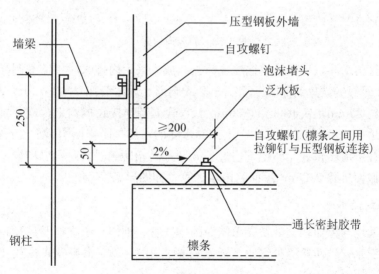

图 6.52 屋面高低跨构造

5. 坡屋顶的排水

在雨量少的地区，简陋房屋可不装置排水设备，任雨水沿屋檐自由排下，称无组织排水。一般在年降雨量大于 900mm，檐口离地高 5～8m；或年降雨量小于 900mm，而檐口高度 8～10m 时方可采用无组织排水。

坡屋顶排水设备有檐沟、天沟、水斗及水落管等。

（1）坡屋顶在屋檐处设檐沟，常用 24 号或 26 号镀锌铁皮制成，外涂防锈剂与油漆。亦有采用石棉制品者，但易破裂，耐久性不及镀锌铁皮好。在采用挂瓦板的屋面中有用挂瓦板或预制钢筋混凝土檐沟者。

镀锌铁皮檐沟用铁钩悬挂在封檐板上，铁钩后尾至少有 50mm 宽搭钉在屋面板或椽子上油毡底下，油毡搭盖檐沟内，防止雨水内溢。铁钩间距 700～1200mm。檐沟应具有 5‰～1％的纵坡流向雨水管。

在女儿墙内侧的檐沟应有足够的断面大小，其深度不小于 100mm，可用镀锌铁皮或混凝土构件制成，其外侧上口须嵌入女儿墙上砖缝内，并做泛水。

（2）坡屋面中两个斜面相交的阴角处应做斜天沟。一般用镀锌铁皮或彩色钢板制作，两边各伸入瓦底 100mm，并卷起包钉在瓦下的木条上面。沟的净宽应在 220mm 以上，如图 6.53 所示。

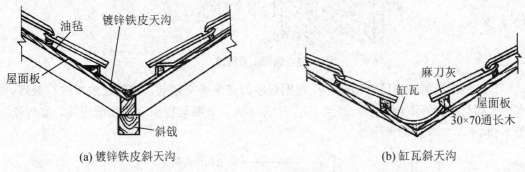

(a) 镀锌铁皮斜天沟　　　　　　　　　　　　　(b) 缸瓦斜天沟

图 6.53　斜天沟构造

（3）雨水管与水斗，可用镀锌铁皮或铸铁制成。采用内排水时用铸铁制品；采用外排水时一般用 24 号镀锌铁皮制品。断面长方形或圆形。雨水管用 2～3×20mm 铁箍固定在墙上，离墙面约 20mm，铁箍间距 1200mm。水管上端连接在檐沟上，或装置水斗，下端向墙外倾斜离地 200mm 通达墙外明沟上部。水斗的作用是防止檐沟因水流不畅产生外溢。雨水管一般设在房屋转角处，间距不超过 15m，如转角距离过长，可以增设，一般按每平方厘米雨水管截面排除 2.25m² 屋面的雨水计算，如图 6.54 所示。

6. 坡屋顶的泛水

山墙、女儿墙与屋面相交处及突出屋面的排气管、烟囱、老虎窗及屋顶窗等与屋面相连接处均需做泛水，以防接缝处漏水。泛水材料常用 1：2.5 水泥砂浆抹灰及镀锌薄钢板或不锈钢板等金属材料制作。

（1）山墙或女儿墙与屋面相交处的泛水处理是在山墙高出屋面时，用镀锌薄钢板做一条通长泛水。其下端搭盖在瓦上，上端折转嵌入砖缝内，折转高度不小于 150mm，每隔约 300mm 用钉固定，如图 6.55 所示。

（2）出气管伸出屋面部分泛水构造是应先将屋面上开孔处的四周围以镀锌薄钢板。镀锌薄钢板的一端沿竖管盖在瓦上，而另一端沿竖管折包在管的四周。高度不小于 200mm，并用钢夹子衬硬橡皮圈夹紧。

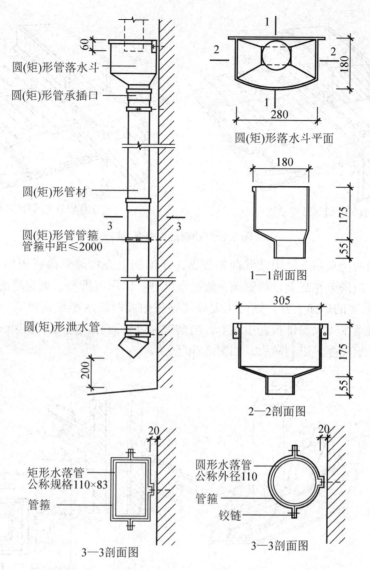

图 6.54 水落管、落水斗

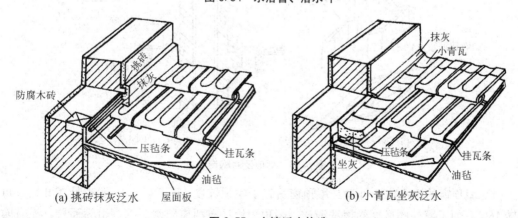

图 6.55 山墙泛水构造

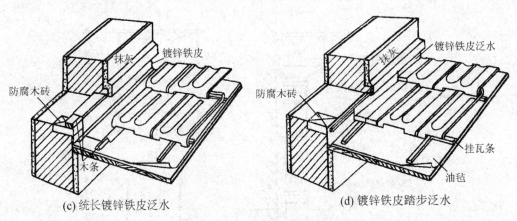

(c) 统长镀锌铁皮泛水 (d) 镀锌铁皮踏步泛水

图 6.55　山墙泛水构造(续)

(3) 烟囱的泛水构造是用镀锌薄钢板做。在烟囱上方将镀锌薄钢板伸入瓦底 100mm 以上，在下方应搭盖在瓦上，两侧同一般泛水处理，四周应折上。烟囱墙面应高出屋面至少 180mm。较宽的烟囱上方，则可用镀锌薄钢板做成两坡水小屋面形式，与瓦屋面相交成斜天沟，使雨水顺天沟排至瓦屋面上。当烟囱穿过屋面时，应与木屋架、木檩条、木屋面板等保持一定间隙，以利防火，如图 6.56 所示。

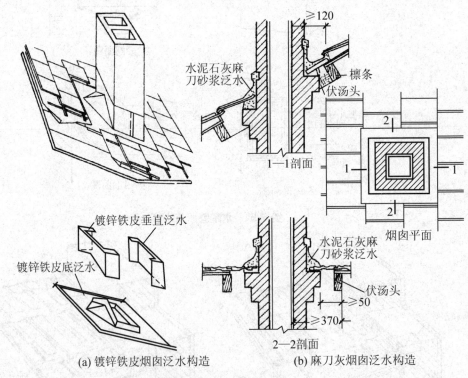

(a) 镀锌铁皮烟囱泛水构造 (b) 麻刀灰烟囱泛水构造

图 6.56　烟囱泛水构造

(4) 屋顶窗的泛水构造处理是屋顶窗适宜于屋顶坡度 15°～90°，一般中悬式开启，可翻转 160°，便于窗外侧玻璃的擦洗清洁。屋顶窗设计有两道防水。第一道为面层，涂有防氧化薄膜的铝合金排水板，与屋面瓦紧密搭接。第二道为 2.5mm 厚的防水卷材，与屋面防水层热熔焊接在一起。

（5）老虎窗的泛水构造是利用坡屋顶上面的空间作阁楼供居住或储藏用时，为了室内采光和通风在屋顶开口架立窗扇，称老虎窗。老虎窗支承在屋顶檩条或椽子上，一般在檩条上立柱，柱顶架梁上盖老虎窗的小屋面。小屋面可采用单坡或双坡等形式，也可采用现浇钢筋混凝土小屋面和侧墙与坡屋顶钢筋混凝土基层相连接。

6.5 屋顶的保温与隔热

6.5.1 屋顶的保温

1. 平屋顶的保温

屋面保温材料应具有吸水率低、表观密度和导热系数较小，并有一定强度的性能。保温材料按物理特性可分为三大类：一是散料类保温材料，如膨胀珍珠岩、膨胀蛭石、炉渣、矿渣等；二是整浇类保温材料，如水泥膨胀珍珠岩、水泥膨胀蛭石等；三是板块类保温材料，如用加气混凝土、泡沫混凝土、膨胀珍珠岩混凝土、膨胀蛭石混凝土等加工成的保温块材或板材，或采用聚苯乙烯泡沫塑料保温板。在实际工程中，应根据工程实际来选择保温材料的类型，通过热工计算保温层的厚度。

平屋顶的保温构造主要有三种形式，即保温层位于结构层与防水层之间，保温层位于防水层之上，保温层与结构层结合。

（1）保温层位于结构层与防水层之间。这种做法符合热工学原理，保温层位于低温一侧，也符合保温层搁置在结构层上的力学要求，同时上面的防水层避免了雨水向保温层渗透，有利于维持保温层的保温效果，同时，构造简单、施工方便。所以，在工程中应用最为广泛，如图 6.57 所示。

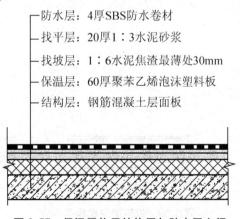

防水层：4厚SBS防水卷材
找平层：20厚1：3水泥砂浆
找坡层：1：6水泥焦渣最薄处30mm
保温层：60厚聚苯乙烯泡沫塑料板
结构层：钢筋混凝土层面板

图 6.57 保温层位于结构层与防水层之间

（2）保温层位于防水层之上。这种做法与传统保温层的铺设顺序相反，所以又称为倒铺保温层。倒铺保温层时，保温材料须选择不吸水、耐气候性强的材料，如聚氨酯或聚苯乙烯泡沫塑料保温板等有机保温材料。有机保温材料质量轻，直接铺在屋顶最上部时，容易受雨水冲刷，被风吹起，所以，有机保温材料上部应用混凝土、卵石、砖等较重的覆盖层压住。倒铺保温层屋顶的防水层不受外界影响，保证了防水层的耐久性，但保温材料受限制，如图 6.58 所示。

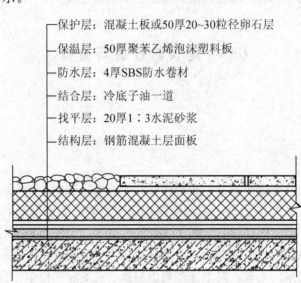

保护层：混凝土板或50厚20~30粒径卵石层
保温层：50厚聚苯乙烯泡沫塑料板
防水层：4厚SBS防水卷材
结合层：冷底子油一道
找平层：20厚1∶3水泥砂浆
结构层：钢筋混凝土层面板

图 6.58　倒铺保温油毡屋面

（3）保温层与结构层结合这种形式的做法有三种：一种是保温层设在槽形板的下面，这种做法，室内的水汽会进入保温层中降低保温效果；一种是保温层放在槽形板朝上的槽口内；另一种是将保温层与结构层融为一体，如配筋的加气混凝土屋面板，这种构件既能承重，又有保温效果，简化了屋顶构造层次，施工方便，但屋面板的强度低，耐久性差，如图 6.59 所示。

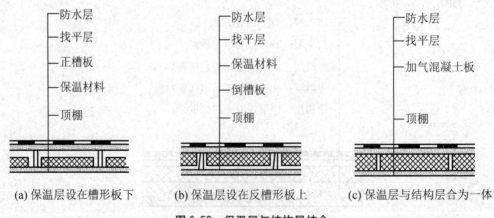

防水层　　　　　　　　防水层　　　　　　　　防水层
找平层　　　　　　　　找平层　　　　　　　　找平层
正槽板　　　　　　　　保温材料　　　　　　　加气混凝土板
保温材料　　　　　　　倒槽板
顶棚　　　　　　　　　顶棚　　　　　　　　　顶棚

(a) 保温层设在槽形板下　　　(b) 保温层设在反槽形板上　　　(c) 保温层与结构层合为一体

图 6.59　保温层与结构层结合

特 别 提 示 ···

引例(5)的解答：引例图 6-9 是平屋顶的保温层和防水层的铺设过程，平屋顶的保温构造主要有三种形式，即保温层位于结构层与防水层之间，保温层位于防水层之上，保温层与结构层结合。图中显示的是保温层位于结构层与防水层之间，保温层兼作找坡层，这也是实际工程中最常见的一种。

···

2. 坡屋顶的保温

屋顶是围护结构，应避风雨并满足保温要求，寒冷地区屋面铺材不能满足保温要求，必须增铺保温材料。

冬季采暖建筑物室内外温度差大，屋顶结构内表面温度小于露点温度时，空气中的水蒸气就可在屋顶结构的内表面产生凝结水。为了防止产生凝结水，除设法提高内表面温度外，还必须加铺保温隔热层以提高热阻。并应在结构层与保温隔热层之间铺隔汽层，以隔绝蒸汽渗透。隔汽层常用一层油毡层或结实的黏土。保温层除采用无机材料外还采用有机材料，取材方便，价格便宜；但耐久性与抗腐蚀性不及无机材料好，使用时须经过处理。

在多雪地区采暖建筑为了保持室内温度，屋顶上铺保温隔热层，这时屋面温度低，雪溶化慢，应迅速消除屋面积雪。屋面积雪下滑常使屋檐遭受破坏，且易在檐口处结成冰柱下坠伤人。故应在檐口处装置栅栏或用细钢筋编成各式小叉等，按一定间距排列将从檐口下滑的雪块叉开，同时还保证扫雪安全。坡屋顶的保温隔热构造主要有两种形式，保温隔热材料放在屋面基层之间和保温隔热材料铺在吊顶棚内。

（1）保温隔热材料放在屋面基层之间。一般可放在檩条之间或钉在檩条下，前者可用松散材料；后者多用板材。材料厚度按所选的材料经热工计算决定。一般放置在檩条之间的做法，檩条往往形成冷桥。

（2）保温隔热材料铺在吊顶棚内。如采用板状或块状材料可直接搁在顶棚搁栅上，搁栅间距视板材、块材尺寸而定。如用松散材料，则应先在顶棚搁栅上铺板，再将保温材料放在板上。如为重质松散材料如矿渣、石灰、木屑等，主搁栅间距一般不大于 1.5m。顶棚搁栅支承在主搁栅的梁肩上。主搁栅与屋架下弦之间应保留约 150mm 的空隙，屋顶内保持良好的通风。

6.5.2 屋顶的隔热

1. 平屋顶的隔热

平屋顶的隔热构造可采用通风隔热、蓄水隔热、植被隔热、反射隔热等方式。

（1）通风隔热是在屋顶设置通风间层，利用空气的流动带走大部分的热量，达到隔热降温的目的。通风隔热屋面有两种做法：一种是在结构层与悬吊顶棚之间设置通风间层，在外墙上设进气口与排气口，如图 6.60 所示；另一种是设架空屋面，如图 6.61 所示。

（2）蓄水隔热是在平屋顶上面设置蓄水池，利用水的汽化带走大量的热量，从而达到隔热降温的目的。蓄水隔热屋面的构造与刚性防水屋面基本相同，只是增设了分仓壁、泄水孔、过水孔和溢水孔。这种屋面有一定的隔热效果，但使用中的维护费用高，如图 6.62 所示。

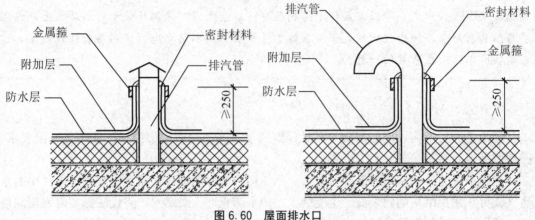

图 6.60　屋面排水口

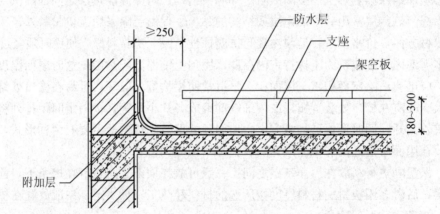

图 6.61　架空屋面

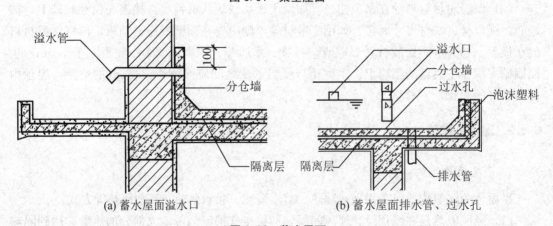

(a) 蓄水屋面溢水口　　　　　　　　　　　(b) 蓄水屋面排水管、过水孔

图 6.62　蓄水屋面

　　(3) 植被隔热是在平屋顶上种植植物，利用植物光合作用时吸收热量和植物对阳光的遮挡功能来达到隔热的目的。这种屋面在满足隔热要求时，还能够提高绿化面积，对于净

化空气，改善城市整体空间景观都非常有意义，所以在现在的中高层以下建筑中应用越来越多，如图 6.63 所示。

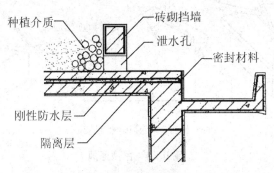

图 6.63　种植屋面

（4）反射隔热是在屋面铺浅色的砾石或刷浅色涂料等，利用浅色材料的颜色和光滑度对热辐射的反射作用，将屋面的太阳辐射热反射出去，从而达到降温的作用。现在，卷材防水屋面采用的新型防水卷材，如高聚物改性沥青防水卷材和合成高分子防水卷材的正面覆盖的铝箔，就是利用反射降温的原理保护防水卷材的。

2. 坡屋顶的隔热

设置通风构造的主要目的是降低辐射热对室内影响；保护屋顶材料。一般设进气口和排气口，利用屋顶内外的热压和迎、背风面的压力差来加大空气对流作用，组织屋顶内自然通风，使屋顶内外空气进行更换，减少由屋顶传入的辐射热对室内的影响。根据通风口位置不同，有以下几种做法：

（1）采用气窗、老虎窗通风。气窗常设于屋脊处，单面或双面开窗上盖小屋面。小屋面下不做顶棚，窗扇多用百叶窗，如兼作采光用时则装可开启的玻璃窗扇。小屋面支承在屋顶的支承结构屋架或檩条上。

利用坡屋顶上面的空间作阁楼供居住或储藏之用时，为了室内采光与通风在屋顶开口架立窗，称为老虎窗。老虎窗支承在屋顶檩条或椽子上，一般在檩条上立柱，柱顶架梁上盖老虎窗的小屋面。小屋面可做成双坡、单坡等不同形式，并做泛水。老虎窗两侧墙面可用灰板条钉，外做抹灰或钉石棉板及其板材。

（2）风兜是在我国南方广州等地，夏季炎热，除在墙上支搭临时性引风设备外，常在屋顶上迎风方向架设其引风入室。其外形与构造与气窗相似，唯窗扇开启方式不同。风兜开口应朝夏季主导风向，窗扇做成旋窗装百叶或玻璃，用绳索操纵开关。高出屋面的风兜一般覆盖在小屋面。简单者是在屋面上开窗口，窗口上用木板包镀锌铁皮等作盖板，用绳索在下面操纵开关。这种构造与屋面上人孔相同，只是上人孔下面应设置爬梯供人上、下检修房屋等用。

（3）山墙上百叶通风窗是在房屋尽端山墙的山尖部分设置。歇山屋顶的山花处也常设百叶通风窗，在百叶后面钉窗纱以防昆虫飞入。亦有用砖砌成花格或用预制混凝土花格装于山墙顶部作通风窗的，如图 6.64 所示。

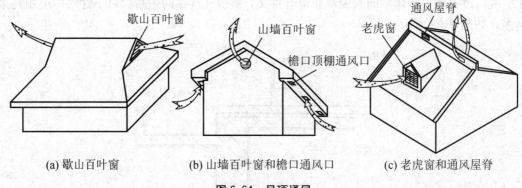

(a) 歇山百叶窗　　　　(b) 山墙百叶窗和檐口通风口　　　(c) 老虎窗和通风屋脊

图6.64　吊顶通风

此外在一般较长的瓦屋面，常在出檐顶棚上开进风口。在屋脊处设有出风口使屋顶内空气畅通。槽瓦纵向搁置正反搭盖时空气可从檐口进入，屋脊处设出风口组成通风屋面。这种办法在华南地区采用较多。小青瓦双层铺放亦可组成通风屋面。两层瓦间的间层约70mm，屋脊处作出风口，间层内部空气借瓦间缝隙散出，通风换气好。

（1）屋顶是建筑物的承重和围护构件，由防水层、结构层和保温层等组成。屋顶按其外形分为坡屋顶、平屋顶和曲面屋顶等。坡屋顶坡度一般大于10%，平屋顶坡度小于5%，曲面屋顶的坡度随外形变化，形式多样。按屋面防水材料可分为柔性防水屋面、刚性防水屋面、瓦屋面。

（2）平屋顶的排水方式主要有无组织排水和有组织排水两大类，有组织排水又分为内排水和外排水。平屋顶的坡度形式主要是材料垫坡的方法。

（3）平屋顶的防水按材料性质不同分为刚性防水和柔性防水。防水屋面由于热胀冷缩或挠曲变形的影响，常使刚性防水屋面出现裂缝，使屋面产生漏水，所以构造上要求对这种屋面做隔离层或分隔缝。柔性防水常选用高分子合成卷材等铺设和粘接而成，这类屋面主要应做好檐口、泛水和雨水口等处的细部构造处理。

（4）平屋面的保温材料常用多孔、轻质的材料，其位置一般布置在结构层上、结构层下等做法。平屋顶的隔热措施主要有通风隔热、实体屋面隔热、植被隔热、蓄水隔热、反射屋面隔热等。

（5）坡屋顶的屋面坡度是采用结构找坡的方法，它的承重结构系统有山墙承重、屋架承重和屋架梁承重等；屋面防水层常用平瓦、波形瓦、小青瓦等；平瓦屋面有冷滩瓦做法、实铺瓦屋面及挂瓦板等做法；瓦屋面的檐口、山墙、天沟及泛水等应做好细部构造处理。

（6）坡屋顶的保温材料有铺设在望板上和屋架下顶棚吊顶上两种方法；它的隔热常用通风隔热的方式。

思　考　题

1. 屋顶由哪几部分组成？各组成部分的作用是什么？

2. 平屋顶有哪些特点？其主要构造组成有哪些？

3. 屋顶的排水方式有哪些？各自的适用范围是什么？

4. 柔性防水层施工时应注意哪些问题？

5. 卷材防水屋面上人时如何做保护层？

6. 提高刚性防水层防水性能的措施有哪些？

7. 坡屋顶的承重方式有哪几种？各自有何特点？

8. 坡屋顶在檐口、山墙等处有哪些形式？

9. 坡屋顶在檐口处如何进行防水及泛水处理？

10. 平屋顶的隔热措施有哪些？

第 7 章

门 与 窗

教学目标

　　通过学习门与窗的作用、分类及特点，门与窗的构造，遮阳构造等内容，让学生熟练掌握比较常见的门与窗的构造要求，了解门窗的作用、分类及特点，了解遮阳的构造要求。

教学要求

能力目标	知识要点	权重
熟练掌握比较常见的门的构造	门的组成及尺度要求，木门、金属门等的构造要求	35％
熟练掌握比较常见的窗的构造	窗的组成及尺度要求，木窗、铝合金窗、塑钢窗等的构造要求	35％
了解门窗的作用、分类及特点	门窗的作用、分类及特点	15％
了解遮阳的构造	遮阳的作用，遮阳板的形式	15％

章 节 导 读

门和窗是房屋的主要组成部分。门的主要功能是交通联系，窗主要供采光和通风之用，它们均属建筑的围护构件。

本章所介绍的门窗的基本知识，就是为了了解各种形式、各种材质的门窗组成和构造要求，掌握比较常见门窗的具体构造。

引 例

让我们来看看以下4个门窗图形(引例图7-1～引例图7-4)，虽然每种门窗的开启方式和所用材质不同，但它们都是建筑物的不可缺少的围护构件。仔细观察下面4个图形，我们来思考以下问题：

(1) 这些常见的门窗在建筑物中的作用有哪些？

(2) 从开启方式来看，它们各属于哪种类型的门窗？

(3) 从材质上看，它们各属于哪种类型的门窗？

(4) 联系实际思考，生活中的门窗，它们的尺度应考虑哪些因素？

引例图7-1

引例图7-2

引例图7-3

引例图7-4

7.1 门与窗概述

门和窗是建筑物的重要组成部分，是房屋建筑中两个非承重的围护构件。

7.1.1 门与窗的作用

门在房屋建筑中的作用主要是交通联系（交通和疏散）、围护和分隔空间、建筑立面装修和造型并兼采光和通风。窗的作用主要是采光、通风、围护及眺望、立面造型。同时，门和窗还有保温、隔声、防火等要求。

门窗在建筑立面构图中的影响也较大，它的尺度、比例、形状、组合、透光材料的类型等，都影响着建筑的艺术效果。

7.1.2 门的分类

1. 按门的开启方式分

按门的开启方式可分为如下种类，如图 7.1 所示。

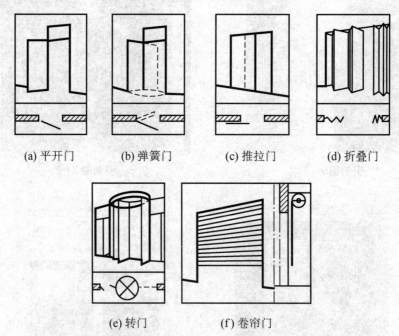

| (a) 平开门 | (b) 弹簧门 | (c) 推拉门 | (d) 折叠门 |

| (e) 转门 | (f) 卷帘门 |

图 7.1 门的开启形式

（1）平开门：分为内开和外开及单扇和双扇。其构造简单，开启灵活，密封性能好，制作和安装较方便，但开启时占用空间较大。此种门在居住建筑中及学校、医院、办公室等公共建筑的内门应用比较多。

(2) 弹簧门：多用于公共建筑人流多的出入口。开启后可自动关闭，密封性能差。

(3) 推拉门：有单扇和双扇之分，能左右推拉且不占空间，但密封性能较差，可手动和自动。自动推拉门多用于办公、商业等公共建筑，门的开启多采用光控。手动推拉门多用于房间的隔断和卫生间等处。

(4) 折叠门：多用于尺寸较大的洞口。开启后门扇相互折叠，占用空间较少。

(5) 转门：由四扇门相互垂直组成十字形，绕中竖轴旋转的门。其密封性能及保温隔热性能比较好，且卫生方便，多用于宾馆、饭店、公寓等大型公共建筑的正门。

(6) 卷帘门：以多关节活动的门片串联在一起，在固定的滑道内，以门上方卷轴为中心转动，门开启时不占用空间。

2. 按门的材料分

按门的材料可分为如下种类。

(1) 木门：重量小，制作简单，保温、隔热性好，但耐腐性差，且耗费大量木材，因而常用于房屋的内门。

(2) 钢门：采用型钢和钢板等焊接而成，它具有强度高，不易变形等优点，但耐腐蚀性差，多用于有防盗要求的门。

(3) 铝合金门：采用铝合金型材作为门框及门扇边框，一般用玻璃作为门板，也可用铝板作为门板。它具有美观、光洁、耐久、不需油漆等优点，但价格较高，目前应用较多，一般在门洞口较大时使用。

(4) 塑钢门：以聚氯乙烯、树脂等为主要原料，根据一定的设计要求，按照国家有关标准，在型材腔体内填放衬钢(衬钢一般采用 1.25mm 镀锌冷轧钢)，用专用机器进行切割、焊接、安装而成的。它具有铝合金门、钢门、木门不可替代的性能，广泛地用作厨房门、卫生间门等需要具有防火隔热、防水防潮、易于清洁等性能的地方。

● 特 别 提 示

引例(2)、(3)的解答：从开启方式和材质看，引例图 7-1 属于平开木门，在学校、办公室等公共建筑的内门应用比较多；引例图 7-2 属于铝合金转门，多用于宾馆、饭店等大型公共建筑的正门。

● 知 识 链 接

随着时代的发展，我们的审美趣味也不断提升，因此我们不仅注重产品的环保性能，同时还注重产品的个性，因而 21 世纪，一种新型门——生态门，从国外流进了中国。按照严格意义上讲，一切以可再生材料制造而成，并且对人体、自然无害的门都能被称为生态门，因此生态门应该包括竹质门(因为竹子的生长周期短)、低碳门、铝木结合的门(这里只指可循环利用的铝木门)，不过目前在中国生态门主要是体现在铝木门这块。下面几种门都是生态门(图 7.2)。

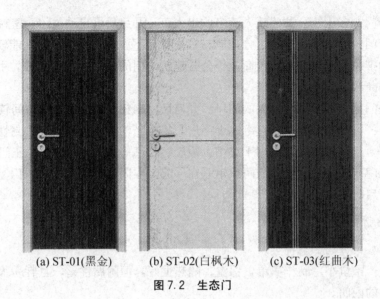

(a) ST-01(黑金) (b) ST-02(白枫木) (c) ST-03(红曲木)

图 7.2 生态门

7.1.3 窗的分类

1. 按窗的开启方式分

按窗的开启方式可分为如下种类，如图 7.3 所示。

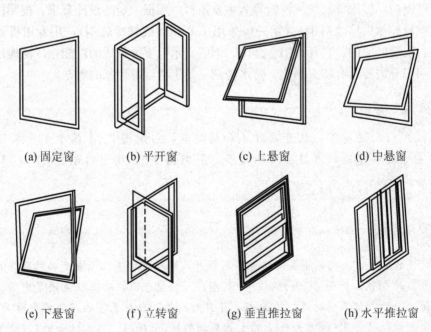

(a) 固定窗 (b) 平开窗 (c) 上悬窗 (d) 中悬窗

(e) 下悬窗 (f) 立转窗 (g) 垂直推拉窗 (h) 水平推拉窗

图 7.3 窗的开启方式

（1）固定窗：不需要窗扇，玻璃直接镶嵌于窗框上，不能开启，不能通风。通常用于外门的亮子和楼梯间等处，起采光、观察和围护作用。

（2）平开窗：有内开和外开两种，其构造比较简单，制作、安装、维修、开启都比较方便，通风面积比较大，但因为此种窗在外墙上外开时容易被风刮坏，内开时又占用室内空间，所以目前应用越来越少。过去应用的木窗和钢窗多为此种开启形式。

（3）悬窗：它根据水平旋转轴的位置不同分为上悬窗、中悬窗和下悬窗三种。为了避免雨水进入室内，上悬窗必须向外开启；中悬窗上半部向内开、下半部向外开，此种窗有利于通风，开启方便，多用于高窗和门亮子；下悬窗一般内开，不防雨，不能用于外窗。

（4）立转窗：这是一种可以绕竖轴转动的窗。竖轴沿窗扇的中心垂线而设，或略偏于窗扇的一侧。通风效果好，但不够严密，防雨防寒性能差。

（5）推拉窗：可以左右或垂直推拉的窗。水平推拉窗需上下设轨槽，垂直推拉窗需设滑轮和平衡重。推拉窗开关时不占室内空间，但推拉窗不能全部同时开启，可开面积最大不超过 1/2 的窗面积。水平推拉窗扇受力均匀，所以窗扇尺寸可以较大，但五金件较贵。

2. 按窗的材料分

按窗的材料可分为如下种类。

（1）木窗：木窗是用松、杉木制作而成的，具有制作简单，经济，密封性能、保温性能好等优点，但相对透光面积小，防火性能差，耗用木材，耐久性低，易变形、损坏等。过去经常采用此种窗，目前随着窗材料的增多，已基本上不再采用。

（2）钢窗：由型钢经焊接而成的，与木窗相比，具有坚固，不易变形，透光率大的优点，但其易生锈，维修费用高，目前采用越来越少。

（3）铝合金窗：由铝合金型材用拼接件装配而成的，其成本较高，但具有轻质、美观、耐久、耐腐蚀、刚度大、变形小、开启方便等优点，目前应用较多。

（4）塑钢窗：由塑钢型材装配而成，其成本较高，但密封性好，保温，隔热，隔声，表面光洁，便于开启。该窗与铝合金窗同样是目前应用较多的窗。

● 特 别 提 示 ░░

引例（2）、（3）的解答：从开启方式和材质看，引例图 7-1 属于塑钢窗；引例图 7-2 属于铝合金推拉窗。

7.2　门　的　构　造

7.2.1　门的组成

门一般由门框、门扇、亮子、五金零件及其附件组成。其中，亮子又称腰头窗，在门上方，为辅助采光和通风之用，有平开、固定及上、中、下悬几种。门框是门扇、亮子与墙的联系构件，如图 7.4 所示。

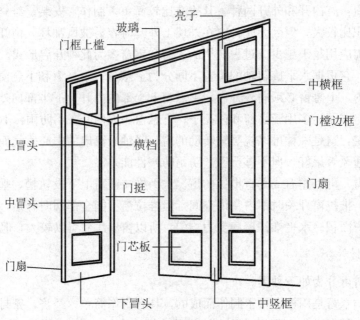

图 7.4 门的组成示意图

7.2.2 门的尺度

门的尺度应综合考虑以下几方面因素：

（1）使用：应考虑到人体的尺度和人流量，搬运家具、设备所需高度尺寸等要求，以及有无其他特殊需要。例如，门厅前的大门往往由于美观及造型需要，常常考虑加高、加宽门的尺度。

（2）符合门窗口尺寸系列：遵守国家标准《建筑门窗洞口尺寸系列》（GB/T 5824—2008）。门洞口宽和高的标志尺寸规定为 600mm、700mm、800mm、900mm、1000mm、1200mm、1400mm、1500mm、1800mm 等。其中部分宽度不符合扩大模数 3M 数列规定，而是根据门的实际需要确定的。

一般房间门的洞口宽度最小为 900mm，厨房、厕所等辅助房间门洞的宽度最小为 700mm。门洞口高度除卫生间、厕所可为 1800mm 以外，均应不小于 2000mm。门洞口高度大于 2400mm 时，应设上亮窗。门洞较窄时可开一扇；1200～1800mm 的门洞，应开双扇；大于 2000mm 时，则应开三扇或多扇。

7.2.3 木门的构造

1. 门框

1）门框的断面形式与尺寸

门框又称门樘，一般由两根竖直的边框和上框组成。当门带有亮子时，还有中横框。多扇门则还有中竖框，如图 7.5 所示。

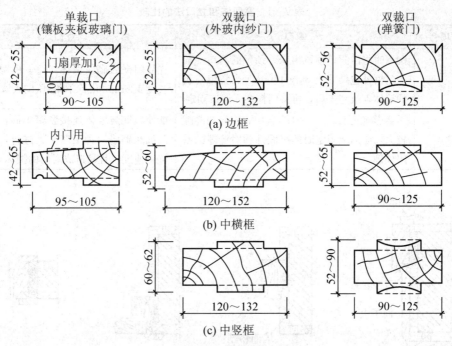

图 7.5 门框的断面形式与尺寸

门框的断面形式与门的类型、层数有关，同时应利于门的安装，并应具有一定的密闭性。

2）门框的安装方式

门框的安装方式有两种：一是塞口，二是立口，如图 7.6 所示，两种施工方法的比较见表 7-1。

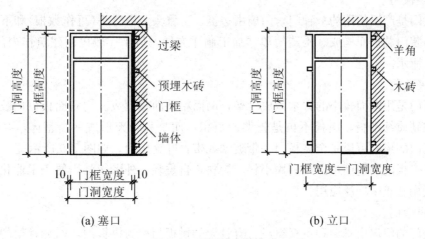

图 7.6 门框的安装方式

3）门框在墙中的位置

门框在墙中的位置，可在墙的中间或与墙的一边平。一般多与开启方向一侧平齐，尽可能使门扇开启时贴近墙面，如图 7.7 所示。

表 7-1　塞口法和立口法的比较

比较项目	塞口	立口
施工顺序	砌墙时将门洞口预留出来，预留的洞口一般比门框外包尺寸大 30~40mm，当整幢建筑的墙体砌筑完工后，再将门框塞入洞口固定	先立门框后砌筑墙体，门上框两侧伸出长度 120mm（俗称羊角）压砌入墙内
优缺点	不会影响施工进度，但门框与墙体间的缝隙较大，应加强固定时的牢固性和对缝隙的密闭处理	能使门框与墙体连接紧密牢固，但安装门框和砌墙两种工序交叉进行，会影响施工速度，且易造成对门的损坏

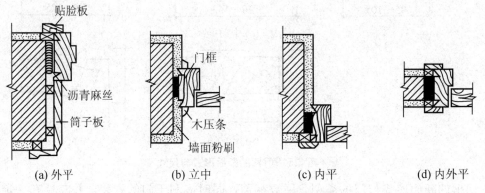

(a) 外平　　　　　(b) 立中　　　　　(c) 内平　　　　　(d) 内外平

图 7.7　门框位置、门贴脸板及筒子板

2. 门扇

常用的木门门扇有镶板门（包括玻璃门、纱门）、夹板门和拼板门等。

1）镶板门

镶板门是广泛使用的一种门，门扇由边挺、上冒头、中冒头（可作数根）和下冒头组成骨架，内装门芯板而构成。构造简单，加工制作方便，适于一般民用建筑作内门和外门，如图 7.8 所示。

2）夹板门

夹板门是用断面较小的方木做成骨架，两面粘贴面板而成。门扇面板可用胶合板、塑料面板和硬质纤维板，面板不再是骨架的负担，而是和骨架形成一个整体，共同抵抗变形。夹板门的形式可以是全夹板门、带玻璃或带百叶夹板门，如图 7.9 所示。

由于夹板门构造简单，可利用小料、短料，自重轻，外形简洁，便于工业化生产，故在一般民用建筑中广泛应用。

3）拼板门

拼板门的门扇由骨架和条板组成。有骨架的拼板门称为拼板门，而无骨架的拼板门称为实拼门；有骨架的拼板门又分为单面直拼门、单面横拼门和双面保温拼板门三种。

4）百叶门

百叶门是在门扇骨架内全部或部分安装百叶片，具有较好的透气性，用于卫生间、储藏室等。

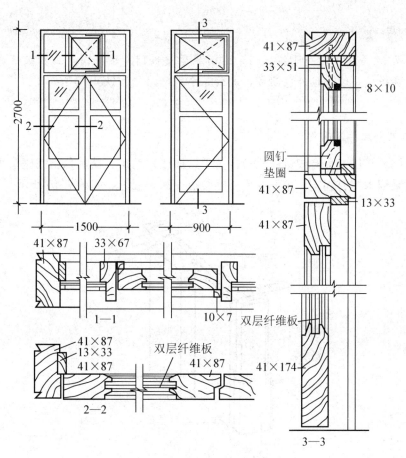

图7.8　镶板门的构造

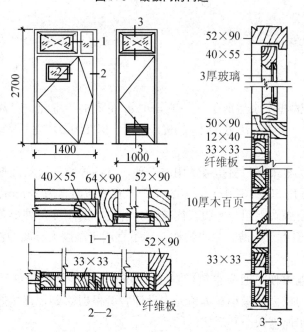

图7.9　夹板门的构造

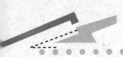

引例图 7-1 中，左图属于镶板门，右图属于夹板门。镶板门是由木板镶嵌而成，表面不齐平；夹板门是胶合板外包而成，表面齐平。

3. 木门五金零件及附件

平开木门上常用五金有铰链(合页)、拉手、插锁、门锁、铁三角、门碰头等。五金零件与木门间采用木螺钉固定。主要有木质贴脸板、筒子板等，如图 7.10 所示。

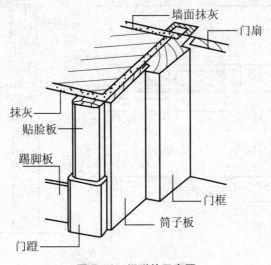

图 7.10　门附件示意图

7.2.4　金属门的构造

1. 钢门

钢门是用型钢或薄壁空腹型钢在工厂制作而成。它符合工业化、定型化与标准化的要求。在强度、刚度、防火、密闭等性能方面，均优于木门，但在潮湿环境下易锈蚀，耐久性差。

1) 钢门材料

(1) 实腹式。实腹式钢门料是最常用的一种，有各种断面形状和规格。一般门可选用 32 及 40 料，窗可选用 25 及 32 料(25、32、40 等表示断面高为 25mm、32mm、40mm)。

(2) 空腹式。空腹式钢门与实腹式比较，具有更大的刚度，外形美观，自重轻，可节约钢材 40% 左右。但由于壁薄，耐腐蚀性差，不宜用于湿度大、腐蚀性强的环境。

2) 基本钢门

为了使用、运输方便，通常将钢门在工厂制作成标准化的门单元。这些标准化的单元，即是组成一扇门或窗的最小基本单元。设计者可根据需要，直接选用基本钢门，或用这些基本钢门组合出所需大小和形式的门。

钢门框的安装方法常采用塞框法。门框与洞口四周的连接方法主要有两种：①在砖墙洞口两侧预留孔洞，将钢门的燕尾形铁脚埋入洞中，用砂浆窝牢；②在钢筋混凝土过梁或混凝土墙体内则先预埋铁件，将钢窗的 Z 形铁脚焊在预埋钢板上。钢门与墙的连接如图 7.11 所示。

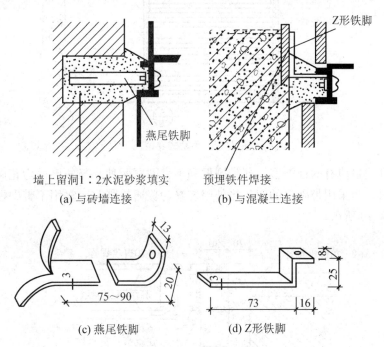

(a) 与砖墙连接　　　　　　　　　(b) 与混凝土连接

(c) 燕尾铁脚　　　　　　　　　　(d) Z形铁脚

图 7.11　钢门与墙的连接

3）组合式钢门

当钢门的高、宽超过基本钢门窗尺寸时，就要用拼料将门窗进行组合。拼料起横梁与立柱的作用，承受门窗的水平荷载。

拼料与基本门之间一般用螺栓或焊接相连。当钢门很大时，特别是水平方向很长时，为避免大的伸缩变形引起门损坏，必须预留伸缩缝，一般是用两根∟56mm×36mm×4mm 的角钢用螺栓组成拼件，角钢上穿螺栓的孔为椭圆形，使螺栓有伸缩余地。

2. 卷帘门

卷帘门主要由帘板、导轨及传动装置组成。工业建筑中的帘板常来用页板式，页板可用镀锌钢板或合金铝板轧制而成，页板之间用铆钉连接。页板的下部采用钢板和角钢，用以增强卷帘门的刚度，并便于安设门钮。页板的上部与卷筒连接，开启时，页板沿着门洞两侧的导轨上升，卷在卷筒上。门洞的上部安设传动装置，传动装置分手动和电动两种，手动式卷帘门示例如图 7.12 所示。

3. 彩板门

彩板门是以彩色镀锌钢板经机械加工而成的门。它具有自重轻、硬度高、采光面积大、防尘、隔声、保温密封性好、造型美观、色彩绚丽、耐腐蚀等特点。

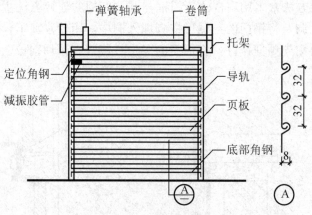

图 7.12　手动式卷帘门

　　彩板平开门目前有两种类型，即带副框和不带副框两种。当外墙面为花岗石、大理石等贴面材料时，常采用带副框的门。当外墙装修为普通粉刷时，常用不带副框的做法，安装构造如图 7.13 所示。

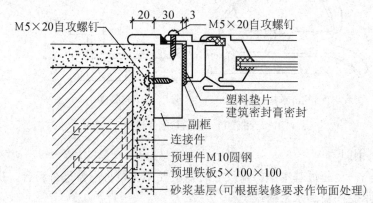

(a) 带副框彩板平开门安装构造

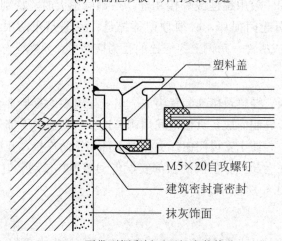

(b) 不带副框彩板平开门安装构造

图 7.13　彩板平开门安装构造

4. 铝合金门

1) 铝合金门的特点

(1) 自重轻。铝合金门用料省、自重轻，较钢门轻 50% 左右。

(2) 性能好。密封性好，气密性、水密性、隔声性、隔热性都较钢、木门有显著的提高。

(3) 耐腐蚀、坚固耐用。铝合金门不需要涂涂料，氧化层不褪色、不脱落，表面不需要维修。铝合金门强度高，刚性好，坚固耐用，开闭轻便灵活，无噪声，安装速度快。

(4) 色泽美观。铝合金门框料型材表面经过氧化着色处理后，既可保持铝材的银白色，又可以制成各种柔和的颜色或带色的花纹，如古铜色、暗红色、黑色等。

2) 铝合金门的设计要求

(1) 应根据使用和安全要求确定铝合金门的风压强度性能、雨水渗漏性能、空气渗透性能综合指标。

(2) 组合门设计宜采用定型产品门作为组合单元。非定型产品的设计应考虑洞口最大尺寸和开启扇最大尺寸的选择和控制。

(3) 外墙门的安装高度应有限制。

3) 铝合金门框料系列

系列名称是以铝合金门框的厚度构造尺寸来区别各种铝合金门的称谓，如平开门门框厚度构造尺寸为 50mm 宽，即称为 50 系列铝合金平开门。实际工程中，通常根据不同地区、不同性质的建筑物的使用要求选用相适应的门框(表 7-2)。

表 7-2 我国各地铝合金门型材系列对照参考表

地区	铝合金门			
	平开门	推拉门	有框的弹簧门	无框的弹簧门
北京	50、55、70	70、90	70、100	70、100
上海、华东	45、53、88	90、100	50、55、100	70、100
广州广东	38、45、46、100	70、108、73、90	46、70、100	70、100
	40、45、50、55、60、80			
深圳	40、45、50	70、80、90	45、55、70	70、100
	55、60、70、80		80、100	

4) 铝合金门安装

铝合金门表面处理过的铝材经下料、打孔、铣槽、攻丝等加工，制作成门框料的构件，然后与连接件、密封件、开闭五金件一起组合装配成门，如图 7.14 所示。

门安装时，将门框在抹灰前立于门洞处，与墙内预埋件对正，然后用木楔将三边固定。经检验确定门框水平、垂直、无翘曲后，用连接件将铝合金框固定在墙(柱、梁)上，连接件固定可采用焊接、膨胀螺栓或射钉等方法。

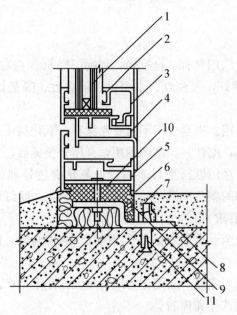

1. 玻璃；2. 橡胶条；3. 压条；4. 内扇；5. 外框；6. 密封膏；
7. 砂浆；8. 地脚；9. 软填料；10. 塑料垫；11. 膨胀螺栓

图 7.14 铝合金门安装节点

门框与墙体等的连接固定点，每边不得少于两点，且间距不得大于 0.7m。在基本风压大于等于 0.7kPa 的地区，不得大于 0.5m；边框端部的第一固定点距端部的距离不得大于 0.2m。

7.3 窗 的 构 造

7.3.1 窗的组成

窗主要由窗框、窗扇(玻璃扇、纱扇)、五金(铰链、风钩、插销、拉手、铁三角等)及附件(窗帘盒、窗台板、贴脸板)等组成，如图 7.15 所示。

7.3.2 窗的尺度

窗的尺度主要取决于房间的采光、通风、构造做法和建筑造型等要求，并要符合现行《建筑模数协调统一标准》的规定。为使窗坚固耐久，一般平开木窗的窗扇高度为 800～1200mm，宽度不宜大于 500mm；上下悬窗的窗扇高度为 300～600mm；中悬窗窗扇高度不宜大于 1200mm，宽度不宜大于 1000mm；推拉窗高宽均不宜大于 1500mm。对一般民用建筑用窗，各地均有通用图，各类窗的高度与宽度尺寸通常采用扩大模数 3M 数列作为洞口的标志尺寸，需要时只要按所需类型及尺度大小直接选用。

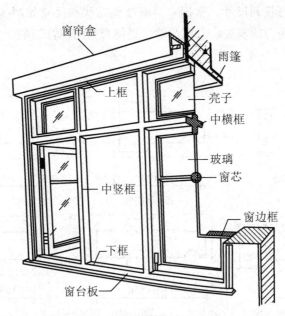

图 7.15　窗的组成示意图

7.3.3　窗的构造

1. 木窗的构造

木窗主要是由窗框、窗扇和五金件及附件组成。窗框由边框、上框、下框、中横框（中横档）、中竖框组成；窗扇由上冒头、下冒头、边梃、窗芯、玻璃等组成。窗五金零件如铰链、风钩、插销等；附加件如贴脸、筒子板、木压条等。

1）窗框

（1）窗框的安装。木窗窗框的安装方式有两种，一种是窗框和窗扇分离安装，另一种是成品窗安装。分离安装也有两种方法，其一是立口法，其二是塞口法。

窗框在墙洞口中的安装位置有三种，如图 7.16 所示。一是与墙内表面平（内平），这样内开窗扇贴在内墙面，不占室内空间；二是位于墙厚的中部（居中）；三是与墙外表面平（外平）。

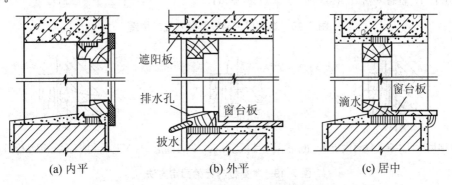

(a) 内平　　　　　(b) 外平　　　　　(c) 居中

图 7.16　窗框在墙洞口中的安装位置

（2）窗框的断面形状和尺寸。常用木窗框断面形状和尺寸如图 7.17 所示。主要应考虑：①横竖框接榫和受力的需要；②框与墙、扇结合封闭（防风）的需要；③防变形和最小厚度处的劈裂等。

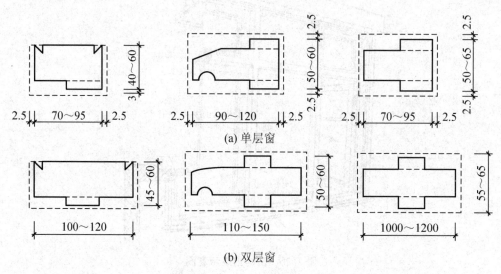

(a) 单层窗

(b) 双层窗

图 7.17 窗框的断面形状和尺寸

（3）墙与窗框的连接。墙与窗框的连接主要应解决固定和密封问题。温暖地区墙洞口边缘采用平口，施工简单；在寒冷地区的有些地方常在窗洞两侧外缘做高低口，以增强密闭效果，如图 7.18 和图 7.19 所示。

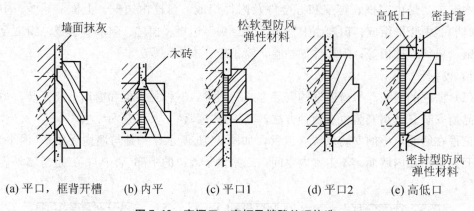

(a) 平口，框背开槽　　(b) 内平　　(c) 平口1　　(d) 平口2　　(e) 高低口

图 7.18 窗洞口、窗框及缝隙处理构造

(a) 砖墙预埋木砖，铁钉固定　　(b) 混凝土墙预埋木砖，铁钉固定　　(c) 混凝土或石墙预埋螺栓固定

图 7.19 木窗框与墙的固定方法

2) 窗扇

（1）玻璃窗扇的断面形式与尺寸。玻璃窗扇的窗梃和冒头断面约为 40mm×55mm，窗芯断面尺寸约为 40mm×30mm。窗扇也要有裁口以便安装玻璃，裁口宽不小于 14mm，高不小于 8mm。

（2）玻璃的选择及安装。窗可根据不同要求，选择磨砂玻璃、压花玻璃、夹丝玻璃、吸热玻璃、有色玻璃、镜面反射玻璃等各种不同特性的玻璃。玻璃通常用油灰嵌在窗扇的裁口里，要求较高的窗，则采用富有弹性的玻璃密封膏效果更好。油灰和密封膏在玻璃外侧密封有利于排除雨水和防止渗漏。

2. 铝合金窗的构造

铝合金窗主要由窗框、窗扇和五金零件组成，如图 7.20 所示。

铝合金窗的开启方式有很多种，目前较多采用水平推拉式。推拉式铝合金窗的型材有 55 系列、60 系列、70 系列、90 系列等，其中，70 系列是目前广泛采用的窗用型材，采用 90°开榫对合，螺钉连接成形。玻璃根据面积大小、隔声、保温、隔热等要求，可以选择 3～8mm 厚的普通平板玻璃、热反射玻璃、钢化玻璃、夹层玻璃或中空玻璃等。玻璃安装时采用橡胶压条或硅酮封胶密封。窗框与窗扇的中梃和边梃相连接处，设置塑料垫块或密封毛条，以使窗扇受力均匀，开关灵活。其具体构造如图 7.20 所示。

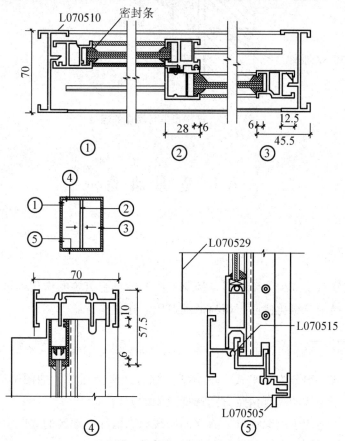

图 7.20 70 系列推拉式铝合金窗的构造

3. 塑钢窗的构造

塑钢窗的组装多用组角与榫接工艺。考虑到 PVC 塑料与钢衬的收缩率不同，钢衬的长度应比塑料型材长度短 1~2mm，且能使钢衬较宽松地插入塑料型材空腔中，以适应温度变形。组角和榫接时，在钢衬型材的空腔插入金属连接件，用自攻螺钉直接锁紧形成闭合钢衬结构，使整窗的强度和整体刚度大大提高。塑钢推拉窗构造如图 7.21 所示。玻璃的选择和安装与铝合金窗基本相同。

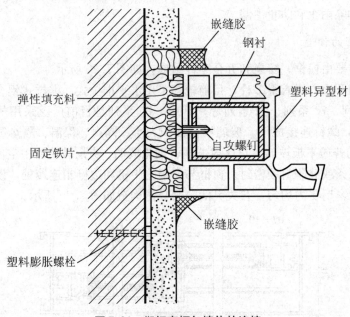

图 7.21　塑钢窗框与墙体的连接

7.4　遮　阳　构　造

7.4.1　遮阳的作用

建筑遮阳措施对于减少太阳辐射，控制室内温度具有重要的作用，也是重要的节能构造措施。常见的措施有绿化遮阳、简易活动遮阳、建筑构件遮阳。

7.4.2　遮阳板的形式

遮阳板的形式一般分为水平式、垂直式、综合式和挡板式，如图 7.22 所示。在工程中应根据当地太阳光线的高度角及方向选择遮阳的方式。

（1）水平式：适用于南向窗口，或北回归线以南低纬度地区的北向窗口。

（2）垂直式：适用于东北、北、西北向附近的窗口。

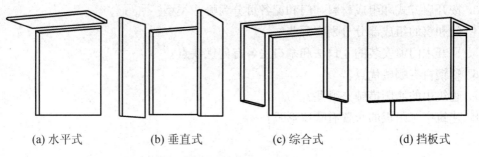

(a) 水平式　　　　(b) 垂直式　　　　(c) 综合式　　　　(d) 挡板式

图 7.22　遮阳板基本形式

（3）综合式：适用于东南或西南向窗口。

（4）挡板式：适用于东西向窗口。

小　结

（1）门在房屋建筑中的作用主要是交通联系（交通和疏散）、围护和分隔空间、建筑立面装修和造型并兼采光和通风。窗的作用主要是采光、通风、围护及眺望、立面造型。同时，门和窗还有保温、隔声、防火等要求，并影响着建筑的艺术效果。

（2）门窗有多种分类方法，从开启方式看，门有平开门、弹簧门、推拉门、折叠门、转门、卷帘门，窗有固定窗、平开窗、悬窗、立转窗、推拉窗；从材料来看，门窗有木门窗、钢门窗、铝合金门窗、塑钢门窗等。

（3）门一般由门框、门扇、亮子、五金零件及其附件组成。门的尺度应综合考虑使用及相应的国家标准等方面因素。

（4）木门门框的安装方法有塞口法和立口法，常用的木门扇有镶板门（包括玻璃门、纱门）、夹板门和拼板门等。

（5）窗主要由窗框、窗扇（玻璃扇、纱扇）、五金（铰链、风钩、插销、拉手、铁三角等）及附件（窗帘盒、窗台板、贴脸板）等组成。窗的尺度主要取决于房间的采光、通风、构造做法和建筑造型等要求，并要符合现行《建筑模数协调统一标准》的规定。

（6）木窗窗框的安装方式有两种，一种是窗框和窗扇分离安装，另一种是成品窗安装。分离安装也有两种方法，其一是立口法，其二是塞口法。

（7）铝合金窗的开启方式有很多种，目前较多采用水平推拉式，其中，70系列是目前广泛采用的窗用型材，采用90°开榫对合，螺钉连接成形。

（8）建筑遮阳措施对于减少太阳辐射，控制室内温度具有重要的作用，也是重要的节能构造措施。常见的措施有绿化遮阳、简易活动遮阳、建筑构件遮阳。遮阳板的形式一般分为水平式、垂直式、综合式和挡板式。

思　考　题

1. 门和窗的作用分别是什么？

2. 门和窗的构造要求是什么？

3. 按开启方式和组成材料，门和窗各可分为哪些类型？

4. 门和窗的组成部分分别有哪些？

5. 平开木门窗安装的立口法和塞口法各有何优缺点？

6. 塑钢窗有哪些优点？

7. 建筑中的遮阳措施有哪些？

8. 建筑中遮阳板的布置有哪些形式？

第8章

变　形　缝

章 节 导 读

建筑物在外界因素作用下常会产生变形，导致开裂甚至破坏。如果这种变形的处理措施不当，就会引起建筑物的裂缝，影响建筑物的正常使用和耐久性，造成建筑物的破坏和倒塌。解决办法有两种：一是加强建筑物的整体性，使其具有足够的强度和刚度来抵抗由以上因素引起的应力和变形；二是在建筑物的某些部位设置变形缝，使其具有足够的变形宽度来防止裂缝的产生和破坏。变形缝是针对这种情况而预留的构造缝，它是将建筑物用垂直的缝分为几个单独部分，使各部分能独立变形。这种垂直分开的缝称为变形缝。变形缝可分为伸缩缝、沉降缝、防震缝三种。这一章我们主要学习伸缩缝、沉降缝、防震缝的设置原则和构造要求。

引 例

让我们来看以下4个图形(引例图8-1～引例图8-4)，每个图形都是建筑变形缝的一种形态。虽然每栋建筑物所用的材料不同，立体外形不同，结构形式不同，但它们都设置了建筑变形缝。针对这4个图形，我们来思考以下问题：

(1) 引例图8-1是什么类型的变形缝？什么时候设置这种变形缝？

(2) 引例图8-2是什么类型的变形缝？构造上有什么要求？

(3) 引例图8-3是什么类型的变形缝？什么时候设置这种变形缝？

(4) 引例图8-4是什么类型的变形缝？什么时候设置这种变形缝？

引例图8-1

引例图8-2

引例图8-3

引例图8-4

有些条形的建筑物比较长，昼夜温差所引起的变形应力可能引起其结构开裂；有些建筑物各部分之间高差比较悬殊或是内部荷载分布非常不均匀，有可能造成较严重的不均匀沉降；还有些建筑物平面形状比较复杂，重心和形心相距较远或是有些转角部分在地震时容易受扭或遭到剪切破坏，等等。这些有可能因变形应力而造成结构破坏的建筑物，在建造时通常会被人为地在变形敏感部位沿全高断开成为数个独立的单元，或者是被划分为简单、规则、均一的段，并令各段之间的缝达到一定的宽度，以能够适应变形的需要，这些在建造时把建筑物分开的缝就是变形缝。对应造成变形的不同因素，变形缝可以分为伸缩缝、沉降缝、防震缝三种。

8.1　伸　缩　缝

建筑构件因温度和湿度等因素的变化会产生胀缩变形，当建筑物长度超过一定限度时，会因热胀冷缩变形较大而产生开裂。为此，通常在建筑物适当的部位设置竖缝，自基础以上部位将房屋的墙体、楼板层、屋顶等构件断开，将建筑物沿垂直方向分离成几个独立的部分。这种因温度变化而设置的缝隙称为伸缩缝或温度缝。

8.1.1　伸缩缝的设置

由于基础部分埋于土中，受温度变化的影响相对较小，故伸缩缝是将基础以上的房屋构件全部分开，以保证伸缩缝两侧的房屋构件能在水平方向自由伸缩。缝宽一般为20～40mm，或按照有关规范由单项工程设计确定。伸缩缝的最大间距与房屋的结构类型、房屋或楼盖的类别及使用环境等因素有关，砌体结构与钢筋混凝土结构伸缩缝的最大间距的设置根据《砌体结构设计规范》，见表8-1，《混凝土结构设计规范》（GB 50010—2010），见表8-2。

表8-1　砌体结构伸缩缝的最大间距

屋盖或楼盖类别		间距/m
整体式或装配整体式钢筋混凝土结构	有保温层或隔热层的屋盖、楼盖	50
	无保温层或隔热层的屋盖	40
装配式无檩体系钢筋混凝土结构	有保温层或隔热层的屋盖、楼盖	60
	无保温层或隔热层的屋盖	50
装配式有檩体系钢筋混凝土结构	有保温层或隔热层的屋盖	75
	无保温层或隔热层的屋盖	60
瓦材屋盖、木屋盖或楼盖、轻钢屋盖		100

表 8-2　钢筋混凝土结构伸缩缝的最大间距

单位：m

结构类别		室内或土中	露天
排架结构	装配式	100	70
框架结构	装配式	75	50
	现浇式	55	35
剪力墙结构	装配式	65	40
	现浇式	45	30
挡土墙、地下室墙壁等类结构	装配式	40	30
	现浇式	30	20

8.1.2　伸缩缝的构造

伸缩缝要求建筑物的墙体、楼地面、屋顶等地面以上构件全部断开，以保证伸缩缝两侧的建筑构件在水平方向自由伸缩，但从建筑物功能要求和整体美观的角度需对这些缝隙进行构造处理。

1. 墙体伸缩缝构造

墙体伸缩缝一般做成平缝、错口缝、企口缝，如图 8.1 所示。平缝构造简单，但不利于保温隔热，适用于厚度不超过 240mm 的墙体，当墙体厚度较大时应采用错口缝或企口缝。

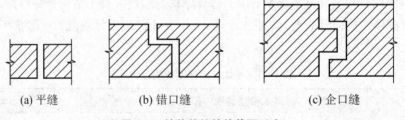

(a) 平缝　　　　(b) 错口缝　　　　(c) 企口缝

图 8.1　墙体伸缩缝的截面形式

为防止外界自然条件(如雨、雪等)通过伸缩缝对墙体及室内环境的侵袭，需对伸缩缝进行构造处理，以达到防水、保温、防风等要求。外墙缝内填塞可以防水、防腐蚀的弹性材料，如沥青麻丝、沥青木丝板、泡沫塑料条、橡胶条、油膏等弹性材料与金属调节片。外墙封口可用镀锌铁皮、铝皮做盖缝处理，内墙可用金属板或木盖缝板作为盖缝。在盖缝处理时，应注意缝与所在墙面相协调。所有填缝及盖缝材料和构造应保证结构在水平方向自由伸缩而不破坏，如图 8.2 所示。

2. 楼地面和屋面伸缩缝构造

楼地面和屋面伸缩缝见 8.3。

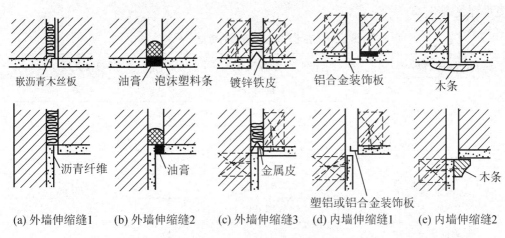

（a）外墙伸缩缝1　（b）外墙伸缩缝2　（c）外墙伸缩缝3　（d）内墙伸缩缝1　（e）内墙伸缩缝2

图8.2　墙体伸缩缝构造

特别提示

引例(1)的解答：引例图8-1是条形建筑物，引例图8-1中的变形缝是伸缩缝。砌体结构与钢筋混凝土结构房屋的长度超过相应设计规范的规定时应设置这种伸缩缝。

8.2　沉　降　缝

同一建筑物由于地质条件不同、各部分的高差和荷载差别较大及结构形式不同时，建筑物会因地基压缩性差异较大发生不均匀沉降导致其产生裂缝。为了防止此裂缝的发生，需要设缝隙将建筑物沿垂直方向分为若干部分，使其每一部分的沉降比较均匀，避免在结构中产生额外的应力。这种因不均匀沉降而设置的缝隙称为沉降缝。

8.2.1　沉降缝的设置

由于沉降缝是为了防止地基不均匀沉降设置的变形缝，故应从基础断开。沉降缝一般在下列部位设置：

（1）过长建筑物的适当部位。

（2）当建筑物建造在不同的地基土壤上又难以保证均匀沉降时。

（3）当同一房屋相邻各部分高度相差在两层以上或部分高差超过10m以上时。

（4）当同一建筑物各部分相邻基础的结构体系、宽度和埋置深度相差悬殊时。

（5）建筑物的基础类型不同，以及分期建造房屋毗连处。

（6）当建筑物平面形状复杂、高度变化较多时，将房屋平面划分成几个简单的体型，在各部分之间设置沉降缝。

沉降缝的宽度随地基情况和房屋的高度不同而定，或根据有关规范由单项设计确定，

其宽度详见表 8-3。

表 8-3　沉降缝的宽度

地基性质	房屋高度	沉降缝宽度/mm
一般地基	$H<5m$	30
	$H=5\sim10m$	50
	$H=10\sim15m$	70
软弱地基	2~3 层	50~80
	4~5 层	80~120
	6 层及以上	>120
湿陷性黄土地基		30~70

特 别 提 示

引例(3)的解答：引例图 8-3 中的变形缝是沉降缝。建筑物相邻部位高差悬殊时应设置这种沉降缝。

8.2.2　沉降缝的构造

沉降缝与伸缩缝的最大区别在于伸缩缝只需保证建筑物在水平方向的自由伸缩变形，而沉降缝主要应满足建筑物各部分在垂直方向的自由变形，故应将建筑物从基础到屋顶全部断开。同时沉降缝也可兼顾伸缩缝的作用，在构造上应满足伸缩与沉降的双重要求。

1. 墙体沉降缝构造

墙体沉降缝的盖缝处应满足水平伸缩和垂直变形的要求，同时，也要满足抵御外界影响及美观的要求。墙体沉降缝构造如图 8.3 所示。

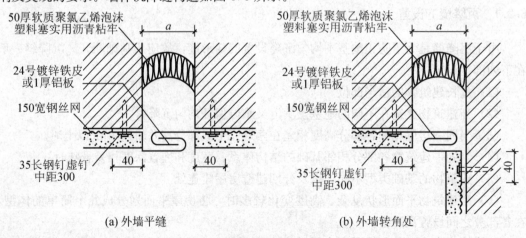

(a) 外墙平缝　　　(b) 外墙转角处

图 8.3　墙体沉降缝构造

2. 基础沉降缝构造

建筑物基础沉降缝应使建筑物从基础底面到屋顶全部断开，此时基础在构造上有三种处理方法。

（1）双墙式沉降缝处理方法。将基础平行设置，沉降缝两侧的墙体均位于基础的中心，两墙之间有较大的距离，如图 8.4(a)所示。若两墙间距小，基础则受偏心荷载，适用于荷载较小的建筑，如图 8.4(b)所示。

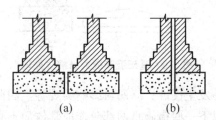

(a)   (b)

图 8.4   基础沉降缝处双墙式处理

特 别 提 示

引例（2）的解答：引例图 8-2 中的变形缝是房屋基础部位的沉降缝。沉降缝要求从建筑物基础处开始沿全高断开，引例图 8-2 是双墙式基础部位沉降缝的施工图。

（2）交叉式处理方法。将沉降缝两侧的基础交叉设置，在各自的基础上支承基础梁，墙砌筑在梁上，适用于荷载较大，沉降缝两侧的墙体间距较小的建筑，如图 8.5 所示。

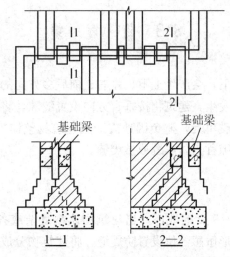

基础梁   基础梁

1—1   2—2

图 8.5   基础沉降缝处交叉式处理

（3）悬挑式处理方法。将沉降缝一侧的基础按一般设计，而另一侧采用挑梁支承基础梁，在基础梁上砌墙，墙体材料尽量采用轻质材料，如图 8.6 所示。

虽然设置沉降缝是解决建筑物由于变形引起破坏的好办法，但设缝也带来了很多麻

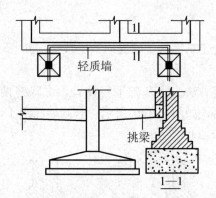

图8.6　基础沉降缝处悬挑式处理

烦，如必须做盖缝处理，易发生侵蚀、渗漏，影响美观等，因此应尽量避免，如在房屋的高层与低层之间，可采取以下一些措施将两部分连成整体而不必设沉降缝。

① 裙房等低层部分不设基础，由高层伸出悬臂梁来支撑，以求得同步沉降。

② 采用后浇带：近年来，许多建筑用后浇带代替沉降缝。其做法：在高层和裙房之间留出 800～1000mm 的后浇带，待两部分主体施工完成一段时间，沉降均基本稳定后，再将后浇带浇注，使两部分连成整体。

③ 可采用桩基及加强基础整体性等方法将两部分连成整体。

3. 楼地面和屋面沉降缝

楼地面和屋面沉降缝见8.3。

8.3　防　震　缝

建筑物在地震力作用下，会产生上下、左右、前后多方向的震动，而导致建筑物发生裂缝。为了防止此裂缝的发生，建筑物按垂直方向设置缝隙，将大型建筑物分隔为较小的部分，形成相对独立的防震单元，避免因地震造成建筑物整体震动不协调，而产生破坏。这种防止地震而设置的缝隙称为防震缝或抗震缝。

8.3.1　防震缝的设置

在抗震设防烈度为 7～9 度的地区，当建筑物体型复杂或各部分的结构刚度、高度、重量相差较大时，应在变形敏感部位设置防震缝，将建筑物分成若干个体型简单、结构刚度较均匀的独立单元。下列情况应设置防震缝：

（1）建筑物平面体型复杂，凹角长度过大或突出部分较多，应用防震缝将其分开，使其形成几个简单规整的独立单元。

（2）建筑物立面高差在 6m 以上，在高差变化处应设缝。

（3）建筑物毗连部分的结构刚度或荷载相差悬殊的应设缝。

（4）建筑物有错层，且楼板错开距离较大，须在变化处设缝。

防震缝的最小宽度与抗震设防烈度、房屋的高度有关，详见表8-4。

表8-4　防震缝的宽度

房屋高度 H	抗震设防烈度	防震缝宽度
$H{\leqslant}15\mathrm{m}$	7	70mm
	8	70mm
	9	79mm
$H{>}15\mathrm{m}$	7	高度每增加4m缝宽增加20mm
	8	高度每增加3m缝宽增加20mm
	9	高度每增加2m缝宽增加20mm

◉ 特 别 提 示 ┈┈┈┈┈┈┈┈┈┈┈┈┈┈┈┈┈┈┈┈┈┈┈┈┈┈┈┈┈┈┈┈┈

引例（4）的解答：引例图8-4中的变形缝是防震缝。在建筑物错层处或结构变形敏感部位应设置这种防震缝。在抗震设防地区，无论设置何种变形缝，缝宽都应按照防震（抗震）缝的宽度设置。

8.3.2　防震缝的构造

防震缝应沿建筑物全高设置，一般基础可不断开，但平面复杂或结构需要时也可断开。防震缝一般与伸缩缝、沉降缝协调布置，做到一缝多用或多缝合一，但当地震区需设置伸缩缝和沉降缝时，须按防震缝构造要求处理。

1. 防震缝墙体构造

防震缝盖缝做法与伸缩缝相同，但不应该做错口缝和企口缝。由于防震缝的宽度比较大，构造上应注意做好盖缝防护构造处理，以保证其牢固性和适应变形的需要。防震缝的墙体构造如图8.7所示。

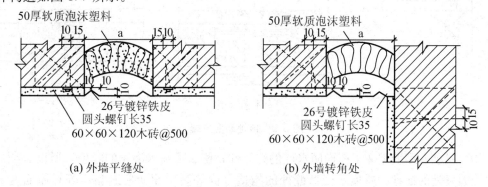

图8.7　防震缝墙体构造

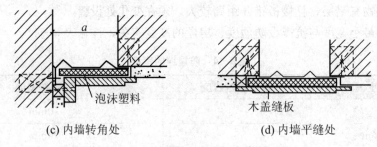

(c) 内墙转角处　　　　　　　　　　(d) 内墙平缝处

图 8.7　防震缝墙体构造(续)

2. 楼地面和屋面变形缝的构造

伸缩缝、沉降缝、防震缝三缝在楼地面和屋面的构造处理是一样的，因此统称为楼地面和屋面变形缝构造。

(1) 楼地面变形缝的设置与墙体变形缝一致，应贯通楼板层和地坪层。对于采用沥青类材料的整体楼地面和铺在砂、沥青胶体结合层上的板块楼地面，可只在楼板层、顶棚层、或混凝土垫层设变形缝。

变形缝内一般采用有弹性的松软材料，如沥青玛瑞脂、沥青麻丝、金属调节片等，上铺活动盖板或橡皮条等，以防灰尘、杂物下落，地面面层也可用沥青胶嵌缝。顶棚处应用木板、金属调节片等做盖缝处理，盖缝板应保证缝两侧结构构件能自由变形，其构造做法如图 8.8 所示。

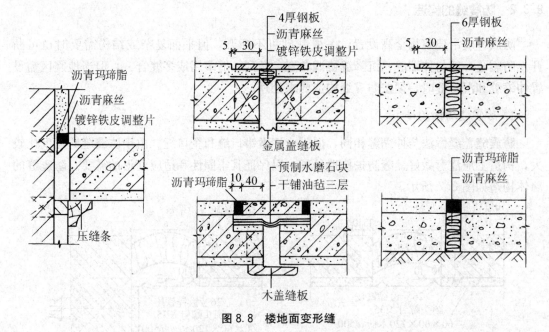

图 8.8　楼地面变形缝

(2) 屋顶变形缝破坏了屋面防水层的整体性，留下了雨水渗漏的隐患，所以必须加强屋顶变形缝处的处理。屋顶在变形缝处的构造分为等高屋面变形缝和不等高屋面变形缝两种。

① 等高屋面变形缝。等高屋面变形缝的构造分为上人屋面做法和不上人屋面做法。

a. 上人屋面变形缝。屋面上需考虑人活动的方便,变形缝处在保证不渗漏、满足变形需求时,应保证平整,以利于行走,如图 8.9(a)所示。

b. 不上人屋面变形缝。屋面上不考虑人的活动,从有利于防水考虑,变形缝两侧应避免因积水导致渗漏。一般构造为在缝两侧的屋面板上砌筑半砖矮墙,高度应高出屋面至少 250mm,屋面与矮墙之间按泛水处理,矮墙的顶部用镀锌铁皮或混凝土压顶进行盖缝,如图 8.9(b)所示。

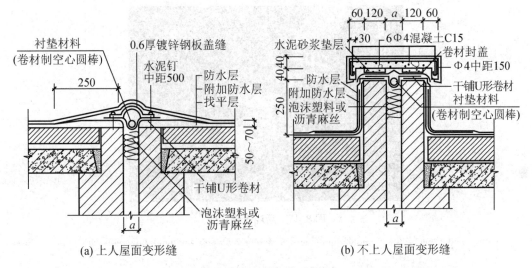

(a) 上人屋面变形缝 (b) 不上人屋面变形缝

图 8.9　等高屋面变形缝

② 不等高屋面变形缝。不等高屋面变形缝,应在低侧屋面板上砌筑半砖矮墙,与高侧墙体之间留出变形缝。矮墙与低侧屋面之间做好泛水,变形缝上部用由高侧墙体挑出的钢筋混凝土板或在高侧墙体上固定镀锌钢板进行盖缝,如图 8.10 所示。

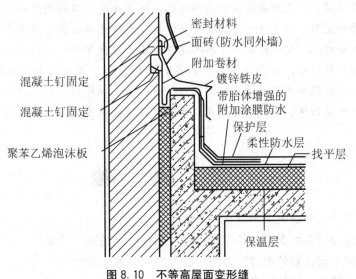

图 8.10　不等高屋面变形缝

知 识 链 接

随着高层建筑和钢筋混凝土结构的发展，施工中后浇板带法的出现可代替沉降缝的设置。这种做法是先将建筑物按设置沉降缝的要求分段施工，两相邻段中间留出约2m的后浇板带的位置及连接钢筋；待各分段结构封顶并达到基本沉降量后再浇筑中间的后浇板带部分的混凝土，以此将建筑物连接起来以避免不均匀沉降有可能造成的影响，这样做必须对沉降量把握准确。后浇板带的设置实例如图8.11所示。

图 8.11　后浇板带实例

小　结

建筑物在外界因素作用下常会产生变形，导致开裂甚至破坏。如果这种变形的处理措施不当，就会引起建筑物的裂缝，影响建筑物的正常使用和耐久性，造成建筑物的破坏和倒塌。解决办法有两种：一是加强建筑物的整体性，使其具有足够的强度和刚度来抵抗由以上因素引起的应力和变形；二是在建筑物的某些部位设置变形缝，使其具有足够的变形宽度来防止裂缝的产生和破坏。变形缝是为了解决建筑物由于温度变化、不均匀沉降及地震等因素影响产生裂缝的一种措施，它将建筑物用垂直的缝分为几个单独部分，使各部分能独立变形。这种垂直分开的缝称为变形缝，变形缝包括伸缩缝、沉降缝、防震缝三种。伸缩缝、沉降缝、防震缝在设置条件、基础构造处理、缝宽及盖缝要求等方面均有不同，学习时要注意它们的异同点。

思　考　题

1. 建筑物为什么要设置变形缝？
2. 变形缝分为哪几种类型？各类变形缝分别在什么情况下设置？
3. 什么情况下需设置伸缩缝？伸缩缝的宽度一般取多少？
4. 伸缩缝在墙体、楼地层和屋面处如何进行盖缝处理？

5. 什么情况下需设置沉降缝？沉降缝的宽度一般取多少？

6. 建筑物基础沉降缝的构造处理方式有哪几种？

7. 什么情况下需设置防震缝？防震缝的宽度一般取多少？

8. 三种变形缝在构造上有何异同？哪几种变形缝之间可以相互代替？

第 9 章

工 业 建 筑

教学目标

通过学习单层工业厂房的结构组成与类型、厂房内部起重运输设备、单层厂房的柱网尺寸和定位轴线、单层工业厂房的屋面与天窗和轻钢结构工业厂房构造等内容，让学生熟练掌握单层工业厂房的构造组成及各组成部分的作用，掌握工业厂房内部起重运输设备的种类及选用原则，熟练掌握单层厂房的柱网尺寸和定位轴线的布置原则，掌握单层工业厂房屋面构造特点及天窗种类及作用，熟悉工业建筑的特点及单层厂房的平面布置及结构布置，了解轻钢结构工业厂房构造。

教学要求

能力目标	知识要点	权重
熟悉工业建筑的特点	工业建筑的特点与分类	5%
熟练掌握单层工业厂房的结构组成与类型	单层工业厂房的结构组成和结构类型	25%
掌握厂房内部起重运输设备	梁式吊车、桥式吊车、悬臂吊车的特点	15%
熟练掌握单层厂房的柱网尺寸和定位轴线布置原则	柱网尺寸及其选择、定位轴线的划分及其确定	25%
掌握单层工业厂房屋面与天窗	单层厂房的屋面、厂房的天窗	20%
了解轻钢结构工业厂房构造	轻钢结构工业厂房的构造	10%

章 节 导 读

工业建筑是建筑的重要组成部分，与民用建筑一样具有建筑的共同性，如工业建筑也由基础、墙体(或柱)、楼板层(或楼地层)、楼梯、门窗、屋顶等部分所组成，每一部分都承担相应的功能。但其主要是满足工业生产的需要，与民用建筑在构造上有许多不同，如工业厂房内部设备多，体积大，各部分生产联系密切，并有多种起重运输设备通行，致使厂房内部具有较大的敞通空间，因此工业建筑在建筑空间、建筑结构、建筑设备等方面具有自己的特点，如生产工艺决定厂房的结构形式和平面布置。

我们今天学习工业建筑构造的基本知识，是为了了解各种工业建筑的构造特点，掌握其与民用建筑的不同，为今后进行工业建筑的设计和施工奠定基础。

引 例

让我们来看看以下4个图形(引例图9-1~引例图9-4)，每个图形都是一栋独立的工业建筑物。每栋建筑物所用的材料、立体外形、构造形式及建筑空间等，与我们以前学习的民用建筑有很大不同，它们主要为人们的生产提供了功能空间。针对这4个图形，我们来思考以下问题：

(1) 引例图9-1中建筑的外形有什么特征？

(2) 引例图9-2中吊车梁的截面形式有哪几种？跨度一般为多少米？吊车梁的影响因素有哪些？

(3) 每栋建筑物的柱起什么作用？其截面有哪几种形式？可以用什么材料建造？

(4) 每栋建筑物的屋面布置有什么特点？

引例图9-1

引例图9-2

引例图9-3

引例图9-4

(5) 这四栋建筑物的柱网尺寸及布置有什么特点？这些尺寸的设计是否有规律？

(6) 引例图 9-2 中的钢结构的连接方式有哪几种？

9.1 工业建筑概述

工业建筑是为满足工业生产需要而建造的各种不同用途的建筑物和构筑物的总称，包括进行各种工业生产活动的生产用房（工业厂房）及必需的辅助用房。工业建筑与民用建筑一样，具有建筑的共性，要体现适用、安全、经济、美观的建筑方针。但由于工业建筑是产品生产和工人操作的场所，所以生产工艺将直接影响到建筑平面布局、建筑结构、建筑构造、施工工艺等，这与民用建筑又有很大的差别。

9.1.1 工业建筑的特点

1. 生产工艺决定厂房的结构形式和平面布置

每一种工业产品的生产都有一定的生产程序，即生产工艺流程。为了保证生产的顺利进行，保证产品质量和提高劳动生产率，厂房设计必须满足生产工艺要求。不同生产工艺的厂房有不同的特征。

2. 内部空间大

由于厂房中的生产设备多，体积大，各部分生产联系密切，并有多种起重运输设备通行，致使厂房内部具有较大的敞通空间，工业厂房对结构要求较高。例如，有桥式吊车的厂房，室内净高一般在 8m 以上；厂房长度一般为数十米，有些大型轧钢厂，其长度可达数百米甚至超过千米。

3. 厂房屋顶面积大，构造复杂

当厂房宽度较大时，特别是多跨厂房，为满足室内采光、通风的需要，屋顶上往往设有天窗；为了屋面防水、排水的需要，还应设置屋面排水系统（天沟及落水管），这些设施均使屋顶构造复杂。

4. 荷载大

工业厂房由于跨度大，屋顶自重大，并且一般都设置一台或数台起重量为数十吨的吊车，同时还要承受较大的振动荷载，因此多数工业厂房采用钢筋混凝土骨架承重。对于特别高大的厂房，或有重型吊车的厂房，或高温厂房，或抗震设防烈度较高地区的厂房需要采用钢骨架承重。

5. 需满足生产工艺的某些特殊要求

对于一些有特殊要求的厂房，为保证产品质量和产量、保护工人身体健康及生产安全，厂房在设计时常采取一些技术措施解决这些特殊要求。例如，热加工厂房所产生大量余热及有害烟尘的通风；精密仪器、生物制剂、制药等厂房要求车间内空气保持一定的温度、湿度、洁净度；有的厂房还需防振、防辐射等要求。

9.1.2 工业建筑的分类

由于现代工业生产类别繁多，生产工艺的多样化和复杂化，工业建筑类型很多。在建筑设计中通常按厂房的用途、层数、生产状况等方面进行分类。

1. 按用途分

（1）主要生产厂房。用于完成从原料到成品的整个加工、装配等整个生产过程的厂房，如机械制造的铸造车间、热处理车间、机械加工车间和机械装配车间等。这类厂房的建筑面积较大，职工人数较多，在全厂生产中占重要地位，是工厂的主要部分。

（2）辅助生产车间。为主要生产车间服务的各类厂房，如机械制造厂的机械修理车间、电机修理车间、工具车间等。

（3）动力厂房。为全厂提供能源的各类厂房，如发电站、变电所、锅炉房、煤气站、乙炔站、氧气站和压缩空气站等。动力设备的正常运行对全厂生产特别重要，故这类厂房必须有足够的坚固耐久性、妥善的安全措施和良好的使用质量。

（4）储藏用建筑。储存各种原料、半成品、成品的仓库，如机械厂的金属材料库、油料库、辅助材料库、半成品库及成品库。由于所储藏物品性质的不同，在防火、防潮、防爆、防腐蚀、防质变等方面将有不同的要求，在设计时应根据不同要求按有关规范、标准采取妥善措施。

（5）运输用建筑。用于停放、检修各种交通运输工具的房屋，如机车库、汽车库、起重车库、电瓶车库、消防车库和站场用房等。

（6）其他。不属于上述类型用途的建筑，如水泵房、污水处理建筑等。

2. 按层数分

（1）单层厂房，指层数仅为一层的工业厂房，适用于生产工艺流程以水平运输为主，有大型起重运输设备及较大动荷载的厂房，如机械制造工业、冶金工业和其他重工业等，如图 9.1 所示。

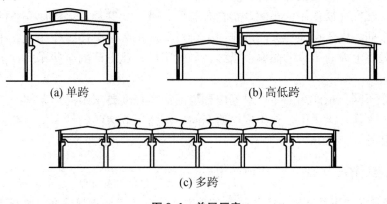

(a) 单跨　　　　　　　　　　　(b) 高低跨

(c) 多跨

图 9.1　单层厂房

（2）多层厂房，指层数在二层以上，一般为二至五层。多层厂房对于垂直方向组织生产及工艺流程的生产企业（如面粉厂）和设备、产品较轻的企业具有较大的适用性，多用于精密仪器、电子、轻工、食品、服装加工工业等，如图9.2所示。

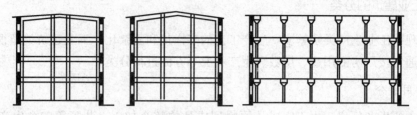

图9.2　多层厂房

（3）混合层数厂房，指同一厂房内既有单层又有多层的厂房，多用于化学工业、热电站等，如图9.3所示。

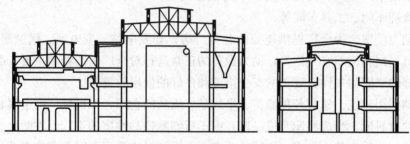

图9.3　混合层数厂房

3. 按生产状况分

（1）热加工车间，指在高温状态下进行生产，生产过程中散发出大量热量、烟尘等有害物的车间，如铸造、炼钢、轧钢、锻压等车间等。

（2）冷加工车间，指在正常温、湿度条件下进行生产的车间，如机械加工、机械装配、工具、机修等车间等。

（3）恒温、恒湿车间，指在温度、湿度相对恒定条件下进行生产的车间。这类车间室内除装有空调设备外，厂房也要采取相应的措施，以减少室外气象条件对室内温、湿度的影响，如纺织车间、精密仪器车间、酿造车间等。

（4）有侵蚀性介质作用的车间，指在含有酸、碱、盐等具有侵蚀性介质的生产环境中进行生产的车间。由于侵蚀性介质的作用，会对厂房耐久性有侵害作用，在车间建筑材料选择及构造处理上应有可靠的防腐蚀措施，如化工厂、化肥厂的某些车间，冶金工厂中的酸洗车间等。

（5）洁净车间，指产品的生产对室内环境的洁净程度要求很高的车间。这类车间通常表现在无尘、无菌、无污染，如集成电路车间、医药工业中的粉针车间、精密仪表的微型零件加工车间等。

◉ 知 识 链 接 ┈┈┈

工业厂房遵循"形式服从功能"的建筑原则，注重实用，不图浮华，建筑形体简洁、明快。运用科技手段解决好工业建筑的整体性、综合性、灵活性等问题，运用美学观点处理好工业建筑的大尺度、大比例、大色块、大空间的相互关系，通过建筑造型表现建筑的特性。

特 别 提 示

引例(1)的解答：工业厂房属于生产性建筑，建筑形象及其体形特征是由实用功能所决定的，工业建筑最大的特征就是其内部的生产工艺自身有一定的流程，并对所在的空间和环境有一定要求和影响，其长、宽、高三度空间和外部形象的塑造加工受功能、结构、材料、施工技术条件等因素的限制。

9.2 单层工业厂房的结构组成与类型

单层厂房的骨架结构，由支撑各种竖向的与水平的荷载作用的构件所组成。厂房依靠各种结构构件合理地连接为一整体，组成一个完整的结构空间以保证厂房的坚固、耐久。我国广泛采用钢筋混凝土排架结构和刚架结构，通常由横向排架、纵向联系构件、支撑系统构件和围护结构等几部分组成，如图 9.4 所示。

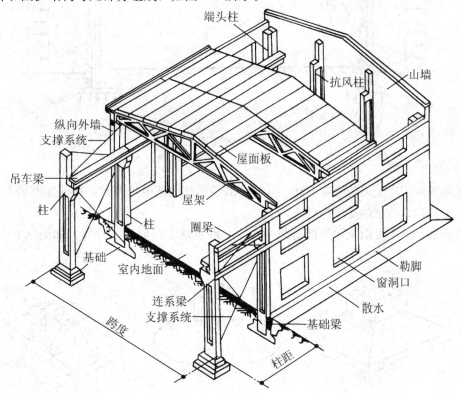

图 9.4 单层厂房构件部位示意图

9.2.1　单层厂房的结构组成

1. 横向排架

横向排架由基础、柱、屋架组成。厂房结构承受的纵向荷载(结构自重、屋面荷载、雪载和吊车竖向荷载等)及横向水平荷载(风载和吊车横向制动力、地震力)主要通过横向排架传至基础和地基，如图9.5所示。

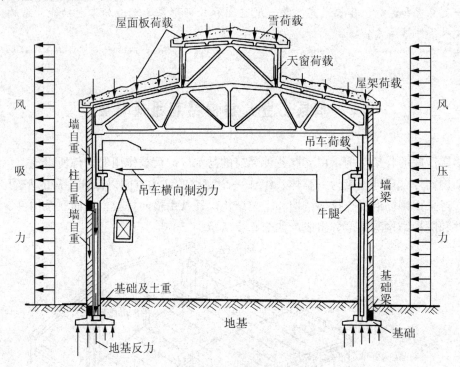

图9.5　横向排架示意图

1) 基础

基础支撑厂房上部的全部荷载，并将荷载传递到地基中，因此，基础起着承上传下的作用，是厂房结构中的重要构件之一。

基础的类型主要取决于上部荷载的大小、性质及工程地质条件等，如图9.6～图9.8所示。

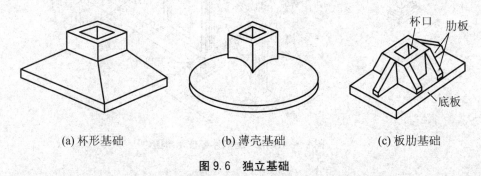

(a) 杯形基础　　　(b) 薄壳基础　　　(c) 板肋基础

图9.6　独立基础

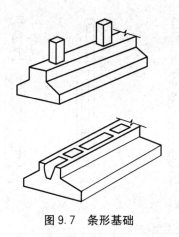

图9.7　条形基础

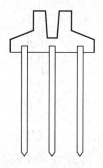

图9.8　桩基础

（1）当上部结构荷载不大，地基土质较均匀，承载力较大时，柱下多采用独立的杯形基础。若荷载轴向力大而弯矩小，且施工技术好，可采用薄壳基础和板肋基础。

（2）当上部荷载较大，而地基承载力较小，柱下如采用上述独立基础，由于底面积过大使相邻基础之间的距离过小，此时可采用条形基础。这种基础刚度大，能调整纵向柱列的不均匀沉降。

（3）当地基的持力层较深，地基表层土松软或为冻土，且上部荷载又较大，对地基的变形限制较严时，可考虑采用桩基础。

2）排架柱

排架柱是厂房结构中的主要承重构件之一，它不仅承受屋盖、吊车梁等传来的竖向荷载，还承受吊车刹车时产生的纵向和横向荷载、风荷载等，这些荷载连同自重一起传递给基础。

（1）厂房中的柱由柱身（又分为上柱和下柱）、牛腿及柱上预埋件组成。在柱顶上支承屋架，在牛腿上支承吊车梁。

（2）柱的类型很多，按材料可分为钢筋混凝土柱、钢柱、砖柱等。按截面形式可分为单肢柱、双肢柱等。单肢柱的截面形式有矩形、工字形及空心管柱等；双肢柱的截面形式有平腹杆柱、斜腹杆柱、双肢管柱等。如图9.9所示。

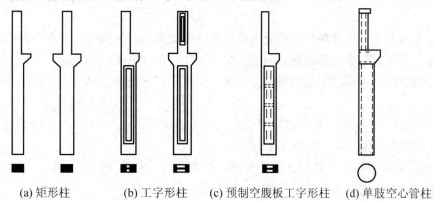

(a) 矩形柱　　　(b) 工字形柱　　　(c) 预制空腹板工字形柱　　　(d) 单肢空心管柱

图9.9　柱子的类型

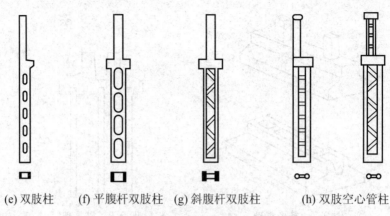

(e) 双肢柱　　(f) 平腹杆双肢柱　(g) 斜腹杆双肢柱　　　(h) 双肢空心管柱

图 9.9　柱子的类型(续)

目前单层工业厂房多采用钢筋混凝土矩形柱和工字形柱。矩形柱外形简单，施工方便，两个方向受力性能均较好，但不能充分发挥混凝土的承载能力且用量多，体重大，主要适用于截面尺寸在 400mm×600mm 以内及吊车较小的中小型厂房。工字形柱是将矩形柱受力较小的横截面中部的混凝土省去，一般可以节约 30%～50% 的混凝土和 15%～20% 的钢材，其特点是受力合理、质量轻、较经济，但生产制作较复杂，主要适用于截面及受力较大的厂房。双肢柱是由两根承受轴向力的肢柱和联系两根肢柱的腹杆组成，它比工字形柱受力更合理，也更经济，但施工也更复杂，主要适用于大型及重型厂房。

(3) 柱的预埋件是指预先埋设在柱身上与其他构件连接用的各种铁件(如钢板、螺栓及锚拉钢筋等)，这些铁件的设置与柱的位置及柱与其他构件的连接方式有关，在进行柱的设计及施工时，应根据具体情况将这些铁件准确无误地埋在柱上。预埋件的位置及作用如图 9.10 所示。

3) 屋架或屋面梁

屋架或屋面梁是单层厂房排架结构中的主要结构构件之一，它直接承受屋面荷载和安装在屋架上的悬挂吊车、管道及其他工艺设备的重量，以及天窗架等荷载。屋架和柱、屋面构件连接起来，使厂房组成一个整体的空间结构，对于保证厂房的整体刚度起着重要作用。

(1) 屋架的类型：按材料分为混凝土屋架和钢屋架两类；按钢筋的受力情况分为预应力和非预应力两种。其中钢筋混凝土屋架在单层工业厂房中采用较多。

当厂房跨度较大时采用桁架式屋架较经济，其外形有三角形、梯形、折线形和拱形四种形式。

① 三角形屋架。屋架的外形如等腰三角形，屋面坡度为 1/5～1/2，适用于跨度 9m、12m、15m 的中、轻型厂房，如图 9.11 所示。

② 梯形屋架。屋架的上弦杆件坡度一致，屋面坡度一般为 1/12～1/10，适用于跨度为 18m、24m、30m 的中型厂房，如图 9.12 所示。

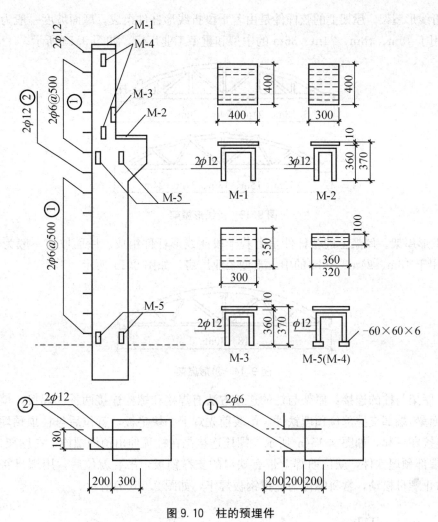

图 9.10　柱的预埋件

注：1. M-1 与屋架连接用埋件；2. M-2、M-3 与吊车梁连接用埋件；
　　3. M-4、M-5 与柱间支撑连接用埋件

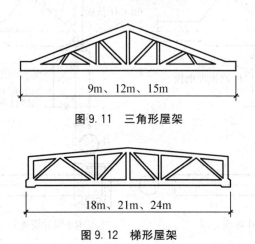

图 9.11　三角形屋架

图 9.12　梯形屋架

③ 折线形屋架。屋架上的弦杆件是由若干段折线形杆件组成。屋面坡度一般为 1/15～1/5，适用于 15m、18m、24m、36m 的中型和重型工业厂房，如图 9.13 所示。

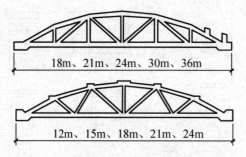

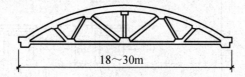

图 9.13　折线形屋架

④ 拱形屋架。屋架上的弦杆件是由若干段曲线形杆件组成。屋面坡度一般为 1/30～1/3，适用于 18m、24m、36m 的中、重型工业厂房，如图 9.14 所示。

图 9.14　拱形屋架

（2）屋架与柱的连接：屋架与柱的连接方法有焊接和螺栓连接两种。焊接，就是将屋架（或屋面梁）端部支撑部位预埋铁件，吊装前先焊上一块垫板，就位后与柱顶预埋钢板通过焊接连接在一起，如图 9.15（a）所示。螺栓连接是在柱顶伸出预埋螺栓，在屋架（或屋面梁）下弦端部预埋铁件，就位前焊上带有缺口的支撑钢板，吊装就位后，用螺母将屋架拧牢，为防止螺母松动，常将螺母与支撑钢板焊牢，如图 9.15（b）所示。

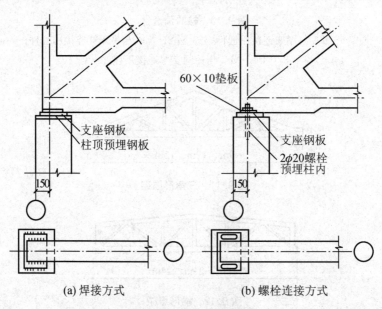

(a) 焊接方式　　　　　　(b) 螺栓连接方式

图 9.15　屋架与柱的连接

（3）屋架与屋面板的连接：每块屋面板的肋部底面均有预埋铁件与屋架（或屋面梁）上弦相应处预埋铁件相互焊接，其焊接点不少于三点，板与板缝隙均用强度不低于 C15 细石混凝土填实，如图 9.16 所示。

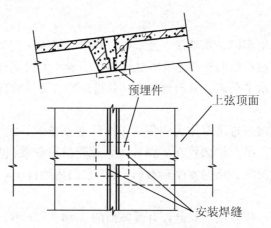

图 9.16　屋面板与屋架的连接

（4）屋架与天沟板的连接：天沟板端底部的预埋铁件与屋架上弦的预埋铁件四点焊接，与屋面板间的缝隙加通长钢筋，再用强度不低于 C15 混凝土填实，如图 9.17 所示。

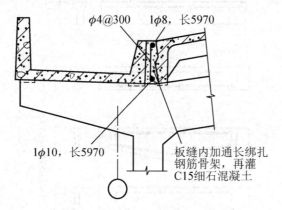

图 9.17　天沟板与屋架的连接

（5）屋架与檩条的连接：檩条与屋架上弦的连接有焊接和螺栓连接两种，如图 9.18 所示。

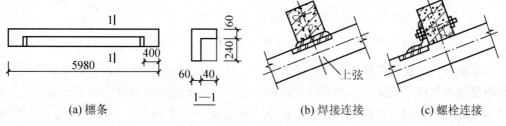

图 9.18　檩条与屋架的连接

（6）钢筋混凝土屋面梁主要用于跨度较小的厂房，有单坡和双坡之分，单坡仅用于边跨；截面有 T 形和工字形两种，因腹板较薄故称其为薄腹梁。屋面梁的特点是形状相对简单，制作和安装较方便，重心低，稳定性好，但自重较大。

2. 纵向联系构件

纵向联系构件是由吊车梁、基础梁、连系梁、圈梁等组成，与横向排架构成骨架，保证厂房的整体性和稳定性；纵向构件主要承受作用在山墙和天窗端壁并通过屋盖结构传来的纵向风载、吊车纵向水平荷载、纵向地震力，并将这些力传递给柱子。

1）吊车梁

根据生产工艺要求需布置吊车作为内部起重的运输设备时，沿厂房纵向布置吊车梁，以便安装吊车运行轨道。吊车梁搁置在牛腿柱上，承受吊车荷载（包括吊车起吊重物的荷载及启动或制动时产生的纵、横向水平荷载），并把它们传给柱子，同时也可增加厂房的纵向刚度。

吊车梁的类型很多，按截面形式分，有等截面的 T 形、I 字形、元宝式吊车梁、等截面鱼腹梁、空腹鱼腹式吊车梁等；按生产制作方式分有非预应力钢筋混凝土与预应力钢筋混凝土；按材料分有钢筋混凝土吊车梁和钢吊车梁等，如图 9.19 所示。

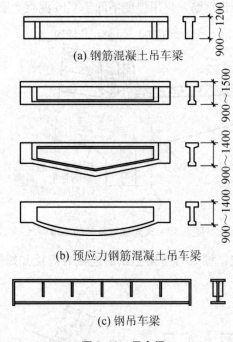

(a) 钢筋混凝土吊车梁

(b) 预应力钢筋混凝土吊车梁

(c) 钢吊车梁

图 9.19　吊车梁

吊车梁与柱的连接多采用焊接连接的方法。安装前先在吊车梁底焊一块垫板，安装就位后再将垫板与柱子牛腿顶面的预埋件焊牢，以承受吊车的竖向荷载。吊车梁翼缘与上柱内缘的预埋件用角钢或钢板连接牢固，以承受吊车横向水平刹车力。吊车梁的对头空隙、吊车梁与柱间空隙用细石混凝土填实，如图 9.20 所示。

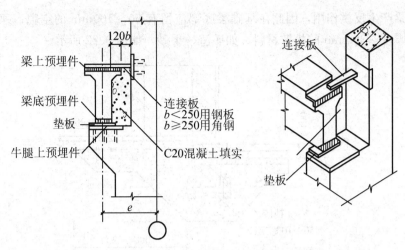

图 9.20　吊车梁与柱的连接

2）基础梁

单层厂房采用钢筋混凝土排架结构时，外墙和内墙仅起围护或分隔作用。此时如果设墙下基础则会由于墙下基础所承受的荷载比柱基础小得多，而产生不均匀沉降，导致墙体开裂。因此一般厂房将外墙或内墙砌筑在基础梁上，基础梁两端架设在相邻独立基础的顶面，这样可使内、外墙和柱一起沉降，墙面不易开裂，截面形式多采用上宽下窄的梯形截面，图 9.21 所示。

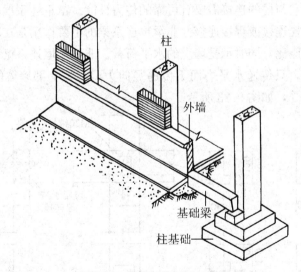

图 9.21　基础梁与基础的连接

基础梁搁置的构造要求：

（1）基础梁顶面标高应至少低于室内地坪 50mm，高于室外地坪 100mm。

（2）基础梁一般直接搁置在基础顶面上，当基础较深时，可采用加垫块、设置高杯口基础或在柱的下部分加设牛腿等措施。

（3）当基础产生沉降时，基础梁底的坚实土将对梁产生反拱作用；寒冻地区土壤冻胀也将对基础梁产生反拱作用，因此在基础梁底部应留有 50～100mm 的空隙，寒冻地区基础梁底铺设厚度≥300mm 的松散材料，如矿渣、干砂，如图 9.22 所示。

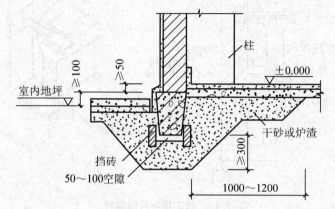

图 9.22　基础梁防冻措施

3）连系梁

连系梁是厂房纵向柱列的水平联系构件，主要用来增强厂房的纵向刚度，并传递风荷载至纵向柱列。有设在墙内与墙外两种，设在墙内的连系梁也称墙梁，有承重和非承重之分。当墙体高度超过一定限度时，砖砌体强度不足以承受其自重，可在墙体上设置连系梁，以承受其上部墙体的重量，并将该部分墙重通过连系梁传给柱子，这种连系梁称为承重连系梁（或墙梁），它与柱的连接需要有可靠的传力性能。承重连系梁一般为预制，搁置在牛腿柱上，采用螺栓连接或焊接连接。非承重连系梁的主要作用是在减少砖墙的计算高度，以满足其允许高厚比，同时承受墙上的水平荷载。非承重墙连系梁一般采用现浇，它与柱之间用钢筋拉接，只传递水平力而不传递竖向力，它将上部墙体的重量传给下部墙体，由墙下基础梁承受，如图 9.23 所示。

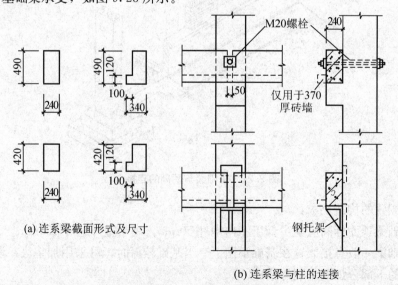

(a) 连系梁截面形式及尺寸

(b) 连系梁与柱的连接

图 9.23　连系梁与柱连接

4）圈梁

圈梁是沿厂房外纵墙、山墙在墙内设置的连续封闭梁。它将墙体与厂房排架柱、抗风柱连在一起，以加强厂房的整体刚度及墙的稳定性。

圈梁的数量与厂房高度、荷载及地基状况有关。圈梁的位置通常在柱顶设一道、吊车梁附近增设一道、如果厂房高度过高可考虑增设多道圈梁，并尽量兼做窗过梁。圈梁截面一般为矩形或"L"形。圈梁应与柱子伸出的预埋筋进行连接，如图 9.24 所示。

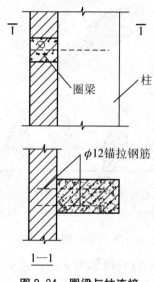

图 9.24 圈梁与柱连接

3. 支撑系统与抗风柱

1）支撑系统

单层厂房的支撑系统包括柱间支撑和屋盖支撑两大部分。其作用是加强厂房结构的空间刚度，保证结构构件在安装和使用阶段的稳定和安全；承受并传递水平风荷载、纵向地震力及吊车制动时的冲击力。

（1）柱间支撑。一般设在厂房变形缝的区段中部，其作用是承受山墙抗风柱传来的水平荷载和吊车产生的水平制动力，并传递给基础，以加强纵向柱列的整体刚性和稳定性，是必须设置的一种支撑。

柱间支撑宜采用型钢制成钢构件，如图 9.25 所示。

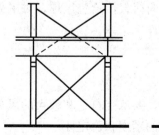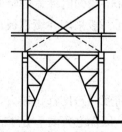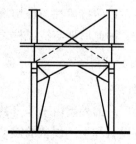

图 9.25 柱间支撑

（2）屋盖支撑。一般设在屋盖之间，其作用是保证屋架上下弦杆件在受力后的稳定，并保证将山墙传来的风荷载的传递。它包括水平支撑和垂直支撑两部分。

① 水平支撑一般布置在房架的上下弦杆之间，沿厂房横向或纵向布置。水平支撑有屋架上弦支撑、屋架下弦支撑、纵向水平支撑、纵向水平系杆等，如图 9.26 所示。

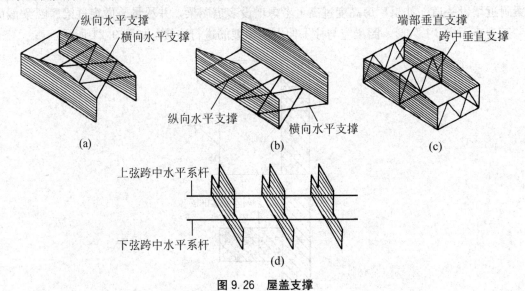

图 9.26　屋盖支撑

② 垂直支撑是设置在屋架间的一种竖向支撑，它主要是保证屋架或屋面梁安装和使用的侧向稳定，并能提高厂房的整体刚度，如图 9.26(c)所示。

2）抗风柱

由于单层工业厂房山墙一般比较高大，需承受较大的水平风荷载的作用，为保证山墙的稳定性，应在单层工业厂房的山墙处设置抗风柱以增加端部墙体的整体刚度和稳定性。抗风柱所承受的荷载一部分由抗风柱上端通过屋盖系统传递到纵向柱列，另一部分由抗风柱直接传给基础。

抗风柱的布置原则有两点：一是在柱的选型上一般与排架柱同类型；二是在不影响厂房端部开门的情况下抗风柱的间距取 4.5~6m。

抗风柱截面形式常为矩形，尺寸常为 400mm×600mm 或 400mm×800mm。抗风柱与屋架的连接多为铰接，在构造处理上必须满足以下要求：一是水平方向应有可靠的连接，以保证有效地传递风荷载；二是在竖向应使屋架与抗风柱之间有一定的相对竖向位移的可能性，以防抗风柱与厂房沉降不均匀时屋盖的竖向荷载传给抗风柱，对屋盖结构产生不利影响。因此屋架与抗风柱之间一般采用弹簧钢板连接。

4. 围护结构

1）外墙

单层厂房的外墙由于本身的高度与跨度都比较大，要承受自重和较大的风荷载，还要受到起重设备和生产设备的震动，因而必须具有足够的刚度和稳定性。

单层厂房外墙按承重方式不同分为承重墙、承自重墙和框架墙。承重墙一般用于中、小型厂房，其构造与民用建筑构造相似；当厂房跨度和高度较大，或厂房内起重运输设备吨位较大时，通常由钢筋混凝土排架柱来承受屋盖和起重运输荷载，外墙只承受自重，起围护作用，这种墙称为承自重墙；某些高大厂房的墙体往往分成几段砌筑在墙梁上，墙梁支承在排架柱上，这种墙称为框架墙。承自重墙和框架墙是厂房外墙的主要形式。根据墙体材料不同，厂房外墙又可分为砌块墙、板材墙和轻质板材墙。

2）屋盖结构

屋盖结构分为有檩体系和无檩体系两种。有檩屋盖由小型屋面板、槽板、檩条、屋架或屋面梁、屋盖支撑系统组成。其整体刚度较差，只适用于一般中、小型的厂房。无檩屋盖由大型屋面板、屋面梁或屋架等组成，其整体刚度较大，适用于各种类型的厂房。一般屋盖的组成有屋面板、屋面架（屋面梁）、屋架支撑、天窗架、檐沟板等组成。

9.2.2　单层厂房的结构类型

1. 排架结构

排架结构是目前单层厂房中最基本的、最普遍的结构形式，柱与屋架（屋面梁）铰接，柱与基础刚接，如图9.27和图9.28所示。屋架、柱子、基础组成了厂房的横向排架，连系梁、吊车梁、基础梁等均为纵向连系构件，它们和支撑构件将横向排架连成一体，组成坚固的骨架结构系统。依其所用材料不同分为钢筋混凝土排架结构、钢筋混凝土柱与钢屋架组成的排架结构和砖架结构。

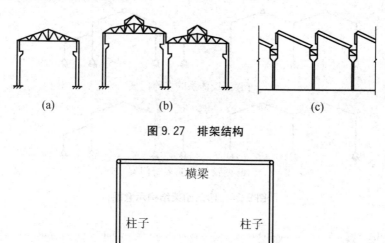

　　（a）　　　　　　　　　（b）　　　　　　　　　（c）

图9.27　排架结构

图9.28　排架结构示意图

2. 刚架结构

刚架结构是将屋架（或屋面梁）与柱子合并为一个构件，柱子与屋架（或屋面梁）的连接处为刚性节点，柱子与基础一般做成铰接。刚架结构的优点是梁柱合一，构件种类较少，结构轻巧，空间宽敞，但刚度较差，适用于屋盖较轻的无桥式吊车或吊车吨位不大、跨度

和高度较小的厂房和仓库。常用的刚架结构是装配式门式刚架。门式刚架顶节点做成铰接的称为三铰门架。也可以做成两铰门式刚架。为了便于施工吊装，两铰门式刚架通常做成三段，常在横梁中弯矩为零（或弯短较小）的截面处设置接头，用焊接或螺栓连接成整体。常用的两铰和三铰刚架形式如图 9.29 和图 9.30 所示。

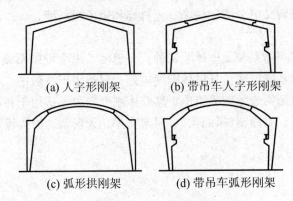

(a) 人字形刚架　　　　　　　(b) 带吊车人字形刚架

(c) 弧形拱刚架　　　　　　　(d) 带吊车弧形刚架

图 9.29　门式刚架结构

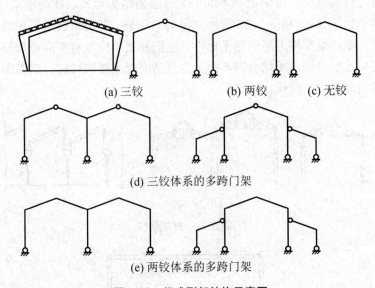

(a) 三铰　　　　　(b) 两铰　　　(c) 无铰

(d) 三铰体系的多跨门架

(e) 两铰体系的多跨门架

图 9.30　门式刚架结构示意图

🔵 知 识 链 接 ···

单层厂房的特点：单厂结构的跨度大、高度大、荷载大、内力大、截面尺寸大；常承受动力荷载；隔墙少，柱是承受屋盖荷载、墙体荷载、吊车荷载及地震荷载的主要构件。按承重结构的材料分：砌体混合结构（无吊车或 $Q < 50kN$，$L < 15m$，柱顶标高不超过 8m）；钢筋混凝土结构；钢结构（重型吊车 $Q > 1500kN$，$L > 36m$）。其中钢结构，因为它的强度高，质量轻，施工快且方便，越来越多地应用于工业建筑的应用中。

单层厂房按结构体系分为排架结构和刚架结构。排架结构：由屋面梁或屋架、柱和基础组成。排架的柱与屋架铰接而与基础刚接。根据材料不同可分为钢-钢筋混凝土排架、钢筋混凝土-砖排架、钢筋混凝土排架。刚架结构：柱与屋架（梁）刚接而与基础常为铰接。有折线形门式刚架、拱形门式刚架；三铰式、两铰式。简单轻巧，但刚度较差，适用于无吊车或吊车吨位不大于100kN、跨度不超过18m的轻型厂房。

● 特 别 提 示

引例（3）的解答：工业建筑中柱常用形式有矩形、I形、管柱、双肢柱等；柱是厂房结构中的主要承重构件之一，它不仅承受屋盖、吊车梁等传来的竖向荷载，还承受吊车刹车时产生的纵向和横向荷载、风荷载等，这些荷载连同自重一起传递给基础；柱可以用钢筋混凝土和钢材来建造。

9.3 厂房内部起重运输设备

为了满足生产工艺布置的需要，满足生产过程中原材料、半成品、成品的装卸、搬运及进行设备的检修等，在厂房内部需设置适当的起重运输设备。厂房内部的起重运输设备主要有三类：一是地面运输设备，如板车、电瓶车、汽车、火车等；二是垂直运输设备，如安装在厂房上部空间的各种类型的起重吊车；三是辅助运输设备，如各种输送管道、传送带等。在这些起重设备中以各种形式的吊车对厂房的布置、结构选型等影响最大。常见的起重吊车设备主要有单轨悬挂式吊车、梁式吊车、桥式吊车和悬臂式吊车等类型。

9.3.1 单轨悬挂式吊车

单轨悬挂式吊车是一种简便的、主要在呈条状布置的生产流水线上部的一种起重设备。它由电葫芦（即滑轮组）和工字形钢轨组成，如图9.31所示。工字形钢轨悬挂在屋架下弦或屋面大梁的下面，电葫芦安装在钢轨上，按钢轨线路运行及起吊重物。

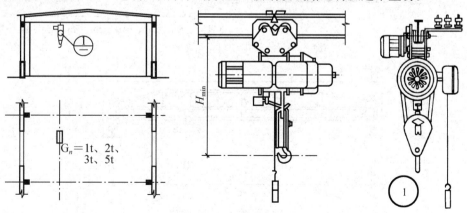

图9.31 单轨悬挂吊车

单轨悬挂式吊车布置方便、运行灵活，可以手动操作，也可以电动操作，主要适用于 5t 以下货物的起吊和运输。由于轨道悬挂在屋架下弦或屋面大梁的下面，所以屋盖结构应有较大的刚度。

9.3.2 梁式吊车

梁式吊车由梁架和电葫芦组成。有悬挂式和支撑式两种类型，如图 9.32 所示。悬挂式吊车是在屋架下弦或屋面梁下面悬挂双轨，在双轨上设置可滑行的单梁，在单梁上安装电葫芦。支撑式吊车是在排架柱的牛腿上安装吊车梁和钢轨，钢轨上设可滑行的单梁，单梁上安装滑轮组。两种吊车的单梁都可以按轨道纵向运行，梁上滑轮组可横向运行和起吊货物。因此，吊车可服务到厂房固定跨间的全部面积。

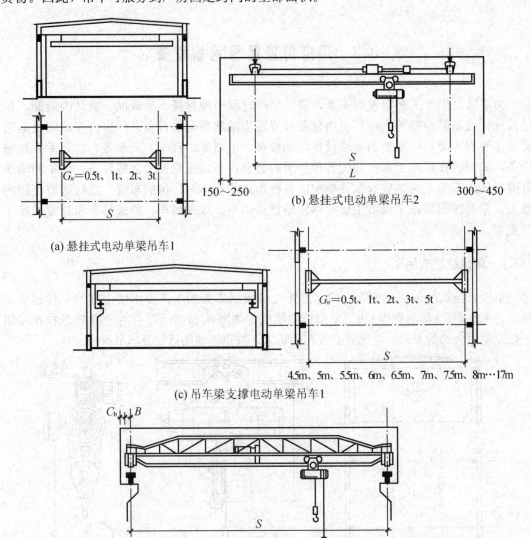

(a) 悬挂式电动单梁吊车1

(b) 悬挂式电动单梁吊车2

(c) 吊车梁支撑电动单梁吊车1

(d) 吊车梁支撑电动单梁吊车2

图 9.32 梁式吊车

当梁架采用悬挂式布置时，起重量一般不超过5t，工作人员可在地面上手动或电动操纵，适用于起重工作量不大或检修设备；当梁架支撑于吊车梁上时，起重量一般不超过15t，可以在地面上电动操纵，也可在吊车梁架一端的司机室内操纵。

9.3.3 桥式吊车

桥式吊车由桥架和起重行车(或称小车)组成。桥式吊车是在厂房排架柱的牛腿上安装吊车梁及轨道，桥架支撑于吊车梁上，可沿吊车梁上的轨道纵向往返行驶，而起重行车则沿桥架横向移动，一般在桥架一端的起重行车上或司机室内操作，如图9.33所示。

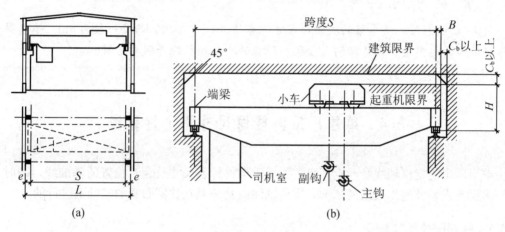

图 9.33 桥式吊车

根据运输要求，桥式吊车的起重行车上可设单钩或双钩(即主钩和副钩)，也可设抓斗，用于装卸或运输散料。

由于桥式吊车是工业定型产品，应使厂房的跨度和高度与所选吊车的跨度相适应，并且满足运行安全的需要，同时在柱间适当位置设置通向吊车司机室的钢梯平台。

桥式吊车由于桥架刚度和强度较大，所以适用于跨度较大和起吊及运输较重的生产厂房，其起重范围可由5t至数百吨，在工业建筑中应用很广。

9.3.4 悬臂吊车

常用的悬臂吊车有固定式旋转悬臂吊车和壁行式悬臂吊车两种，如图9.34所示。固定式旋转悬臂吊车一般固定在厂房的柱子上，可旋转180°，其服务范围为以臂长为半径的半圆面积内，适用于在固定地点及供某一固定生产设备的起重、运输之用。壁行式悬臂吊车可沿厂房纵向往返行走，服务范围限定在一条一臂长宽度的狭长矩形范围内。

悬臂吊车布置方便，使用灵活，一般起重量可达8~10t，悬臂长可达8~10m，在实际工程中有一定应用。

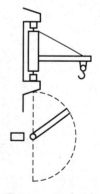

图 9.34 悬臂吊车

房屋建筑构造

知识链接

吊车梁满足强度、抗裂度、刚度、疲劳强度的要求。吊车梁按截面形式分，有等截面T形、工字形吊车梁及变截面的鱼腹式吊车梁等。吊车梁与柱的连接：吊车梁上翼缘与柱间用钢板或角钢焊接；吊车梁底部安装前应焊接一块垫板与柱牛腿顶面预埋钢板焊接牢；吊车梁的对接头及吊车梁与柱之间的缝隙用C20混凝土填实。吊车梁与吊车轨道、车挡的连接：吊车梁与吊车轨道的连接，为防止吊车在行驶中与山墙冲撞，在吊车梁的尽端应设车挡。

特别提示

引例(2)的解答：吊车梁的截面形式常见有T形、工字形，跨度一般为6m。吊车梁一般根据吊车的起重量、工作级别、台数、厂房的跨度和柱距等因素选用。

9.4 单层厂房的柱网尺寸和定位轴线

单层厂房的定位轴线是确定厂房主要承重构件标志尺寸及相互位置的基准线，同时也是厂房设备安装及施工放线的依据。定位轴线的划分是在柱网布置的基础上进行的。

9.4.1 柱网尺寸及其选择

柱网是厂房承重柱的定位轴线在平面上排列所形成的网格。柱网尺寸的确定实际上就是确定厂房的跨度和柱距，跨度是柱子纵向定位轴线间的距离，柱距是相邻柱子横向定位轴线间的距离。通常把与横向排架平行的轴线称为横向定位轴线；与横向排架平面垂直的轴线称为纵向定位轴线。纵、横向定位轴线在平面上形成有规律的网格，如图9.35所示。

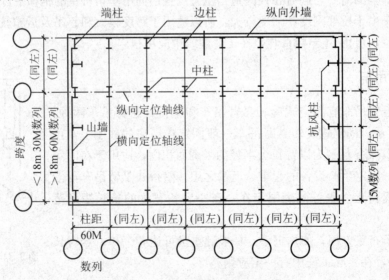

图9.35 单层厂房定位轴线

柱网的选择与生产工艺、建筑结构、材料等因素密切相关，并符合《厂房建筑模数协调标准》（GB/T 50006—2010)中的规定。

1. 跨度

两纵向定位轴线间的距离称为跨度。单层厂房的跨度在 18m 及 18m 以下时，取扩大模数 30M 数列，如 9m、12m、15m、18m；在 18m 以上时取扩大模数 60M 数列，如 24m、30m、36m 等。

2. 柱距

两横向定位轴线的距离称为柱距。单层厂房的柱距应采用扩大模数 60M 数列，如 6m、12m，一般情况下均采用 6m。抗风柱柱距宜采用扩大模数 15M 数列，如 4.5m、6m、7.5m。

9.4.2 定位轴线的划分及其确定

定位轴线的划分是以柱网布置为基础，并与柱网的布置相一致。厂房的定位轴线分为横向定位轴线和纵向定位轴线两种。

1. 横向定位轴线

厂房横向定位轴线主要用来标定纵向构件的标志端部，如屋面板、吊车梁、连系梁、基础梁、墙板、纵向支撑等。

1）中间柱与横向定位轴线的关系

除了靠山墙的端部柱及横向变形缝两侧的柱以外，一般中间柱的中心线与横向定位轴线相重合，且横向定位轴通过柱基础、屋架中心线及各纵向连系构件如屋面板、吊车梁等的接缝中心，如图 9.36 所示。

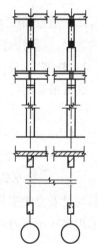

图 9.36　中间柱与横向定位轴线的关系

2）山墙处横向定位轴线的关系

山墙为非承重墙时，墙内缘与横向定位轴线相重合，且端部柱的中心线应自定位轴线向内移 600mm，如图 9.37 所示。定位轴线与山墙内缘重合保证了屋面板与山墙之间不留空隙，形成"封闭结合"，使构造简单。端柱自定位轴线内移 600mm，保证了抗风柱能通至屋架上弦或屋面梁上翼处，并与之相连接。

山墙为砌体承重时，墙内缘与横向定位轴线间的距离应按砌体块料类别分别为半块或半块的倍数或墙厚的一半，以保证伸入山墙内的屋面板与砌体之间有足够的搭接长度。屋面板与砌体或砌体内的钢筋混凝土垫梁相连接。

3）横向变形缝处柱与横向定位轴线的关系

横向伸缩缝、防震缝处的柱应采用双柱及两条横向定位轴线。柱的中心均应从定位轴线向内侧各移 600mm。两轴线间加插入距 a_i，a_i 应等于伸缩缝或防震缝的宽度 a_e，如图 9.38 所示。这种定位轴线的方法，既保证了双柱间有一定的距离且有各自的基础杯口，以便于柱的安装，同时又保证了厂房结构不致因没有伸缩缝或防震缝而改变屋面板、吊车梁等纵向构件的规格，施工比较简单。

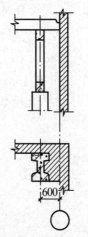

图 9.37 非承重山墙与
横向定位轴线的关系

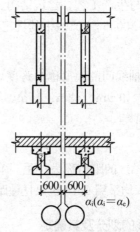

图 9.38 伸缩缝、防震缝处柱与
横向定位轴线的关系

2. 纵向定位轴线

纵向定位轴线主要用来标定厂房横向构件的标志端部，如屋架的标志尺寸及大型屋面板的边缘。厂房纵向定位轴线应视其位置不同而具体确定。

1) 外墙、边柱与纵向定位轴线的关系

在有吊车的厂房中，为使吊车规格与厂房结构相协调，确定二者的关系如下：

$$L = L_k + 2e$$

式中 L——厂房跨度，即纵向定位轴线间的距离；

L_k——吊车跨度，即吊车轨道中心线间的距离（可查吊车规格资料）；

e——吊车轨道中心线至定位轴线间的距离。一般取 750mm。当吊车为重级工作制而需要设安全走道板，或者吊车起重量大于 50t 时可为 1000mm；在砖混结构的厂房中，当采用梁式吊车时，e 值允许为 500mm，如图 9.39 所示。

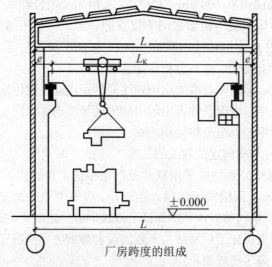

厂房跨度的组成

图 9.39 吊车跨度与厂房跨度的关系

e 值是由上柱截面高度 h，吊车端部构造尺寸 B（即轨道中心线至吊车端部外缘的距离），以及吊车运行侧方安全间隙尺寸 C_b（吊车运行时，吊车与上柱内缘间的安全间隙尺寸）等因素确定的。h 值由结构设计确定，一般为 $400\sim500\mathrm{mm}$；B 值由吊车生产技术要求确定，一般为 $186\sim400\mathrm{mm}$；吊车侧方安全间隙 C_b 与吊车起重量的大小有关，当吊车起重量等于或小于 50t 时，C_b 值取 80mm，吊车起重量等于或大于 63t 时，C_b 为 100mm。

在实际工程中，由于吊车型式、起重量、厂房跨度、柱距及是否设置吊车走道板等条件的不同，外墙、边柱与纵向定位轴线的关系可出现两种情况：

（1）封闭结合。当 $h+B+C_b\leqslant e$ 时，边柱外缘、墙内缘宜与纵向定位轴线相重合，此时屋架端部与墙内缘也重合，也就是说纵向定位轴线与边柱外缘、外墙内缘三者相重合，如图 9.40(a)所示。这样确定的轴线称为"封闭轴线"，形成"封闭结合"。这时屋架上可采用整数块标准屋面板（目前常用 $1.5\mathrm{m}\times6.0\mathrm{m}$ 大型板），经适当调整板缝后即可铺到屋架的标志端部，不需另设补充构件，屋面板与外墙内表面之间无缝隙，具有构造简单、施工方便的特点。适用于无吊车或只设悬挂式吊车的厂房。

（2）非封闭结合。当 $h+B+C_b>e$ 时，如再采用"封闭结合"的定位方法，已经不能满足吊车安全运行所需的净空尺寸。因此需将边柱外缘从定位轴线向外推移，即边柱外缘与纵向定位轴线之间增设联系尺寸 a_c，上部屋面板与外墙之间也出现空隙，也就是说纵向定位轴线与柱边缘、墙内缘不再重合，称为"非封闭结合"，如图 9.40(b)所示。此时屋顶上部空隙需做构造处理，处理方法一般有挑砖、加铺补充小板及结合檐沟等。

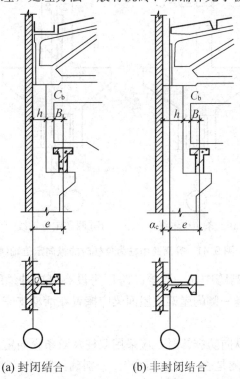

(a) 封闭结合　　　　(b) 非封闭结合

图 9.40　墙、边柱与纵向定位轴线的关系

厂房是否需要设置联系尺寸及其取值多少，应根据所需吊车规格校核其实际安全间隙是否满足安全要求，此外还与柱距及吊车走道板等因素有关。

当厂房采用承重墙结构时，承重外墙的墙内缘与纵向定位轴线间的距离宜为半块砌块的倍数，或使墙体的中心线与纵向定位轴线相重合，若为带壁柱的承重墙，其内缘与纵向定位轴线相重合，或与纵向定位轴线相间半块或半块砌体的整数倍。

2) 中柱与纵向定位轴线的关系

中柱处纵向定位轴线的确定方法与边柱相同，定位轴线与屋架或屋面大梁的标志尺寸相重合。

(1) 等高跨中柱与纵向定位轴线的定位。

① 无变形缝时的等高跨中柱。等高厂房的中柱宜设单柱和一条纵向定位轴线，且上柱的中心线宜与纵向定位轴线相重合。上柱截面高度一般取 600mm，以保证屋顶承重结构的支撑长度，如图 9.41(a)所示。

当相邻跨内的桥式吊车起重量在 30t 以上，厂房柱距较大或有其他构造要求时中柱仍可采用单柱，但需设两条纵向定位轴线，两轴线间距离称为插入距，用 a_i 表示，此时上柱中心线与插入距中心线重合，如图 9.41(b)所示。其插入距 a_i 应符合 3M 数列（即 300mm 或其整数倍）。当其围护结构为砌体时，a_i 可采用 M/2（即 50mm）或其整数倍。

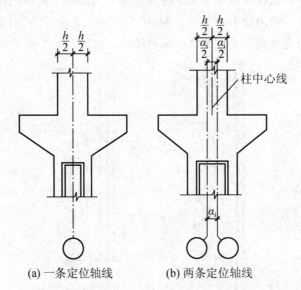

(a) 一条定位轴线　　　(b) 两条定位轴线

图 9.41　等高跨中柱为单柱时的纵向定位轴线

② 设变形缝时的等高跨中柱。当等高跨厂房设有纵向伸缩缝时，可采用单柱并设两条纵向定位轴线。伸缩缝一侧的屋架或屋面梁应搁置在活动支座上，两轴线间插入距 a_i 等于伸缩缝宽 a_e。

等高跨厂房需设置纵向防震缝时，应采用双柱及双条纵向定位轴线。其插入距 a_i 应根据防震缝的宽度 a_e 及两侧是否"封闭结合"，分别确定为 a_e，或 $a_e + a_c$，或 $a_c + a_e + a_c$，如图 9.42(a)、(b)、(c)所示。

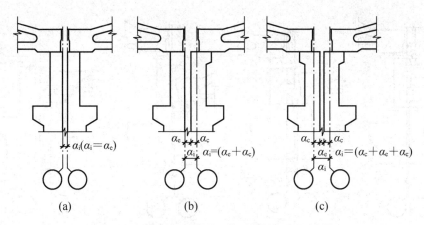

图 9.42 等高跨中柱为双柱时的纵向定位轴线

（2）不等高跨中柱与纵向定位轴线的定位。

① 无变形缝时的不等高跨中柱。不等高跨处采用单柱时，把中柱看作高跨的边柱；对于低跨，为简化屋面构造，一般采用封闭结合。根据高跨是否封闭及封墙位置的高低，纵向定位轴线按两种情况定位：

a. 高跨采用封闭结合，且高跨封墙底面高于低跨屋面，高跨上柱外缘与封墙内缘及纵向定位轴线相重合，宜采用一条纵向定位轴线。若封墙底面低于低跨屋面，宜采用两条纵向定位轴线，其插入距 a_i 等于封墙厚度 t，即 $a_i = t$，如图 9.43(a)、(b)所示。

b. 当高跨采用非封闭结合，上柱外缘与纵向定位轴线不能重合，应采用两条纵向定位轴线。插入距根据高跨封墙高度或是低于低跨屋面，分别等于联系尺寸或封墙厚度加联系尺寸，即 $a_i = a_c$ 或 $a_i = a_c + t$，如图 9.43(c)、(d)所示。

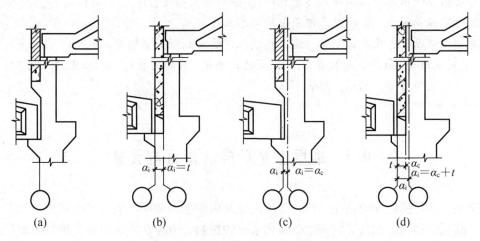

图 9.43 高低跨处单柱与纵向定位轴线的关系

② 有变形缝时的不等高跨中柱。不等高跨处设纵向伸缩缝时，采用双柱、两条纵向定位轴线，并设插入距。其插入距 a_i 可根据封墙位置的高低，分别定为 $a_i = a_e$ 或 $a_i = a_e + t$；根据高跨是否是封闭结合，分别定为 $a_i = a_e$ 或 $a_i = a_e + a_c + t$，如图 9.44 所示。

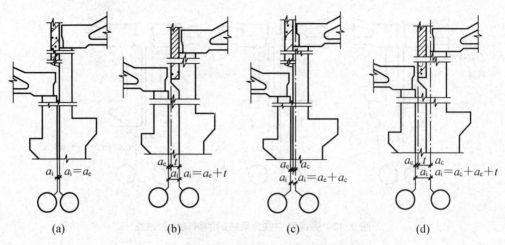

图 9.44　高低跨处双柱与纵向定位轴线的关系

3. 纵横跨相交处柱与定位轴线的联系

在纵横跨的厂房中，常在纵横跨相交处设有变形缝，使纵横跨在结构上各自独立。所以纵横跨应有各自的柱列和定位轴线，两轴线间设插入距，其定位轴线编号常以跨数较多的为标准。

特 别 提 示

引例(5)的解答：柱网尺寸及布置特点如下。

横向定位轴线——定柱距、屋面板跨、吊车梁跨。即吊车梁、连系梁、基础梁、屋面板及外墙板等一系列纵向构件的标志长度(实际尺寸＋构造尺寸)。

纵向定位轴线——定跨度，即屋架的标志长度。

为设计标准化、生产工业化、施工机械化，通常柱距一般用 6m 或 6m 的倍数(局部抽柱)，个别采用 9m 柱距。跨度在 18m 以下的，采用 3m 的倍数；18m 以上的采用 6m 的倍数，必要时采用 21m、27m、33m。

9.5 单层工业厂房的屋面与天窗

单层工业厂房屋面的功能、构造与民用建筑屋面基本相同，但由于面积大，同时承受振动、高温、腐蚀、积灰等内部生产工艺条件的影响，也存在一定差异，单层工业厂房屋面具有以下特点：

(1) 单层厂房屋面除了承受自重、风、雪等荷载外，还要承受起重设备冲击荷载和机械振动的影响，因此要求其刚度、强度较大。

(2) 单层厂房体积巨大，屋面面积大，多跨成片的厂房各跨间有的还有高差，使排水路径长，接缝多，排水、防水构造复杂，并影响整个厂房的造价。

（3）单层厂房屋面上常设有天窗，以便于采光与通风。设置各种采光通风天窗，不仅导致屋面荷载的增加，还使结构、构造复杂化。

（4）恒温恒湿的精密车间要求屋面具有较高的保温隔热性能，有爆炸危险的厂房屋面要求防爆、泄压，有腐蚀介质的车间屋面要求防腐等。

9.5.1　单层厂房的屋面

在工业厂房的屋面构造中解决好屋面的排水和防水是厂房屋面构造的主要问题，较一般民用建筑构造复杂，同时应力求减轻自重，降低造价。

1. 屋面排水

单层厂房屋面排水方式和民用建筑一样，分无组织排水和有组织排水两种。按屋面部位不同，可分屋面排水和檐口排水两部分，其排水方式应根据气候条件、厂房高度、生产工艺特点、屋面积大小等因素综合考虑。

1）无组织排水

条件允许时，应优先选用无组织排水，如在少雨地区、屋面坡度较小和等级较低的厂房，多采用无组织排水方式。有一些特殊要求的厂房，在生产过程中会散发大量粉尘的屋面或散发腐蚀性介质的车间，容易造成管道堵塞而渗漏，宜采用无组织排水。无组织排水有檐口排水、缓长坡排水等方式。

高低跨厂房的高低跨相交处若高跨为无组织排水时，在低跨屋面的滴水范围内要加铺一层滴水板作保护层。

2）有组织排水

单层工业厂房有组织排水形式可具体归纳为以下几种：

（1）挑檐沟外排水。屋面雨水汇集到悬挑在墙外的檐沟内，再从雨水管排下。当厂房为高低跨时，可先将高跨的雨水排至低跨屋面，然后从低跨挑檐沟引入地下，如图 9.45（a）所示。采用该方案时，水流路线的水平距离不应超过 20m，以免造成屋面渗水。

（2）长天沟外排水。在多跨厂房中，为了解决中间跨的排水，可沿纵向天沟向厂房两端山墙外部排水，形成长天沟外排水，如图 9.45（b）所示。长天沟板端部做溢流口，以防止在暴雨时因竖管来不及泄水而使天沟浸水。

该排水形式避免了在室内设雨水管，构造简单，排水简捷。

（3）内排水。严寒地区多跨厂房宜选用内排水方案。中间天沟内排水将屋面汇集的雨水引向中间跨及边跨天沟处，再经雨水斗引入厂房内的雨水竖管及地下雨水管网，如图 9.45（c）所示。

内排水优点是不受厂房高度限制，屋面排水较灵活，适用于多跨厂房。严寒地区采用可防止因结冻胀裂引起屋檐和外部雨水管的破坏。缺点是铸铁雨水管等金属材料消耗大，室内须设天沟，有时会妨碍工艺设备的布置，构造复杂，造价高。

（4）内落外排水。当厂房跨度不多或地下管线铺设复杂时，可用悬吊式水平雨水管将中间天沟的雨水引至两边跨的雨水管中，构成所谓内落外排水，如图 9.45（d）所示。

内落外排水的优点是可以简化室内排水设施，生产工艺的布置不受地下排水管道的影响，但水平雨水管易被灰尘堵塞，有大量粉尘积于屋面的厂房不宜采用。

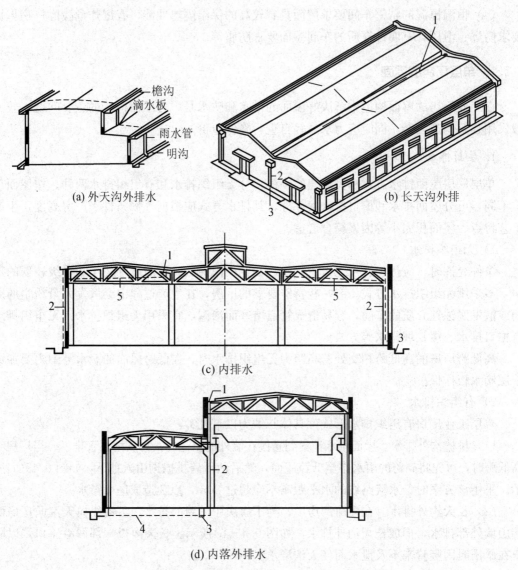

(a) 外天沟外排水

(b) 长天沟外排

(c) 内排水

(d) 内落外排水

1. 天沟；2. 立管；3. 明(暗)沟；4. 地下雨水管；5. 悬吊管

图 9.45　单层厂房屋面有组织排水形式

2. 屋面防水

单层厂房的屋面防水主要有卷材防水、构件自防水等类型。应根据厂房的使用要求和防水、排水的有机关系，结合屋盖形式、屋面坡度、材料供应、地区气候条件及当地施工经验等因素来选择合适的防水形式。

1) 卷材防水

卷材防水在单层工业厂房中应用较为广泛，可分为保温和不保温两种。其构造做法与民用建筑基本相同，但厂房屋面往往承受冲击荷载、震动荷载，变形可能性大，易引起拉裂而渗漏。下面仅就几个特殊部位的构造处理加以介绍。

（1）接缝。大型屋面板相接处的缝隙，必须用细石混凝土灌缝填实。在无保温层的屋面上，屋面板短边端肋的交接缝处的卷材被拉裂的可能性较大，应加以处理。一般采用在交接缝上加铺一层干铺卷材延伸层（300mm）的做法，效果较好。屋面板长边的交接缝处变形较小，一般不必特别处理。

（2）挑檐。屋面为无组织排水时，可用外伸的檐口板或利用顶部圈梁挑出挑檐板。挑檐处应处理好卷材的收头，以防止卷材起翘、翻裂。通常可采用卷材自然收头和附加镀锌铁皮收头的方法，如图9.46所示。

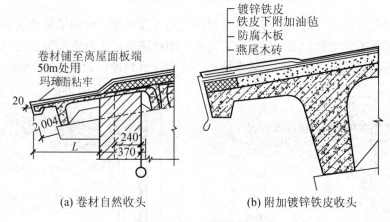

(a) 卷材自然收头　　　　　　(b) 附加镀锌铁皮收头

图9.46　挑檐构造

（3）纵墙外天沟。南方地区较多采用外天沟外排水的形式，其槽形天沟板一般支承在钢筋混凝土屋架端部挑出的水平挑梁上或钢屋架、钢筋混凝土屋面大梁端部的钢牛腿上，如图9.47所示。

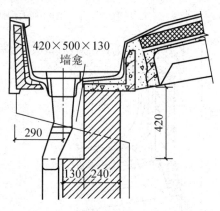

图9.47　纵墙外天沟外排水构造

（4）中间天沟。中间天沟设于等高多跨厂房的两坡屋面之间，一般用两块槽形板作天沟或去掉屋面板上的保温层而形成的自然中间天沟，如图9.48所示。

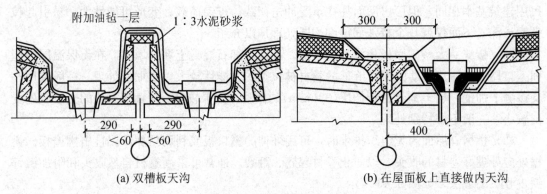

(a) 双槽板天沟   (b) 在屋面板上直接做内天沟

图 9.48　中间天沟排水构造

　　（5）高低跨处泛水。如在厂房平行高低跨方向无变形缝，而由墙梁承受高跨侧墙墙体荷载时，墙梁下需设牛腿。因牛腿有一定高度，因此高跨墙梁与低跨屋面之间必然形成一个大空隙，这段空隙应采用较薄的墙来填充，并做泛水处理，如图 9.49 所示。

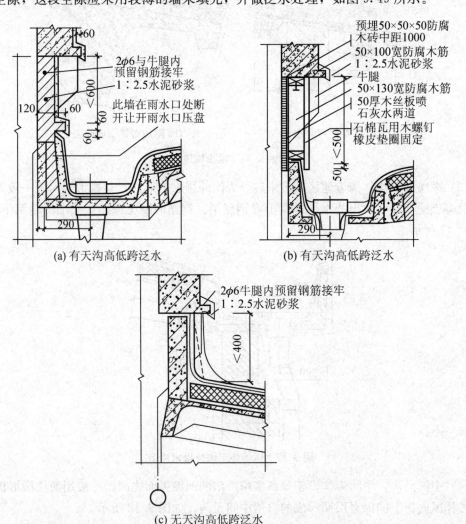

(a) 有天沟高低跨泛水   (b) 有天沟高低跨泛水

(c) 无天沟高低跨泛水

图 9.49　高低跨处泛水

2）构件自防水

常用的是钢筋混凝土构件自防水屋面板，利用屋面板本身的密实性和抗渗性，对板缝进行局部处理而形成防水的屋面。构件自防水屋面具有省工、省料、造价低和维修方便的优点，但也存在容易引起风化、碳化，板面后期出现裂缝，油膏和涂料易老化等缺点。

钢筋混凝土构件自放水屋面板缝的处理方法归纳起来有嵌缝式、脊带式和搭盖式。

（1）嵌缝式、脊带式。嵌缝式构件自防水屋面是利用大型屋面板作防水构件，板缝嵌油膏防水。若在嵌缝上面再粘贴一层卷材做防水层，则成为脊带式防水，其防水性能更好。

（2）搭盖式防水。搭盖式构件自防水屋面的构造原理和瓦材相似，如用F形屋面板作防水构件，板的纵缝上下搭接，横缝和脊缝用盖瓦覆盖。这种屋面安装简便，但板形复杂，不便生产，在运输过程中易损坏等特点。

3. 屋面的保温与隔热

（1）屋面的保温有保温层铺在屋面板上部、保温层设在屋面板下部和保温层与承重基层相结合等三种做法。保温层铺在屋面板上部与民用建筑做法相同；保温层设在屋面板下部有直接喷涂保温层和吊挂保温层两种做法；保温层与承重基层相结合即把屋面板和保温层结合起来，甚至将承重、保温、防水功能三者合一，目前常用的有配筋加气混凝土屋面板和夹心钢筋混凝土屋面板。

（2）屋面隔热。当厂房高度在9m以上可不考虑隔热，主要用加强通风来达到降温的目的；当厂房高度小于9m或小于等于跨度的1/2时宜作隔热处理，具体做法就是在屋面上架空混凝土板或预制水泥隔热拱。

9.5.2 厂房的天窗

在大跨度和多跨度的单层工业厂房中，由于面积大，仅靠侧窗不能满足自然采光和自然通风的要求，常在屋面上设置各种类型的天窗。

天窗按其在屋面的位置不同分为上凸式天窗、下沉式天窗和平天窗。

1. 上凸式天窗

上凸式天窗包括矩形天窗、M形天窗、梯形天窗等，这几种天窗构造均沿厂房纵向布置，双侧采光，是我国单层工业厂房采用最多的一种，但增加了厂房的体积和屋顶重量，结构复杂，造价高，抗震性能差。现以矩形天窗为例介绍上凸式天窗的构造。

矩形天窗主要由天窗架、天窗扇、天窗屋面板、天窗端壁、天窗侧板组成，如图9.50所示。

天窗侧板一般做成与屋面板长度相同的钢筋混凝土槽。

1）天窗架

天窗架是天窗的承重构件，常用钢筋混凝土天窗架或钢天窗架，支承在屋架或屋面梁上，跨度有6m、9m、12m三种。钢筋混凝土天窗架一般由三榀或两榀预制构件拼接而成，各榀之间采用螺栓连接，支脚与屋架采用焊接；钢天窗架重量轻，制作吊装方便，常采用桁架式，其支架与屋架节点的连接一般也采用焊接，适用于较大跨度。

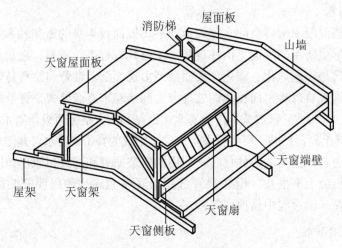

消防梯　屋面板

天窗屋面板　　　　　　　　山墙

天窗端壁

屋架　　天窗架　　　　　　　天窗扇

天窗侧板

图 9.50　矩形天窗构造

2）天窗屋面

天窗屋面的构造一般与厂房屋面构造相同，由于天窗宽度和高度一般均较小，故多采用无组织排水，并在天窗檐口下部的屋面上铺设滴水板；雨量多或天窗高度和宽度较大时，宜采用有组织排水。

3）天窗侧板

天窗侧板是天窗扇下的围护结构，相当于侧窗的窗台，其高度应能防止雨水溅入厂房内，并且不被积雪挡住天窗扇的开启，从厂房屋面至侧板上缘一般不小于 300mm，经常有大风及多雪地区宜适当增高至 400~600mm，过高会加大天窗架的高度。

天窗侧板一般做成与屋面板长度相同的钢筋混凝土槽型板，安装时将它与天窗架上的预埋件焊牢。

4）天窗端壁

天窗两侧的山墙称为天窗端壁。其作用是支承天窗屋面板，围护天窗端部。常采用预制钢筋混凝土肋型板，用于钢筋混凝土屋架，可根据天窗的跨度不同由三块或两块拼接而成。端壁板及天窗架与屋架上弦的连接均通过预埋件焊接，要求保温的车间侧板两肋之间应填入保温材料，外面再做泛水与厂房屋面连接，如图 9.51 所示。

5）天窗扇

天窗扇多为钢材制成，按开启方式分为上悬式和中悬式，可按一个柱距独立开启分段设置，也可按几个柱距同时开启通长设置。

由于天窗位置较高，需要经常开关的天窗应设置开关器。

2. 下沉式天窗

下沉式天窗是在拟设天窗的部位把屋面板下移，铺在屋架的下弦上，利用屋架上、下弦之间的空间做成采光口或通风口。与矩形天窗相比可省去天窗架及其附件，从而降低了厂房的高度，减轻了天窗自重。根据下沉部位的不同可分为横向下沉式、纵向下沉式、井式天窗。以井式天窗为例介绍下沉式天窗的构造。

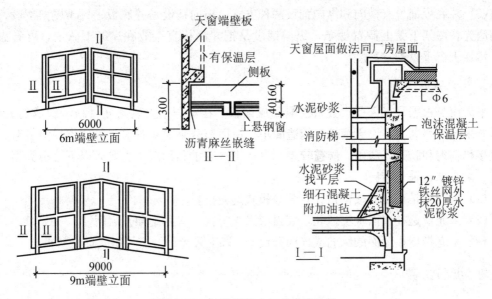

图 9.51　钢筋混凝土天窗端壁构造

（1）井式天窗的布置方式有单侧布置、两侧对称布置、两侧错开布置和跨中布置。

（2）井式天窗构造组成有屋架、檩条、井底板、井口板、挡风侧墙、挡雨设施和排水装置等，如图 9.52 所示。

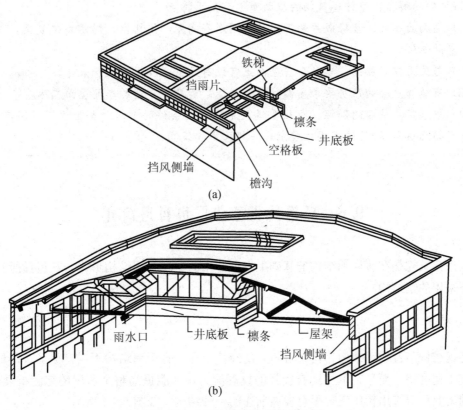

图 9.52　井式天窗的构造组成示例

（3）井底板铺设有横向和纵向铺设两种方式。横向铺设是井底板平行于屋架摆设，铺板前应先在屋架下弦上搁置檩条；纵向铺设是把井底板直接放在屋架下弦上，可省去檩条，增加天窗垂直静空高度。

3. 平天窗

平天窗是根据采光需要设置带空洞的屋面板，在空洞上安装透光材料所形成的天窗。它具有采光效率高、不设天窗架，构造简单、屋面荷载小、布置灵活等优点，但易造成太阳直接热辐射和眩光，防雨、防雹较差，易产生冷凝水和积灰。主要有以下三种类型：采光板、采光罩、采光带。

（1）采光板是在屋面板上留孔，装平板式透光材料。

（2）采光罩是在屋面板上留孔，装弧形采光材料，有固定和开启两种。

（3）采光带指在屋面的纵向或横向开设6m以上采光口，装平板式透光材料。

○ 知 识 链 接 ┄┄┄┄┄┄┄┄┄┄┄┄┄┄┄┄┄┄┄┄┄┄┄┄┄┄┄┄┄┄┄┄┄┄┄

工业建筑的主要承重构件有屋面板、屋架、吊车梁、柱、基础。屋面板、屋架、吊车梁及大部分构件均有标准图集。柱和基础一般需计算确定。

┄┄

○ 特 别 提 示 ┄┄┄┄┄┄┄┄┄┄┄┄┄┄┄┄┄┄┄┄┄┄┄┄┄┄┄┄┄┄┄┄┄┄┄

引例（4）的解答：每栋建筑物的屋面布置有如下特点。

（1）屋面面积大，多跨成片的厂房各跨间还有高差，使排水、防水构造复杂，并影响整个厂房的造价。

（2）与民用建筑相比，单层厂房屋面上常设有天窗，以便通风和采光。

（3）有爆炸危险的厂房要求屋面防爆、泄压；有腐蚀介质的车间屋面应防腐等。

（4）单层厂房屋面的保温、隔热要满足不同生产条件的要求，如恒温、恒湿车间（如棉纺织厂的后纺车间）的保温隔热要求比一般民用建筑高。

┄┄

9.6 轻钢结构工业厂房构造简介

轻型钢结构是在普通钢结构的基础上发展起来的一种新型结构形式，它包括所有轻型屋盖下采用的钢结构。

9.6.1 概述

轻钢结构与普通钢结构相比，有较好的经济指标。轻型钢结构不仅自重轻、钢材用量省、施工速度快，而且它本身具有较强的抗震能力，并能提高整个房屋的综合抗震性能。是目前工业厂房应用较广泛且很有发展前途的一种结构，如图9.53所示。

轻型钢屋盖的用钢量一般为 $8\sim15kg/m^2$，与同条件下钢筋混凝土结构接近，且能节约大量的木材、水泥及其他建筑材料，将结构自重减轻为普通钢结构的 $70\%\sim80\%$，总的造价较低，也为改革笨重的结构体系创造了条件。

单层轻型房屋一般采用门式刚架为承重结构，其上设檩条、屋面板（或板檩合一的轻质大型屋面板），柱外侧有轻质墙面系统，柱内侧可设吊车梁。

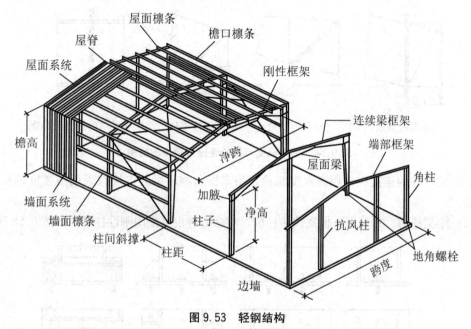

图 9.53　轻钢结构

9.6.2　轻钢结构工业厂房的构造

1. 门式刚架

1）刚架的形式及特点

刚架结构是梁、柱单元构成的组合体，其形式种类多样，在单层工业厂房中应用较多的为单跨、双跨或多跨的单、双坡门式刚架。根据通风、采光的需要，这种厂房可设置通风口、采光带和天窗架等。

门式刚架结构有以下特点：

（1）采用轻型屋面，不仅可减小梁柱截面尺寸，基础也相应减小。

（2）在多跨建筑中可做成一个屋脊的大双坡屋面，为长坡面屋顶创造了条件。

（3）刚架的侧向刚度有檩条的支撑保证，省去纵向刚性构件，并减小翼缘宽度。

（4）刚架可采用变截面，截面与弯矩成正比；变截面时根据需要可改变腹板的高度和厚度及翼缘的宽度，做到材尽其用。

（5）刚架的腹板可按有效宽度设计，即允许部分腹板失稳，并可利用其屈曲后强度。

（6）竖向荷载通常是设计的控制荷载，但当风荷载较大或房屋较高时，风荷载的作用不容忽视。在轻屋面门式刚架中，地震作用不起控制作用。

（7）支撑可做的较轻便，将其直接或用水平节点板连接在腹板上。

（8）结构构件可全部在工厂制作，工业化程度高。

2）门式刚架节点构造

（1）横梁和柱连接及横梁拼接。门式刚架横梁和柱连接，可采用端板竖放、端板斜放和端板平放。横梁拼接时宜使端板与构件外缘垂直，如图9.54所示。

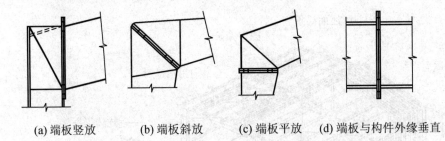

(a) 端板竖放　　　(b) 端板斜放　　　(c) 端板平放　　(d) 端板与构件外缘垂直

图9.54　刚架横梁与柱的连接及横梁的拼接

主刚架构件的连接应采用高强度螺栓，吊车梁与制动梁的连接宜采用高强度螺栓摩擦型连接。

（2）刚架柱脚。宜采用平板式铰接柱脚，有必要时也可采用刚性柱脚，如图9.55所示。

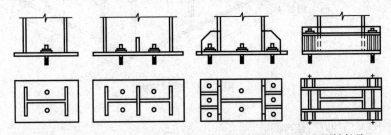

(a) 平板式铰接柱脚1 (b) 平板式铰接柱脚2 (c) 刚性柱脚1　　　　(d) 刚性柱脚2

图9.55　门式刚架柱脚形式

（3）牛腿。构造如图9.56所示。

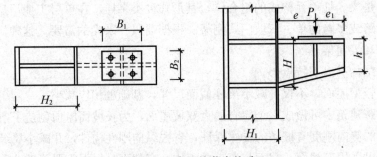

图9.56　牛腿的节点构造

2. 屋架

1）屋架的结构形式

屋架的结构形式主要取决于所采用的屋面材料及房屋的使用要求。主要以三角形屋架、三角拱屋架和梭形屋架、平坡梯形钢屋架为主，如图 9.57 所示。轻型钢屋架与普通钢屋架在本质上无多大差别，两者的设计方法原则相同，只是轻型钢屋架的杆件截面尺寸较小，连接构造和使用条件稍有不同。

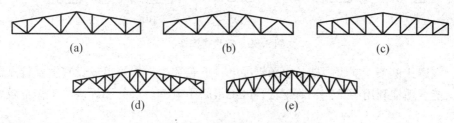

图 9.57　轻型梯形钢屋架

2）支座节点构造

铰接梯形屋架支座节点的两种典型做法，如图 9.58 所示。

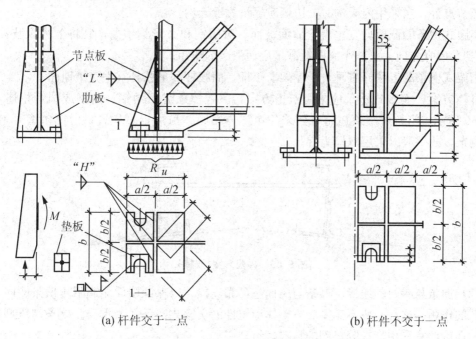

(a) 杆件交于一点　　　　　　　　　　(b) 杆件不交于一点

图 9.58　梯形屋架铰接支座节点

3. 檩条

1）檩条的形式

檩条宜优先采用实腹式构件，也可采用空腹式或格构式构件。檩条一般为单跨简支构件，实腹式檩条也可是连续构件。

(1) 实腹式檩条：实腹式檩条的截面形式如图 9.59 所示。

槽钢檩条，如图 9.59(a)所示；高频焊接轻型 H 形钢檩条，如图 9.59(b)所示；卷边槽形冷弯薄壁型钢檩条，如图 9.59(c)所示；卷边 Z 形冷弯薄壁型钢檩条，直卷边 Z 形冷弯薄壁型钢檩条，如图 9.59(d)所示，斜卷边 Z 形冷弯薄壁型钢檩条，如图 9.59(e)所示。

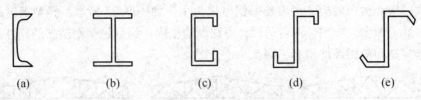

图 9.59　实腹式檩条

（2）空腹式檩条：空腹式檩条由角钢的上、下弦和缀板焊接组成，其主要特点是用钢量较少，能合理地利用小角钢和薄钢板，因缀板间距较密，拼装和焊接的工作量较大，故应用较少。

（3）格构式檩条：格构式檩条可采用平面桁架式、空间桁架式及下撑式檩条。

2）檩条的连接构造

（1）檩条在屋架（刚架）上的布置和搁置。为使屋架上弦杆不产生弯矩，檩条宜位于屋架上弦节点处。当采用内天沟时，边檩应尽量靠近天沟。

实腹式檩条的截面均宜垂直于屋面坡面。对槽钢和 Z 形钢檩条，宜将上翼缘肢尖（或卷边）朝向屋脊方向，以减小屋面荷载偏心而引起的扭矩。

桁架式檩条的上弦杆宜垂直于屋架上弦杆，而腹杆和下弦杆宜垂直于地面。

脊檩方案：实腹式檩条应采用双檩方案，屋脊檩条可用槽钢、角钢或圆钢相连，如图 9.60 所示。桁架式檩条在屋脊处采用单檩方案时，虽用钢量较省，但檩条型号增多，构造复杂，故一般以采用双檩为宜。

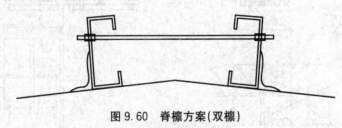

图 9.60　脊檩方案（双檩）

（2）檩条与屋面的连接。檩条与屋面应可靠连接，以保证屋面能起阻止檩条侧向失稳和扭转的作用，这对一般不需要验算整体稳定性的实腹式檩条尤为重要。檩条与压型钢板屋面的连接，宜采用带橡胶垫圈的自攻螺钉。

（3）檩条与屋架、刚架的连接。实腹式檩条与屋架、刚架的连接处可设置角钢檩托，以防止檩条在支座处的扭转变形和倾覆。檩条端部与檩托的连接螺栓应不少于两个，并沿檩条高度方向设置。当檩条高度较小（小于 120mm），排列两个螺栓有困难时，也可改为沿檩条长度方向设置。

（4）檩条的拉杆和撑杆。拉杆和撑杆的布置如图 9.61 所示，互相采用螺栓连接。

4．轻型围护结构

1）轻型墙面、屋面类型

轻型钢结构常采用的墙面和屋面材料有压型钢板、太空板、加气混凝土屋面板、石棉水泥瓦和瓦楞铁等几种。

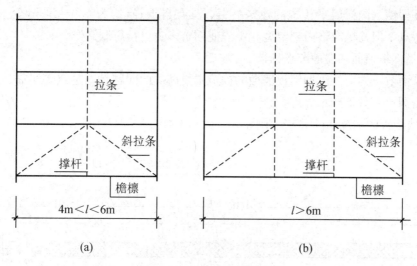

图 9.61 拉条和撑杆布置图

(1) 压型钢板。压型钢板是目前墙面和轻型屋面有檩体系中应用最广泛的屋面材料，采用热镀锌钢板或彩色镀锌钢板，经辊压冷弯成各种波形，具有轻质、高强、美观、耐用、施工简便、抗震、防火等特点。单层板的自重为 $0.10 \sim 0.18 \mathrm{kN/m^2}$，当有保温隔热要求时，可采用双层板(两层钢板中间夹超细玻璃纤维棉、岩棉或聚氨酯等保温层)，双层板可分两大类，第一类松散组合体系由外到内依次为外层板、压型钢板、玻璃棉毯、铝薄布、檩条、内层压型钢板，其中内层可有可无，视装饰要求定。第二层为复合板体系，即将金属复合板直接固定到檩条上，复合板是用彩色涂钢板做面层，聚氨酯和聚苯乙烯泡沫做夹心材料，通过特定的生产工艺复合而成的隔热、保温夹心板。屋面全部荷载标准值(包括活荷载)一般不超过 $1.0 \mathrm{kN/m^2}$。

(2) 太空板。太空板是以高强水泥发泡工艺制成的人工轻石为芯材，以玻璃纤维网(或纤维束)增强的上下水泥面层及钢(或混凝土)边肋复合而成的新型轻质墙面和屋面板材，具有刚度好、强度高、延性好等特点，有良好的结构性能和工程应用前途。其自重为 $0.45 \sim 0.85 \mathrm{kN/m^2}$，屋面全部荷载标准值(包括活荷载)一般不超过 $1.5 \mathrm{kN/m^2}$。

太空板属板檩合一构件，在安装时，一般不需另设檩条，板与板之间留 10mm 的装配缝，嵌缝建议使用防水油膏。太空板上可直接铺设防水卷材，不需另设保温层及找平层，防水卷材宜使用橡塑防水卷材。太空板常用尺寸为 3m×3m、1.5m×6m 和 3m×6m。

(3) 加气混凝土屋面板。加气混凝土屋面板自重 $0.75 \sim 1.0 \mathrm{kN/m^2}$，是一种承重、保温和构造合一的轻质多孔板材，以水泥(或粉煤灰)、矿渣、砂和铝粉为原料，经磨细、配料、浇筑、切割并蒸压养护而成，具有质量轻、保温效能好、吸声好等优点。因系机械化生产，板的尺寸准确，表面平整，一般可直接在板上铺设卷材防水，施工方便。

(4) 石棉水泥瓦。属于传统的建筑材料，具有自重轻(约为 $0.2 \mathrm{kN/m^2}$)、美观、施工简便等特点，但脆性大、易开裂破损，因吸水而产生收缩龟裂和挠曲变形等缺陷。

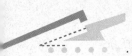

（5）瓦楞铁。同样属于传统的建筑材料，具有自重轻（约为 $0.05kN/m^2$）、美观、施工简便等特点，但瓦材规格尚未定型，工程使用中多为自行压制制作。

2）压型钢板墙面和屋面节点构造

（1）墙面节点构造。压型钢板墙面的构造主要解决的问题是固定点要牢靠、连接点要密封、门窗洞口要做防排水处理。

① 单块墙板的构造如图 9.62 所示。

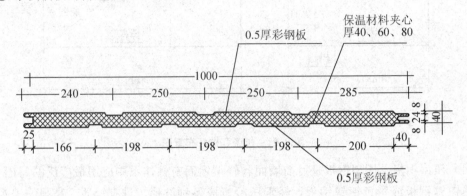

图 9.62　TRQB 墙板

② 墙面板的连接构造如图 9.63 所示。

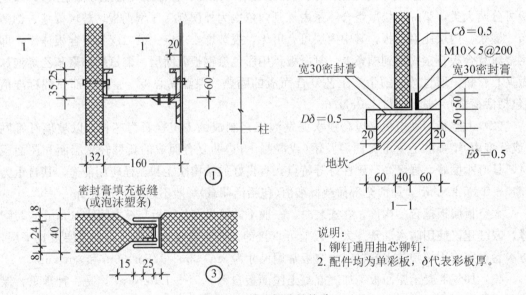

图 9.63　墙面板连接构造

③ 墙面板的转角构造如图 9.64 所示。

④ 墙身的窗洞口构造如图 9.65 所示。

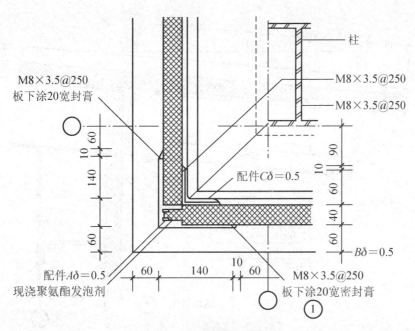

图 9.64 墙面板的转角构造

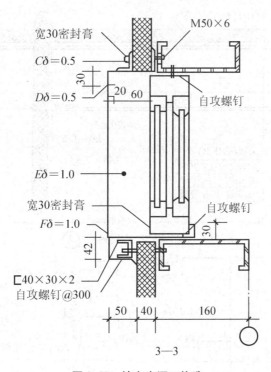

图 9.65 墙身窗洞口构造

(2) 屋面节点构造。

① 挑檐檐口节点如图 9.66 所示。

② 内天沟节点。端部内天沟节点如图 9.67 所示，中间天沟节点如图 9.68 所示。

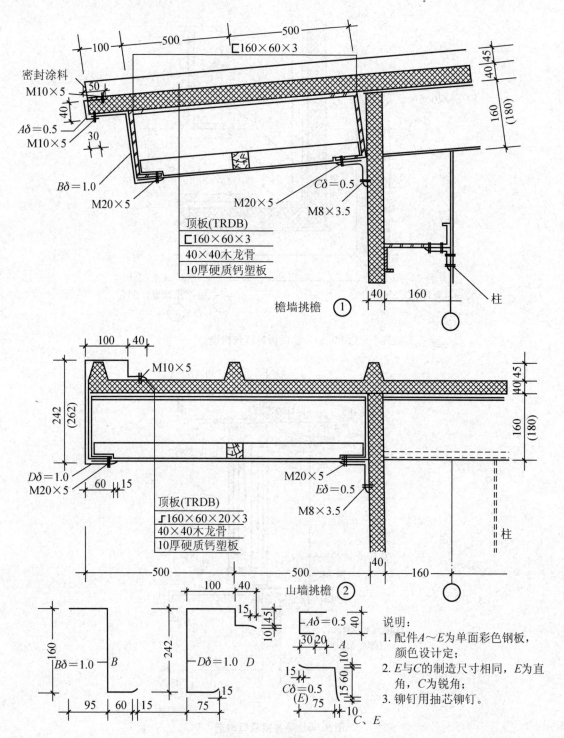

图 9.66　挑檐檐口节点

说明:
1. 配件A~E为单面彩色钢板, 颜色设计定;
2. E与C的制造尺寸相同, E为直角, C为锐角;
3. 铆钉用抽芯铆钉。

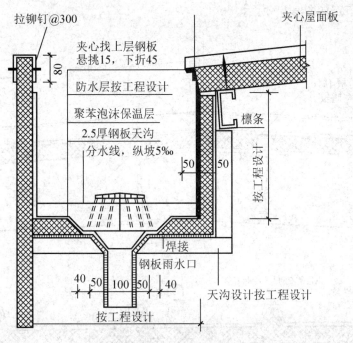

图 9.67 端部内天沟节点

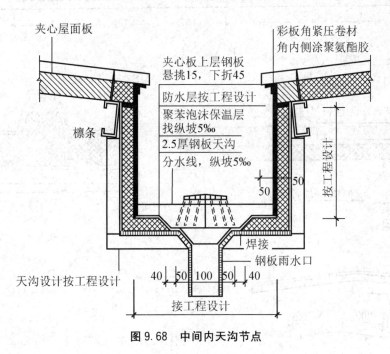

图 9.68 中间内天沟节点

（3）屋脊节点如图 9.69 所示。

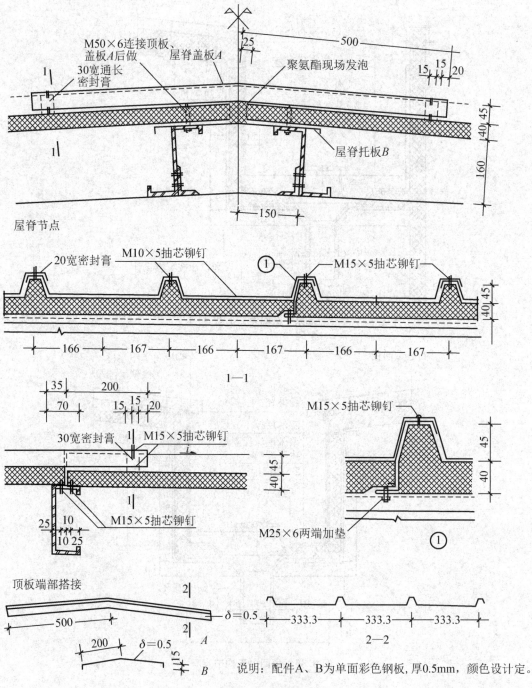

图 9.69　屋脊构造

（4）女儿墙泛水节点如图9.70所示。

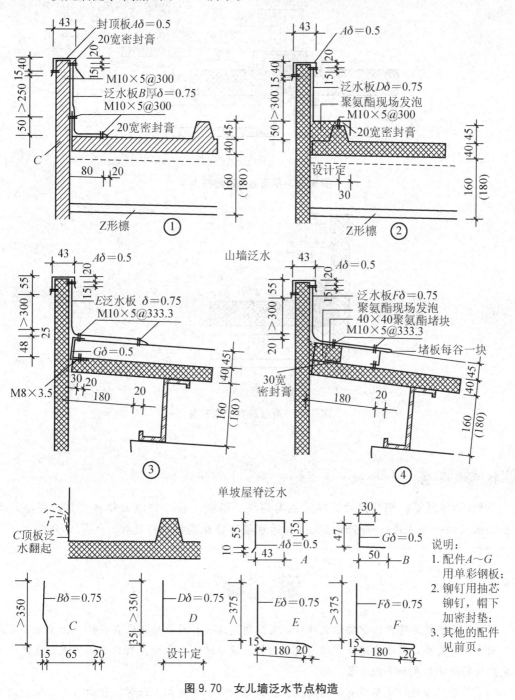

图9.70 女儿墙泛水节点构造

（5）变形缝节点。平屋面变形缝节点如图9.71所示，高低跨变形缝节点如图9.72所示。

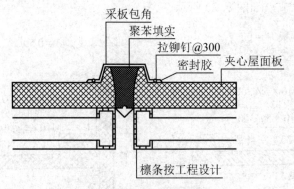

图 9.71　平屋面变形缝节点

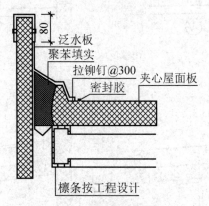

图 9.72　高低跨变形缝节点

● 特 别 提 示 ···

　　引例(6)的解答：钢结构的连接方式有焊接、螺栓连接、铆接或销轴连接。焊接是目前普遍采用的一种方法，螺栓连接又分普通螺栓连接和高强螺栓连接。

▪▪

小　结

　　(1) 工业建筑是建筑的重要组成部分，与民用建筑一样具有建筑的共同性，但其主要是满足工业生产的需要，因此在建筑空间、建筑结构、建筑设备等方面具有自己的特点，生产工艺决定厂房的结构形式和平面布置。

　　(2) 单层厂房的结构类型有钢筋混凝土排架结构和刚架结构。通常由横向排架、纵向联系构件、支撑系统组成了厂房的承重骨架；围护结构包括外墙、屋面、天窗等；厂房的起重运输设备有悬挂吊车、梁式吊车、桥式吊车和悬臂吊车等。

　　(3) 单层厂房的定位轴线分为横向定位轴线和纵向定位轴线。纵、横向定位轴线在平面上形成有规律的网格称为柱网，柱网尺寸的确定实际上就是确定厂房的跨度和柱距，定位轴线的定位是以柱网布置为基础，是设备安装及施工放线的依据。

（4）单层厂房的屋面与民用建筑相比，面积大，开设有天窗，并且要满足不同生产条件的要求。厂房屋面的排水和防水是厂房屋面构造的主要问题；在大跨度和多跨度单层厂房中，仅靠侧窗不能满足自然采光和通风的要求，常在屋面上设置天窗，按其在屋面的位置不同分为上凸式天窗、下沉式天窗和平天窗。

（5）轻钢结构是在普通钢结构的基础上发展起来的一种新型结构形式，它包括所有轻型屋盖下采用的钢结构。单层轻钢结构厂房一般采用门式刚架为承重结构，其上设檩条、轻型屋面板，柱外侧有轻质墙架，柱内侧可设吊车梁。

1. 工业建筑有哪些特点？

2. 单层工业厂房的结构组成有哪些？简述其作用。

3. 单层厂房的支撑系统有哪几种？各起什么作用？

4. 定位轴线的含义和作用是什么？

5. 定位轴线的封闭结合和非封闭结合在构造处理上各有什么特点？

6. 厂房中的中间柱、端部柱及横向变形缝处柱的横向定位轴线如何确定？

7. 等高跨中柱和不等高跨中柱在设置变形缝和无变形缝时采用单柱和双柱的情况下纵向定位轴线如何定位？

8. 单层厂房屋面的外排水方案有哪几种？各有什么特点？

9. 什么叫构件自防水屋面？有何特点？

10. 单层厂房为什么要设天窗？天窗有哪些类型？试分析它们的优缺点。

11. 矩形天窗由哪些构件组成？构造特点有哪些？

12. 单层轻型钢结构厂房的主要承重结构有哪些？

13. 轻钢结构的轻型屋面主要有哪几类？

参 考 文 献

[1] 高远，张艳芳．建筑构造与识图[M]．北京：中国建筑工业出版社，2005．

[2] 王远正，王建华．建筑识图与房屋构造[M]．重庆：重庆大学出版社，1996．

[3] 张小平．建筑识图与房屋构造[M]．武汉：武汉理工大学出版社，2005．

[4] 魏明．建筑构造与识图[M]．北京：机械工业出版社，2008．

[5] 魏艳萍．建筑识图与构造[M]．北京：中国电力出版社，2006．

[6] 闫培明．房屋建筑构造[M]．北京：机械工业出版社，2008．

[7] 刘昭如，周健．房屋建筑构成与构造[M]．上海：同济大学出版社，2011．

北京大学出版社高职高专土建系列规划教材

序号	书名	书号	编著者	定价	出版时间	印次	配套情况
			基础课程				
1	工程建设法律与制度	978-7-301-14158-8	唐茂华	26.00	2012.7	6	ppt/pdf
2	建设法规及相关知识	978-7-301-22748-0	唐茂华等	34.00	2014.9	2	ppt/pdf
3	建设工程法规(第2版)	978-7-301-24493-7	皇甫婧琪	40.00	2014.12	2	ppt/pdf/答案/素材
4	建筑工程法规实务	978-7-301-19321-1	杨陈慧等	43.00	2012.1	4	ppt/pdf
5	建筑法规	978-7-301-19371-6	董伟等	39.00	2013.1	4	ppt/pdf
6	建设工程法规	978-7-301-20912-7	王先恕	32.00	2012.7	3	ppt/ pdf
7	AutoCAD 建筑制图教程(第2版)	978-7-301-21095-6	郭 慧	38.00	2014.12	6	ppt/pdf/素材
8	AutoCAD 建筑绘图教程(第2版)	978-7-301-24540-8	唐英敏等	44.00	2014.7	1	ppt/pdf/素材
9	建筑CAD项目教程(2010版)	978-7-301-20979-0	郭 慧	38.00	2012.9	2	pdf/素材
10	建筑工程专业英语	978-7-301-15376-5	吴承霞	20.00	2013.8	8	ppt/pdf
11	建筑工程专业英语	978-7-301-20003-2	韩薇等	24.00	2014.7	1	ppt/ pdf
12	★建筑工程应用文写作(第2版)	978-7-301-24480-7	赵立等	50.00	2014.7	1	ppt/pdf
13	建筑识图与构造(第2版)	978-7-301-23774-8	郑贵超	40.00	2014.12	2	ppt/pdf/答案
14	建筑构造	978-7-301-21267-7	肖 芳	34.00	2014.12	4	ppt/pdf
15	房屋建筑构造	978-7-301-19883-4	李少红	26.00	2012.1	4	ppt/pdf
16	建筑识图	978-7-301-21893-8	邓志勇等	35.00	2013.1	4	ppt/ pdf
17	建筑识图与房屋构造	978-7-301-22860-9	贠禄等	54.00	2015.1	2	ppt/pdf/答案
18	建筑构造与设计	978-7-301-23506-5	陈玉萍	38.00	2014.1	1	ppt/pdf/答案
19	房屋建筑构造	978-7-301-23588-1	李元玲等	45.00	2014.1	2	ppt/pdf
20	建筑构造与施工图识读	978-7-301-24470-8	南学平	52.00	2014.8	1	ppt/pdf
21	建筑工程制图与识图(第2版)	978-7-301-24408-1	白丽红	29.00	2014.7	1	ppt/pdf
22	建筑制图习题集(第2版)	978-7-301-24571-2	白丽红	25.00	2014.8	1	pdf
23	建筑制图(第2版)	978-7-301-21146-5	高丽荣	32.00	2015.4	5	ppt/pdf
24	建筑制图习题集(第2版)	978-7-301-21288-2	高丽荣	28.00	2014.12	5	pdf
25	建筑工程制图(第2版)(附习题册)	978-7-301-21120-5	肖明和	48.00	2012.8	3	ppt/pdf
26	建筑制图与识图	978-7-301-18806-2	曹雪梅	36.00	2014.9	1	ppt/pdf
27	建筑制图与识图习题册	978-7-301-18652-7	曹雪梅等	30.00	2012.4	4	pdf
28	建筑制图与识图	978-7-301-20070-4	李元玲	28.00	2012.8	5	ppt/pdf
29	建筑制图与识图习题集	978-7-301-20425-2	李元玲	24.00	2012.3	4	ppt/pdf
30	新编建筑工程制图	978-7-301-21140-3	方筱松	30.00	2014.8	2	ppt/ pdf
31	新编建筑工程制图习题集	978-7-301-16834-9	方筱松	22.00	2014.1	2	pdf
			建筑施工类				
1	建筑工程测量	978-7-301-16727-4	赵景利	30.00	2010.2	12	ppt/pdf/答案
2	建筑工程测量(第2版)	978-7-301-22002-3	张敬伟	37.00	2015.4	6	ppt/pdf/答案
3	建筑工程测量实验与实训指导(第2版)	978-7-301-23166-1	张敬伟	27.00	2013.9	2	pdf/答案
4	建筑工程测量	978-7-301-19992-3	潘益民	38.00	2012.2	2	ppt/ pdf
5	建筑工程测量	978-7-301-13578-5	王金玲等	26.00	2011.8	3	pdf
6	建筑工程测量实训(第2版)	978-7-301-24833-1	杨凤华	34.00	2015.1	1	pdf/答案
7	建筑工程测量(含实验指导手册)	978-7-301-19364-8	石 东等	43.00	2012.6	3	ppt/pdf/答案
8	建筑工程测量	978-7-301-22485-4	景 铎等	34.00	2013.6	1	ppt/pdf
9	建筑施工技术	978-7-301-21209-7	陈雄辉	39.00	2013.2	4	ppt/pdf
10	建筑施工技术	978-7-301-12336-2	朱永祥等	38.00	2012.4	7	ppt/pdf
11	建筑施工技术	978-7-301-16726-7	叶 雯等	44.00	2013.5	6	ppt/pdf/素材
12	建筑施工技术	978-7-301-19499-7	董伟等	42.00	2011.9	3	ppt/pdf
13	建筑施工技术	978-7-301-19997-8	苏小梅	38.00	2013.5	2	ppt/pdf
14	建筑工程施工技术(第2版)	978-7-301-21093-2	钟汉华	48.00	2013.8	2	ppt/pdf
15	数字测图技术	978-7-301-22656-8	赵 红	36.00	2013.6	1	ppt/pdf
16	数字测图技术实训指导	978-7-301-22679-7	赵 红	27.00	2013.6	1	ppt/pdf
17	基础工程施工	978-7-301-20917-2	董伟等	35.00	2012.7	2	ppt/pdf
18	建筑施工技术实训(第2版)	978-7-301-24368-8	周晓龙	30.00	2014.12	2	pdf
19	建筑力学(第2版)	978-7-301-21695-8	石立安	46.00	2014.12	5	ppt/pdf

序号	书名	书号	编著者	定价	出版时间	印次	配套情况
20	★土木工程实用力学	978-7-301-15598-1	马景善	30.00	2013.1	4	pdf/ppt
21	土木工程力学	978-7-301-16864-6	吴明军	38.00	2011.11	2	ppt/pdf
22	PKPM软件的应用(第2版)	978-7-301-22625-4	王 娜等	34.00	2013.6	2	pdf
23	建筑结构(第2版)(上册)	978-7-301-21106-9	徐锡权	41.00	2013.4	2	ppt/pdf/答案
24	建筑结构(第2版)(下册)	978-7-301-22584-4	徐锡权	42.00	2013.6	2	ppt/pdf/答案
25	建筑结构	978-7-301-19171-2	唐春平等	41.00	2012.6	4	ppt/pdf
26	建筑结构基础	978-7-301-21125-0	王中发	36.00	2012.8	2	ppt/pdf
27	建筑结构原理及应用	978-7-301-18732-6	史美东	45.00	2012.8	1	ppt/pdf
28	建筑力学与结构(第2版)	978-7-301-22148-8	吴承霞等	49.00	2014.12	5	ppt/pdf/答案
29	建筑力学与结构(少学时版)	978-7-301-21730-6	吴承霞	34.00	2013.2	4	ppt/pdf/答案
30	建筑力学与结构	978-7-301-20988-2	陈水广	32.00	2012.8	1	pdf/ppt
31	建筑力学与结构	978-7-301-23348-1	杨丽君等	44.00	2014.1	1	ppt/pdf
32	建筑结构与施工图	978-7-301-22188-4	朱希文等	35.00	2013.3	2	ppt/pdf
33	生态建筑材料	978-7-301-19588-2	陈剑峰等	38.00	2013.7	2	ppt/pdf
34	建筑材料(第2版)	978-7-301-24633-7	林祖宏	35.00	2014.8	1	ppt/pdf
35	建筑材料与检测	978-7-301-16728-1	梅 杨等	26.00	2012.11	9	ppt/pdf/答案
36	建筑材料检测试验指导	978-7-301-16729-8	王美芬等	18.00	2014.12	7	pdf
37	建筑材料与检测	978-7-301-19261-0	王 辉	35.00	2012.6	5	ppt/pdf
38	建筑材料与检测试验指导	978-7-301-20045-2	王 辉	20.00	2013.1	3	ppt/pdf
39	建筑材料选择与应用	978-7-301-21948-5	申淑荣等	39.00	2013.3	2	ppt/pdf
40	建筑材料检测实训	978-7-301-22317-8	申淑荣等	24.00	2013.4	1	pdf
41	建筑材料	978-7-301-24208-7	任晓菲	40.00	2014.7	1	ppt/pdf /答案
42	建设工程监理概论(第2版)	978-7-301-20854-0	徐锡权等	43.00	2014.12	5	ppt/pdf /答案
43	★建设工程监理(第2版)	978-7-301-24490-6	斯 庆	35.00	2014.9	1	ppt/pdf /答案
44	建设工程监理概论	978-7-301-15518-9	曾庆军等	24.00	2012.12	5	ppt/pdf
45	工程建设监理案例分析教程	978-7-301-18984-9	刘志麟等	38.00	2013.2	2	ppt/pdf
46	地基与基础(第2版)	978-7-301-23304-7	肖明和等	42.00	2014.12	2	ppt/pdf/答案
47	地基与基础	978-7-301-16130-2	孙平平等	26.00	2013.2	3	ppt/pdf
48	地基与基础实训	978-7-301-23174-6	肖明和等	25.00	2013.10	1	ppt/pdf
49	土力学与地基基础	978-7-301-23675-8	叶火炎等	35.00	2014.1	1	ppt/pdf
50	土力学与基础工程	978-7-301-23590-4	宁培淋等	32.00	2014.1	1	ppt/pdf
51	建筑工程质量事故分析(第2版)	978-7-301-22467-0	郑文新	32.00	2014.12	3	ppt/pdf
52	建筑工程施工组织设计	978-7-301-18512-4	李源清	26.00	2014.12	7	ppt/pdf
53	建筑工程施工组织实训	978-7-301-18961-0	李源清	40.00	2014.12	4	ppt/pdf
54	建筑施工组织与进度控制	978-7-301-21223-3	张廷瑞	36.00	2012.9	3	ppt/pdf
55	建筑施工组织项目式教程	978-7-301-19901-5	杨红玉	44.00	2012.1	2	ppt/pdf/答案
56	钢筋混凝土工程施工与组织	978-7-301-19587-1	高 雁	32.00	2012.5	2	ppt/pdf
57	钢筋混凝土工程施工与组织实训指导(学生工作页)	978-7-301-21208-0	高 雁	20.00	2012.9	1	ppt
58	建筑材料检测试验指导	978-7-301-24782-2	陈东佐等	20.00	2014.9	1	ppt
59	★建筑节能工程与施工	978-7-301-24274-2	吴明军等	35.00	2014.11	1	ppt/pdf
60	建筑施工工艺	978-7-301-24687-0	李源清等	49.50	2015.1	1	pdf/ppt/答案
61	建筑材料与检测(第2版)	978-7-301-25347-2	梅 杨等	33.00	2015.2	1	pdf/ppt/答案
62	土力学与地基基础	978-7-301-25525-4	陈东佐	45.00	2015.2	1	ppt/ pdf/答案
		工 程 管 理 类					
1	建筑工程经济(第2版)	978-7-301-22736-7	张宁宁等	30.00	2014.12	6	ppt/pdf/答案
2	★建筑工程经济(第2版)	978-7-301-24492-0	胡六星等	41.00	2014.9	1	ppt/pdf/答案
3	建筑工程经济	978-7-301-24346-6	刘晓丽等	38.00	2014.7	1	ppt/pdf/答案
4	施工企业会计(第2版)	978-7-301-24434-0	辛艳红等	36.00	2014.7	1	ppt/pdf/答案
5	建筑工程项目管理	978-7-301-12335-5	范红岩等	30.00	2012.4	9	ppt/pdf/答案
6	建筑工程项目管理(第2版)	978-7-301-24683-2	王 辉	36.00	2014.9	1	ppt/pdf/答案
7	建筑工程项目管理	978-7-301-19335-8	冯松山等	38.00	2013.11	3	pdf/ppt
8	★建设工程招投标与合同管理(第3版)	978-7-301-24483-8	宋春岩	40.00	2014.12	2	ppt/pdf/答案/试题/教案
9	建筑工程招投标与合同管理	978-7-301-16802-8	程超胜	30.00	2012.9	2	pdf/ppt

序号	书名	书号	编著者	定价	出版时间	印次	配套情况
10	工程招投标与合同管理实务	978-7-301-19035-7	杨甲奇等	48.00	2011.8	3	pdf
11	工程招投标与合同管理实务	978-7-301-19290-0	郑文新等	43.00	2012.4	2	ppt/pdf
12	建设工程招投标与合同管理实务	978-7-301-20404-7	杨云会等	42.00	2012.4	2	ppt/pdf/答案/习题库
13	工程招投标与合同管理	978-7-301-17455-5	文新平	37.00	2012.9	1	ppt/pdf
14	工程项目招投标与合同管理(第2版)	978-7-301-24554-5	李洪军等	42.00	2014.12	2	ppt/pdf/答案
15	工程项目招投标与合同管理(第2版)	978-7-301-22462-5	周艳冬	35.00	2014.12	3	ppt/pdf
16	建筑工程商务标编制实训	978-7-301-20804-5	钟振宇	35.00	2012.7	1	ppt
17	建筑工程安全管理	978-7-301-19455-3	宋　健等	36.00	2013.5	4	ppt/pdf
18	建筑工程质量与安全管理	978-7-301-16070-1	周连起	35.00	2014.12	8	ppt/pdf/答案
19	施工项目质量与安全管理	978-7-301-21275-2	钟汉华	45.00	2012.10	1	ppt/pdf/答案
20	工程造价控制(第2版)	978-7-301-24594-1	斯　庆	32.00	2014.8	1	ppt/pdf/答案
21	工程造价管理	978-7-301-20655-3	徐锡权等	33.00	2013.8	3	ppt/pdf
22	工程造价控制与管理	978-7-301-19366-2	胡新萍等	30.00	2014.12	4	ppt/pdf
23	建筑工程造价管理	978-7-301-20360-6	柴　琦等	27.00	2014.12	4	ppt/pdf
24	建筑工程造价管理	978-7-301-15517-2	李茂英等	24.00	2012.1	4	pdf
25	工程造价案例分析	978-7-301-22985-9	甄　凤	30.00	2013.8	1	pdf/ppt
26	建设工程造价控制与管理	978-7-301-24273-5	胡芳珍等	38.00	2014.6	1	ppt/pdf/答案
27	建筑工程造价	978-7-301-21892-1	孙咏梅	40.00	2013.2	1	ppt/pdf
28	★建筑工程计量与计价(第2版)	978-7-301-22078-8	肖明和等	58.00	2014.12	5	pdf/ppt
29	★建筑工程计量与计价实训(第2版)	978-7-301-22606-3	肖明和等	29.00	2014.12	4	pdf
30	建筑工程计量与计价综合实训	978-7-301-23568-3	龚小兰	28.00	2014.1	1	pdf
31	建筑工程估价	978-7-301-22802-9	张　英	43.00	2013.8	1	ppt/pdf
32	建筑工程计量与计价——透过案例学造价(第2版)	978-7-301-23852-3	张　强	59.00	2014.12	3	ppt/pdf
33	安装工程计量与计价(第3版)	978-7-301-24539-2	冯　钢等	54.00	2014.8	3	pdf/ppt
34	安装工程计量与计价综合实训	978-7-301-23294-1	成春燕	49.00	2014.12	3	pdf/素材
35	安装工程计量与计价实训	978-7-301-19336-5	景巧玲等	36.00	2013.5	4	pdf/素材
36	建筑水电安装工程计量与计价	978-7-301-21198-4	陈连姝	36.00	2013.8	3	ppt/pdf
37	建筑与装饰装修工程工程量清单	978-7-301-17331-2	翟丽旻等	25.00	2012.8	4	pdf/ppt/答案
38	建筑工程清单编制	978-7-301-19387-7	叶晓容	24.00	2011.8	2	ppt/pdf
39	建设项目评估	978-7-301-20068-1	高志云等	32.00	2013.6	2	ppt/pdf
40	钢筋工程清单编制	978-7-301-20114-5	贾莲英	36.00	2012.2	2	ppt / pdf
41	混凝土工程清单编制	978-7-301-20384-2	顾　娟	28.00	2012.5	1	ppt / pdf
42	建筑装饰工程预算	978-7-301-20567-9	范菊雨	38.00	2013.6	2	pdf/ppt
43	建设工程安全监理	978-7-301-20802-1	沈万岳	28.00	2012.7	1	pdf/ppt
44	建筑工程安全技术与管理实务	978-7-301-21187-8	沈万岳	48.00	2012.9	2	pdf/ppt
45	建筑工程资料管理	978-7-301-17456-2	孙　刚等	36.00	2014.12	5	pdf/ppt
46	建筑施工组织与管理(第2版)	978-7-301-22149-5	翟丽旻等	43.00	2014.12	3	ppt/pdf/答案
47	建设工程合同管理	978-7-301-22612-4	刘庭江	46.00	2013.6	1	ppt/pdf/答案
48	★工程造价概论	978-7-301-24696-2	周艳冬	31.00	2015.1	1	ppt/pdf/答案
	建 筑 设 计 类						
1	中外建筑史(第2版)	978-7-301-23779-3	袁新华等	38.00	2014.2	2	ppt/pdf
2	建筑室内空间历程	978-7-301-19338-9	张伟孝	53.00	2011.8	1	pdf
3	建筑装饰CAD项目教程	978-7-301-20950-9	郭　慧	35.00	2013.1	2	ppt/素材
4	室内设计基础	978-7-301-15613-1	李书青	32.00	2013.5	3	ppt/pdf
5	建筑装饰构造	978-7-301-15687-2	赵志文等	27.00	2012.11	6	ppt/pdf/答案
6	建筑装饰材料(第2版)	978-7-301-22356-7	焦　涛等	34.00	2013.5	2	ppt/pdf
7	★建筑装饰施工技术(第2版)	978-7-301-24482-1	王　军	37.00	2014.7	2	ppt/pdf
8	设计构成	978-7-301-15504-2	戴碧锋	30.00	2012.10	2	ppt/pdf
9	基础色彩	978-7-301-16072-5	张　军	42.00	2011.9	2	pdf
10	设计色彩	978-7-301-21211-0	龙黎黎	46.00	2012.9	1	ppt
11	设计素描	978-7-301-22391-8	司马金桃	29.00	2013.4	2	ppt
12	建筑素描表现与创意	978-7-301-15541-7	于修国	25.00	2012.11	3	Pdf
13	3ds Max 效果图制作	978-7-301-22870-8	刘　晗等	45.00	2013.7	1	ppt
14	3ds max 室内设计表现方法	978-7-301-17762-4	徐海军	32.00	2010.9	1	pdf

序号	书名	书号	编著者	定价	出版时间	印次	配套情况
15	Photoshop 效果图后期制作	978-7-301-16073-2	脱忠伟等	52.00	2011.1	2	素材/pdf
16	建筑表现技法	978-7-301-19216-0	张 峰	32.00	2013.1	2	ppt/pdf
17	建筑速写	978-7-301-20441-2	张 峰	30.00	2012.4	1	pdf
18	建筑装饰设计	978-7-301-20022-3	杨丽君	36.00	2012.2	1	ppt/素材
19	装饰施工读图与识图	978-7-301-19991-6	杨丽君	33.00	2012.5	1	ppt
20	建筑装饰工程计量与计价	978-7-301-20055-1	李茂英	42.00	2013.7	3	ppt/pdf
21	3ds Max & V-Ray 建筑设计表现案例教程	978-7-301-25093-8	郑恩峰	40.00	2014.12	1	ppt/pdf
规 划 园 林 类							
1	城市规划原理与设计	978-7-301-21505-0	谭婧婧等	35.00	2013.1	2	ppt/pdf
2	居住区景观设计	978-7-301-20587-7	张群成	47.00	2012.5	1	ppt
3	居住区规划设计	978-7-301-21031-4	张 燕	48.00	2012.8	2	ppt
4	园林植物识别与应用	978-7-301-17485-2	潘利等	34.00	2012.9	1	ppt
5	园林工程施工组织管理	978-7-301-22364-2	潘利等	35.00	2013.4	1	ppt/pdf
6	园林景观计算机辅助设计	978-7-301-24500-2	于化强等	48.00	2014.8	1	ppt/pdf
7	建筑·园林·装饰设计初步	978-7-301-24575-0	王金贵	38.00	2014.10	1	ppt/pdf
房 地 产 类							
1	房地产开发与经营(第 2 版)	978-7-301-23084-8	张建中等	33.00	2014.8	2	ppt/pdf/答案
2	房地产估价(第 2 版)	978-7-301-22945-3	张 勇等	35.00	2014.12	2	ppt/pdf/答案
3	房地产估价理论与实务	978-7-301-19327-3	褚菁晶	35.00	2011.8	2	ppt/pdf/答案
4	物业管理理论与实务	978-7-301-19354-9	裴艳慧	52.00	2011.9	2	ppt/pdf
5	房地产测绘	978-7-301-22747-3	唐春平	29.00	2013.7	1	ppt/pdf
6	房地产营销与策划	978-7-301-18731-9	应佐萍	42.00	2012.8	2	ppt/pdf
7	房地产投资分析与实务	978-7-301-24832-4	高志云	35.00	2014.9	1	ppt/pdf
市 政 与 路 桥 类							
1	市政工程计量与计价(第 2 版)	978-7-301-20564-8	郭良娟等	42.00	2015.1	6	pdf/ppt
2	市政工程计价	978-7-301-22117-4	彭以舟等	39.00	2015.2	1	ppt/pdf
3	市政桥梁工程	978-7-301-16688-8	刘 江等	42.00	2012.10	2	ppt/pdf/素材
4	市政工程材料	978-7-301-22452-6	郑晓国	37.00	2013.5	1	ppt/pdf
5	道桥工程材料	978-7-301-21170-0	刘水林等	43.00	2012.9	1	ppt/pdf
6	路基路面工程	978-7-301-19299-3	偶昌宝等	34.00	2011.8	1	ppt/pdf/素材
7	道路工程技术	978-7-301-19363-1	刘 雨等	33.00	2011.12	1	ppt/pdf
8	城市道路设计与施工	978-7-301-21947-8	吴颖峰	39.00	2013.1	1	ppt/pdf
9	建筑给排水工程技术	978-7-301-25224-6	刘 芳等	46.00	2014.12	1	ppt/pdf
10	建筑给水排水工程	978-7-301-20047-6	叶巧云	38.00	2012.2	1	ppt/pdf
11	市政工程测量(含技能训练手册)	978-7-301-20474-0	刘宗波等	41.00	2012.5	1	ppt/pdf
12	公路工程任务承揽与合同管理	978-7-301-21133-5	邱 兰等	30.00	2012.9	1	ppt/pdf/答案
13	★工程地质与土力学(第 2 版)	978-7-301-24479-1	杨仲元	41.00	2014.7	1	ppt/pdf
14	数字测图技术应用教程	978-7-301-20334-7	刘宗波	36.00	2012.8	1	ppt
15	水泵与水泵站技术	978-7-301-22510-3	刘振华	40.00	2013.5	1	ppt/pdf
16	道路工程测量(含技能训练手册)	978-7-301-21967-6	田树涛等	45.00	2013.2	1	ppt/pdf
17	桥梁施工与维护	978-7-301-23834-9	梁 斌	50.00	2014.2	1	ppt/pdf
18	铁路轨道施工与维护	978-7-301-23524-9	梁 斌	36.00	2014.1	1	ppt/pdf
19	铁路轨道构造	978-7-301-23153-1	梁 斌	32.00	2013.10	1	ppt/pdf
建 筑 设 备 类							
1	建筑设备基础知识与识图(第 2 版)	978-7-301-24586-6	靳慧征等	47.00	2014.12	1	ppt/pdf/答案
2	建筑设备识图与施工工艺	978-7-301-19377-8	周业梅	38.00	2011.8	4	ppt/pdf
3	建筑施工机械	978-7-301-19365-5	吴志强	30.00	2014.12	5	pdf/ppt
4	智能建筑环境设备自动化	978-7-301-21090-1	余志强	40.00	2012.8	1	pdf/ppt
5	流体力学及泵与风机	978-7-301-25279-6	王 宁等	35.00	2015.1	1	pdf/ppt/答案

如您需要更多教学资源如电子课件、电子样章、习题答案等，请登录北京大学出版社第六事业部官网 www.pup6.cn 搜索下载。

如您需要浏览更多专业教材，请扫下面的二维码，关注北京大学出版社第六事业部官方微信（微信号：pup6book），随时查询专业教材、浏览教材目录、内容简介等信息，并可在线申请纸质样书用于教学。

感谢您使用我们的教材，欢迎您随时与我们联系，我们将及时做好全方位的服务。联系方式：010-62750667，yangxinglu@126.com, pup_6@163.com, lihu80@163.com, 欢迎来电来信。客户服务 QQ 号：1292552107，欢迎随时咨询。